高等院校电脑美术教材

U0122042

Dreamweaver CC+Photoshop CC+ Flash CC 网页设计基础教程

焦 建 编著

清华大学出版社

北 京

内 容 简 介

本书以 Dreamweaver、Flash、Photoshop 制作流程为主线，详细介绍了三个软件制作网页的基础知识和使用方法。全书在结构上分为三大部分：一是基础；二是项目的实现过程；三是项目指导。每一章最后都制作了不同类型的、涵盖本章内容的具体上机实践项目，实践项目是从典型工作任务中提炼并加以分析而得到的符合学生认知过程和学习领域要求的项目，以帮助读者巩固本章所学的知识。

本书图文并茂、条理清晰、内容翔实、通俗易懂，适用于网页设计与制作的初学者，自学爱好者、网站建设与开发、维护等工作人员学习参考，同时也可供各大中专院校、职业院校和各类培训学校作为网页设计与制作的教材使用。

图书在版编目(CIP)数据

Dreamweaver CC+Photoshop CC+Flash CC 网页设计基础教程/焦建编著. --北京：清华大学出版社，2014

(高等院校电脑美术教材)

ISBN 978-7-302-36453-5

Ⅰ. ①D…　Ⅱ. ①焦…　Ⅲ. ①网页制作工具—高等学校—教材　Ⅳ. ①TP393.092

中国版本图书馆 CIP 数据核字(2014)第 095789 号

责任编辑：张彦青
封面设计：杨玉兰
责任校对：李玉萍
责任印制：宋　林

出版发行：清华大学出版社
　　　　　网　　　址：http://www.tup.com.cn，http://www.wqbook.com
　　　　　地　　　址：北京清华大学学研大厦 A 座　　　邮　　编：100084
　　　　　社 总 机：010-62770175　　　　　　　　　　邮　　购：010-62786544
　　　　　投稿与读者服务：010-62776969，c-service@tup.tsinghua.edu.cn
　　　　　质 量 反 馈：010-62772015，zhiliang@tup.tsinghua.edu.cn
　　　　　课 件 下 载：http://www.tup.com.cn，010-62791865
印 刷 者：北京鑫丰华彩印有限公司
装 订 者：三河市兴旺装订有限公司
经　 　销：全国新华书店
开　　本：185mm×260mm　　印　张：25　　　字　　数：606 千字
　　　　　附 DVD1 张
版　　次：2014 年 7 月第 1 版　　　　　　　　　印　　次：2014 年 7 月第 1 次印刷
印　　数：1～3500
定　　价：55.00 元

产品编号：058378-01

前　言

Dreamweaver、Photoshop 和 Flash "三剑客"的组合，是当前大家在进行网页设计时经常使用的软件，这三套软件的共同点就是简单易懂、容易上手，而且可以保证让你的设计展现出不同的风采。

Dreamweaver、Flash 和 Photoshop 是目前网页制作的首选工具。本书结合大量实例，全面、翔实地介绍了使用 Dreamweaver CC 创建和编辑网页、使用 Flash CC 制作矢量动画，以及使用 Photoshop CC 处理图像的方法和技巧。

本书内容

全书共分 19 章，其中包括 14 章基础内容，具体包括网页设计基础；Dreamweaver CC 的基本操作；页面布局和使用 CSS 美化页面；使用模板与库；使用表单；为网页添加行为；网站发布与维护；初识 Flash CC；制作动画角色；素材、元件和实例的应用；制作简单动画；认识 Photoshop CC；选区的创建及通道使用；使用文字和路径。另外，还有 5 章案例讲解，包括制作首饰宣传页、制作海底世界宣传动画、制作家居网页、制作鲜花网站、制作宠物网站。

第 1 章　介绍网页与网站的概念，并详细讲解网站的分类及一般网站制作流程，还包括相关网页的风格和网页的一些相关概念。

第 2 章　介绍 Dreamweaver CC 的一些基本操作，包括创建空白文档、设置文本属性、添加图像和为网页中的对象添加超链接。

第 3 章　讲解页面的布局，Dreamweaver 提供了表格网页定位技术，这些都是网页制作技术的精髓。表格是在 HTML 页面中排列数据与图像的非常强有力的工具。使用表格可以对列表数据进行布局。CSS 样式表的主要优点是提供方便的更新功能，在更新 CSS 样式时，使用该样式的所有文档格式都自动更新为新样式。

第 4 章　介绍模板与库项目的基础知识和应用：如何创建模板、编辑模板，创建和设置库项目。

第 5 章　介绍如何在网页中插入表单，包括插入文本、密码、复选框和单选按钮等对象。

第 6 章　介绍如何为页面中的对象添加行为，行为是网页制作中一个不可缺少的重要元素，通过为网页添加行为可以增加网页动态效果。在 Dreamweaver 软件中，网页制作过程中的一些基本行为，都集成到了【行为】面板上，通过单击鼠标添加相应的行为，就可以将行为应用到网页中。

第 7 章　讲解免费空间的申请、站点的上传以及站点的维护方式。

第 8 章　介绍 Flash CC 的工作界面、常用的面板以及时间轴等相关知识，通过对本章的学习，将会对 Flash CC 有一些基本的了解，并确立学习的重点，通过这些特性的介绍激发读者对 Flash 的兴趣。

第 9 章　介绍在 Flash 中怎样创建和编辑矢量图形，通过工具箱中提供的绘图工具来实现，使用这些工具能绘制出丰富的矢量图形，并能够对其进行编辑操作。因此，Flash 提供的工具是制作动画角色必不可少的。

第 10 章　介绍素材、元件和实例的应用，通过本章的学习，可以使读者对如何导入图像文件、音频文件，以及如何创建元件、为实例命名等操作有一个简单的了解，从而提高工作效率。

第 11 章　讲述逐帧动画、传统补间动画、补间形状动画、引导层动画和遮罩层动画等。

第 12 章　介绍 Photoshop CC 基本操作，比如，打开文档、关闭文档等，还介绍了使用形状工具绘制形状以及可以对图像进行修饰处理的工具。

第 13 章　讲解通道的类型与应用。在 Photoshop 中可以使用工具创建几何选区、不规则选区，也可以使用命令创建随意选区，灵活巧妙地应用这些创建选区的方法，可以帮助用户制作出许多特殊的效果。

第 14 章　介绍文字、路径以及切片的使用，在平面设计作品中，文字不仅可以传达信息，还能起到美化版面、强化主题的作用。

第 15 章　通过对首饰宣传页的制作来讲解 Photoshop CC 的使用。

第 16 章　介绍海底世界动画的制作，其中涉及创建传统补间、转换元件、添加遮罩层等。

第 17 章　通过对家居网页的制作来讲解 Dreamweaver CC 的使用和网页制作完成后的效果。

第 18 章　介绍 Dreamweaver、Photoshop 和 Flash 三个软件结合使用制作一个鲜花网站，首先使用 Photoshop 制作出网站中所需要的 Logo 等素材，然后使用 Flash 制作网页中不可缺少的宣传动画，最后再用 Dreamweaver 对这些素材进行合成，从而制作出鲜花网站。

第 19 章　介绍如何制作宠物网站。

本书约定

为便于阅读理解，本书的写作风格遵从如下约定。

- 本书中出现的中文菜单和命令将用【】括起来，以示区分。此外，为了使语句更简洁易懂，本书中所有的菜单和命令之间以竖线(|)分隔，例如，单击【编辑】菜单，再选择【移动】命令，就用【编辑】|【移动】来表示。
- 用加号(+)连接的两个或三个键表示组合键，在操作时表示同时按下这两个或三个键。例如，Ctrl+V 是指在按下 Ctrl 键的同时，按下 V 字母键；Ctrl+Alt+F10 是指在按下 Ctrl 和 Alt 键的同时，按下功能键 F10。
- 在没有特殊指定时，单击、双击和拖曳是指用鼠标左键单击、双击和拖曳，右击是指用鼠标右键单击。

配书光盘

1. 书中所有实例的素材源文件。
2. 书中实例的视频教学文件。

读者对象

1．网页设计和制作初学者。

2．大中专院校和社会培训班平面设计及其相关专业的教材。

3．平面设计从业人员。

本书由德州职业技术学院的焦建老师、李少勇、刘蒙蒙、徐文秀、任大卫、刘鹏磊、高甲斌、白文才、葛伦执笔编写，同时参与编写的还有德州学院的李鲁、倪海鹏同学，他们为本书章节的编排以及内容的组织进行了大量的工作；同时，王成志、李春辉、赵锴、任龙飞、陈月娟、贾玉印、刘峥、王玉、张花、张云、张春燕、刘杰和李娜也参与部分章节场景文件的整理，其他参与编写与制作的还有陈月霞、刘希林、黄健、黄永生、田冰、徐昊，北方电脑学校的刘德生、宋明、刘景君老师等，他们在书稿前期材料的组织、版式设计、校对、编排，以及大量图片的处理等方面做了大量的工作，在此，编者一并表示衷心的感谢。

编　者

目 录

第 1 章　网页设计基础

本章主要介绍网页与网站的概念，详细介绍网站的分类，讲述了一般网站制作流程，还将介绍一些网页的风格以及网页的一些相关概念。

1.1　网站与网站的开发

1.1.1　网站的概念

网站是发布在网络服务器上由一系列网页文件构成的，为访问者提供信息和服务的网页文件的集合。网页是网站的基本组成要素。一个大型网站可能含有数以百万计的网页，而一个小的企业网站或个人网站可能只有几个网页。网站是一个组织(公司、学校、部门等)或者是个人建立在 Internet 上的站点。网站通常都是为了特定的目的而创建的，专门为用户提供某个方面的服务。例如，有的网站专门提供新闻信息，有的网站专门提供流行音乐，还有的网站专门提供软件下载等。上网用户可以通过网页浏览器或者其他浏览工具访问网页以获取网站的信息和服务。

网站与网页的区别就在于，网站是一个总体，而网页是个体。说访问某个网站，实际上是访问该网站的某些网页，包括网站首页也是一个网页。相应地，在一个统计周期内(通常 24 小时)，所有用户访问某个网站的网页数量就是该网站在该统计日的访问量。

中国互联网络信息中心(CNNIC)在进行中国互联网络发展状况统计时对网站的定义为：网站是指有独立域名的 Web 站点，其中包括 CN 和通用顶级域名下的 Web 站点。独立域名指的是每个域名最多只对应一个网站"WWW+域名"。例如：对域名 cnnic.cn 来说，它只有一个网站 www.cnnic.cn，而并非有 whois.cnnic.cn、mail.cnnic.cn 等多个网站，它们只被视为网站 www.cnnic.cn 的不同频道。

1.1.2　HTTP 与 FTP

HTTP 是超文本传输协议的英文简写，规定了浏览器在运行 HTML 文档时所遵循的规则和进行的操作。HTTP 协议的制定使浏览器在运行超文本时有了统一的规则和标准。用 HTML 编写的超文本文档称为 HTML 文档，它能独立于各种操作系统平台，自 1990 年以来，HTML 就一直被用作万维网的信息表示语言，使用 HTML 语言描述的文件，需要通过 Web 浏览器显示出效果。

所谓超文本，是因为它可以加入图片、声音、动画、影视等内容。事实上每一个 HTML 文档都是一种静态的网页文件，这个文件里面包含了 HTML 指令代码。这些指令代码并不是一种程序语言，它只是一种排版网页中资料显示位置的标记结构语言，易学易懂，非常简单。

FTP 是文件传输协议的英文简写，是一种快速、高效和可靠的信息传输方式，通过该协议可以把文件从一个地方传输到另一个地方，从而实现真正的资源共享。制作好的网站需要上传到服务器上，此时，就要用到 FTP。

1.1.3　IP 地址与域名

IP 是互联网协议的英文简写，是为计算机网络相互连接进行通信而设计的协议，是计算机在 Internet 上进行相互通信时应当遵守的规则。IP 地址是给 Internet 上的每台计算机和其他设备分配的一个唯一地址。

域名类似于 Internet 上的门牌号，是用于识别和定位互联网上计算机的层次结构式字符标识，与该计算机的互联网协议即 IP 地址相对应。相对于 IP 地址而言，域名更便于使用者理解和记忆。

1.1.4　网站开发语言

网站的开发语言有很多种，例如 APS、ASP.net、PHP、Java 等，不同开发语言有不同的特点和功能，设计者根据自己的需求和硬件设备的要求进行不同的选择。现在比较流行的网站开发语言主要是 ASP.net 和 PHP。

1.2　网页与网页设计

1.2.1　了解网页

网页是网站中一个基本构成元素。通常情况下，网页中包含文字、图片、多媒体等信息。网页一般由 Logo、导航栏、信息区、广告区和版权区组成。当我们打开一个网站，首先看到的是一个网站的首页，一般首页都是欢迎为主的开场页面，单击进入主页的链接后就会跳转到网站的主页。网站的主页一般是网站的导航页，大部分的网站链接都在主页中。现在大多数网站都省略了首页，而把首页和主页合为一体。

1.2.2　了解网页设计

制作网页是一个复杂而细致的过程，一定要按照先大后小、先简单后复杂的顺序来制作。所谓先大后小，就是在制作网页时，先把大的结构设计好，再逐步完善小的结构设计。所谓先简单后复杂，就是先设计出简单的内容，再设计复杂的内容，以便出现问题时能及时修改。

应该根据站点目标和用户对象设计网页的版式及网页内容的布局。一般来说，至少应该对一些主要的页面设计好布局，以确定网页的风格。

在网页排版时，要尽量保持网页风格的一致性，不至于在网页跳转时产生不协调的感觉。在制作网页时灵活运用模板，可以大大提高制作效率。可以将相同版面的网页制作成模板，在基于此模板上创建网页，以后想更改网页时，只需要修改模板页即可。

如果知道某个图片或别的内容会在站点的许多网页上出现，那么不妨先设计这个内容，再把它做成库项目。以后改变这个库项目，在所有使用它的页面上都会相应地进行修改。

1.3　网站规划设计

1.3.1　了解客户的需求

一个网站建设得好与坏，与建站前对客户需求的认识与理解有着极为重要的关系。所以第一步我们所要做的工作就是：全面把握客户需求，并在满足客户需求的同时，提出更合理的需求建议。

1.3.2　制作项目规划文案

在明确客户建站需求和网站类型定位后，你需要与公司设计、开发部门合作，根据需求撰写网站的策划书(提供一份全面的个性化的客户网上业务解决方案书)。

《网站策划方案书》(《网上业务构建解决方案书》)一般包含以下内容。

(1) 合作背景。

(2) 客户需求分析。

(3) 网站技术平台选型(介绍开发平台、运行平台)。

(4) 网站整体设计说明(阐述本方案将实现的目标，根据客户需求与规划进行制作)。

(5) 网站的栏目结构规划(网站架构图、拓扑图)。

(6) 网站内容的相互链接关系(网站栏目导航设计)。

(7) 网站美工及用户界面设计(网站前台页面的美工风格设计方案、用户界面设计及成效说明)。

(8) 网站功能模块设计(客户网络业务运营所需的各种功能的设计方案)。

(9) 网站开发周期进度计划。

(10) 网站制作费用报价。

(11) 网站运营维护服务方案与报价(或将所有项目包括网站制作一起报价)。

(12) 公司简介、成功案例、资质说明等(动易公司简介、资质说明)。

在撰写《网站策划方案书》中最为关键与重要的是(4)～(9)项目，这些内容是因不同客户的个性化业务需求而异的，也是客户首要关注的内容，事关客户网络业务能否按照其规划顺利发展。

1.3.3　规划网站主题及风格

在设计一个网站之前，需要考虑的因素很多，从网站的定位、设定网站框架、整理资料，到具体制作中的设计，再到最后的调试、发布和宣传，这是一个环环相扣的过程。在此，我们仅仅从设计师的角度来整体把握如何设计成功的网站。下面介绍设计网站时最重要的两大部分：整体风格和主题设计。

网站的整体风格就是指站点的整体形象给浏览者的综合感受。这个整体风格包括站点的 CI(标志、色彩、字体和标语)、版面布局、浏览方式、交互性、文字、语气、内容价值、存在意义和站点荣誉等诸多因素。下面 4 个页面就是 4 种不同的风格，如图 1.1～图 1.4 所示。

图 1.1　简单清新

图 1.2　正式质朴

图 1.3　活泼亮丽

图 1.4　时尚个性

作为网页设计师，最苦恼的就是没有好的主题创意来源，而创意正是一个网站生存的关键。

如图 1.5 所示的页面要比直接书写自己的联系方式的形式效果更加突出，这就是一种创意之作。

图 1.5　创意之作

只要用心观察就可以发现，网络上大部分创意来自于生活，比如在线书店、电子社区、在线拍卖等。创意的目的是更好地宣传和推广网站。如果创意很好，但对网站发展毫无意义，那么宁可放弃这个创意。

1.3.4　规划网站内容

无论是个人网站还是企业网站，一个好的网站的产生都需要经过精心的设计和规划。

因此，在制作网站之前，应该考虑好它的主题，也就是希望通过网站表达什么内容。有了明确的主题之后，才能考虑采用何种视觉形式。

一般的个人网站其目的不外乎展现自我、交友和技术交流等，因此确定主题时不要落入俗套。现在许多个人网站的题材包罗万象，内容雷同，难以吸引浏览者的目光。为了使自己的站点独具特色，要考虑到浏览者的需求，他们对什么样的内容感兴趣，能够向他们提供哪些有价值的信息。题材的选择应该少而精，并且能够坚持定期更新，这样才能受到大家的欢迎。

1.3.5　设计网站栏目及地图

当你准备建立网站时，应该整体规划网站的栏目。一般来说，网站的栏目内容少则数条，多则上百条。如果有这么多的栏目，那么我们必须先将它们组织起来。例如，先分成数个组，每组又分成若干个小集合等。类似这样的组织，我们可以把它们画成一个结构图，即网站地图。在规划网站时最好先将网站地图绘制好。

1.3.6　发布与推广网站

网页制作完成后，还需要发布到 Web 服务器上，才能够让全世界上网的人看到。现在上传的工具有很多，有些网页制作工具本身就带有 FTP 功能，利用这些 FTP 工具，就可以很方便地把网站发布到自己申请的主页存放服务器上。网站上传以后，你需要在浏览器中打开自己的网站，逐页逐个链接的进行测试，发现问题，及时修改，然后再上传测试。全部测试完毕就可以把你的网址告诉给朋友，让他们来浏览。

网页做好之后，还要不断地进行宣传，这样才能让更多上网的人认识它，提高网站的访问率和知名度。推广的方法有很多，例如到搜索引擎上注册、与别的网站交换链接、加入广告链等。

1.4　认识网页页面元素

1.4.1　网页页面元素种类

阅读报纸杂志时，用户看到的主要是文字和图片；看电视时，看到更多的是视频、音频。每一种媒体都包含许多元素，网页也不例外。相比这些传统媒体，网页包含了更多的组成元素——除了文字、图像、音频、视频外，很多其他对象也可以加入网页中，比如 Java Applet 小程序、Flash 动画、QuickTime 电影等。

1. 文字

文字是网页的主体，是传达信息最重要的方式。因为它占用的存储空间非常小(一个汉字只占用两个字节)，所以很多大型的网站提供纯文字的版面以缩短浏览者的下载时间。文字在网页上的主要形式有标题、正文、文本链接等。

2. 图像

采用图像可以减少文字给阅读者带来的枯燥感，文字与图像巧妙的组合可以带给用户美的享受。图像在网页中有很多用途，可以用来做图标、标题、背景等，甚至构成整个页面。

1) 图标

网站的标志是风格和主题的集中体现，其中可以包含文字、符号、图案等元素。设计师就用这些元素进行巧妙组合来达到表现公司、网站形象的目的，如图 1.6 所示。

图 1.6　插入图标

2) 标题

标题可以用文本，也可以用图像。但是使用图像标题要比文本标题的表现力更强，效果更加突出，如图 1.7 所示。有时页面中的标题需要使用特殊的字体，但可能很多浏览者的机器上没有安装这种字体，那么浏览者看到的效果和设计师看到的效果是不同的。此时最好的解决方法就是将标题文字制作成图片，如图 1.8 所示，这样可以保证所有人看到的效果是一样的。

图 1.7　图像样式标题　　　　　　　　　　　　图 1.8　图片化标题

3) 插图

通过照片和插图可以直观地表达效果和展现主题，但也有一些插图仅仅是为了装饰。如图 1.9 所示，插入的图片内容形象地改变了整个网页的显示风格。

4) 广告条

网络媒体和其他传统媒体一样，投放广告是获取商业利益的重要手段。网站中的广告通常有两种形式：一是文字链接广告；二是广告条。前者通过 HTML 语言即可实现，后者是把广告内容设计为吸引浏览者注意的图像或者动画，让浏览者通过单击来访问特定的宣传网页。如图 1.10 所示就是一个形象生动的广告条。

5) 背景

使用背景是网站整体设计风格的重要方法之一。背景可通过 HTML 语言定义为单色或背景图像，背景图像可以是 JPEG 和 GIF 两种格式。

图 1.9　插入图片后的效果

图 1.10　插入广告条

6) 导航栏

导航栏用来帮助浏览者熟悉网站结构，让浏览者可以很方便地访问自己想要的页面。导航栏的风格须和页面保持一致。

导航栏主要有文字导航栏和图形导航栏两种形式。文字导航栏清楚易懂，下载迅速，适用于信息量大的网站。图形导航栏版面美观，表现力强，适用于一般商业网站或个人网站。如图 1.11 所示就是一个个性鲜明的图片导航栏设计方案。

图 1.11　导航栏

3. 音频

将多媒体引入网页，可以在很大程度上吸引浏览者的注意。利用多媒体文件可以制作出更有创造性、艺术性的作品，它的引入使网站成为一个有声有色、动静相宜的世界。

多媒体一般是指音频、视频、动画等形式。网上常见的音频格式有 MIDI、WAV、MP3 等。

- MIDI 音乐：每逢节日，人们都喜欢到贺卡网站上收发电子贺卡。其中有些贺卡就有一种音色类似电子琴的背景音乐，这种背景音乐就网上常见的一种多媒体格式——MIDI 音乐，它的文件以.mid 为扩展名，特点是文件体积非常小，很快就可下载完毕，但音色很单调。
- WAV 音频：每次打开计算机时我们所听到的系统载入的音乐实际上就是 WAV 音频。该音频是以.wav 为扩展名的声音文件，它的特点是表现力丰富，但文件体积很大。

- MP3 音乐：MP3 是我们非常熟悉的文件格式，现在互联网上的音乐大多数都是 MP3 格式的。它的特点是在尽可能保证音质的情况下减小文件体积，通常长度为 3 分钟左右的歌曲文件，文件体积大概为 3MB。

4. 视频

视频一般在网页上出现得不多，但它有着其他媒体不可替代的优势。视频传达的信息形象、生动，能给人留下深刻的印象。

常见的网上视频文件有 AVI、RM 等。

- AVI 视频：AVI 视频文件是由 Microsoft 开发的视频文件格式，其文件的扩展名为.avi。它的特点是视频文件不失真，视觉效果很好，但缺点是文件体积太大，短短几分钟的视频文件需要耗费几百兆的硬盘空间。
- RM 视频：它是由 Real Networks 公司开发的音视频文件格式，主要用于网上的电影文件传输，扩展名为.rm。它的特点是能一边下载一边播放，又称为流式媒体。
- QuickTime 电影：QuickTime 电影是由美国苹果电脑公司开发的用于 Mac OS 的一种电影文件格式，在 PC 上也可以使用，但需要安装 QuickTime 的插件，这种媒体文件的扩展名是.mov。
- WMV 视频：这是微软开发的新一代视频文件格式，特点是文件体积小，而且视频效果比较好，能够支持边下载边播放，目前已经在网上电影市场中占有一席之地。
- FLV 视频：FLV 是 Flash Video 的简称。FLV 串流媒体格式是一种新的网络视频格式，它的出现有效地解决了视频文件导入 Flash 后，使导出的 SWF 文件体积庞大，不能在网络上有效使用等缺点。随着网络视频网站的丰富，这个格式已经非常普及。

5. 动画

动画是网页中最吸引眼球的地方，好的动画能够使页面显得活泼生动，达到动静相宜的效果。特别是 Flash 动画产生以来，动画成为网页设计中最热门的话题。

- 常见的动画格式：GIF 动画是多媒体网页动画最早的动画格式，优点是文件体积小，但没有交互性，主要用于网站图标和广告条。
- Flash 动画：Flash 动画是基于矢量图形的交互性流式动画文件格式，可以用 Adobe 开发的 Flash CS3 进行制作。使用其内置的 ActionScript 语言还可以创建出各种复杂的应用程序，甚至是各种游戏。
- Java Applet：在网页中可以调用 Java Applet 来实现一些动画效果。

6. 链接和路径

当单击网页上的一段文本(或一张图片)时，此时会出现小手的形状，如果可以打开网络上一个新的地址，就代表该文本(或图片)上有链接，如图 1.12 所示。

图 1.12　显示链接

1.4.2　网页图像元素的格式

网页中可以出现各种多媒体素材，多媒体元素是指定多媒体应用中可显示给用户的媒体形式。目前常见的多媒体元素主要有文本、图形、图像、声音、动画和视频图像等。

文本是由字符(如字母、数字等)组成的符号串，如句子、段落、文章等。文本可以在文本编辑软件里制作，如写字板、Word 等编辑工具。

图形一般指计算机生成的各种有规则的图，如直线、圆、圆弧、矩形、任意曲线等几何图和统计图等。在图形文件中只记录生成图的算法和图上的某些特征点，因此也称矢量图。图形的最大优点在于可以分别控制处理图中的各个部分，如在屏幕上移动、旋转、放大、缩小、扭曲而不失真，不同的物体还可在屏幕上重叠并保持各自的特性，必要时仍可分开。因此，图形主要用于表示线框型的图画、工程制图、美术字等。

图像是指由输入设备捕捉的实际场景画面或以数字化形式存储的任意画面。

图形与图像从技术上来说完全不同。同样一幅图，例如一个圆，若采用图形媒体元素，其数据记录的信息是圆心坐标点(x,y)、半径 r 及颜色编码；若采用图像媒体元素，其数据文件则记录在那些坐标位置上有什么颜色的像素点。

因为图像处理软件非常之多，所以图像文件格式也就五花八门，常用的图像格式有BMP、TIF、GIF、JPEG、PSD、WMF、PNG 等。目前网页中只支持压缩比较高的 GIF、JPEG、PNG 等几种格式，其他图形格式只能转换格式后才能使用。

音频信息增强了对其他类型媒体所表达的信息的理解。

- 波形声音。用一种模拟的连续波形表示。在计算机中，任何声音信号都要先对其进行数字化(可以把麦克风、磁带录音、无线电和电视广播、光盘等各种声源所产生的声音进行数字化转换)，并能恰当地恢复出来。
- 语音。一种波形声音的文件格式，相对应的文件格式是 WAV 文件或 VOC 文件。
- 音乐。音乐是符号化了的声音，这种符号就是乐曲，乐谱是转化为符号媒体的声音。MIDI 是十分规范的一种形式，其常见的文件格式是 MID 或 CMF 文件。

动画是运动的图画，由一组静态画面的连续播放便形成了动画。动画的连续播放既指时间上的连续，也指图像内容上的连续，即播放的相邻两幅图像之间内容相差不大。

计算机设计动画方法有两种：一是造型动画；二是帧动画。

若干有联系的图像数据连续播放便形成了视频。视频图像可来自录像带、摄像机等视频信号源的影像，如录像带、影碟上的电影/电视节目、电视、摄像等。

1.4.3　网页多媒体元素的分类

在多媒体网页中除了文本、图像和 Flash 动画外，还有声音、视频等其他媒体。

声音是多媒体网页中的一个重要组成部分，用户可以将某些声音添加到网页中。在添加声音前，需要考虑的因素包括其用途、格式、文件大小、声音品质及浏览器差别等。不同浏览器对声音文件的处理方法有所不同，彼此之间大多不兼容。

用于网络的声音文件格式非常多，常见的有 MIDI、WAV、MP3 和 AIF 等，在使用不同格式的文件时需要加以区别。很多浏览器不用插件也可以支持 MIDI、WAV 和 AIF 格式的文件，而 MP3 和 RM 格式的声音文件则需要用专门的浏览器插件播放。

视频文件的采用使网页变得精彩而富有动感。视频文件的格式也非常多，常见的有RM、MPEG、AVI 和 DivX 等。

1.4.4　网页动画元素

动画元素有两种基本类型——基于角色的动画和基于帧的动画。基于帧的动画类似于电影胶片和电视画面，需要设计每一屏幕显示的帧动画，运动物体在相邻画面间只有微小变化，通过快速连续地翻动帧动画面产生动作。基于角色的动画则要单独设计每一个运动物体，为每一个物体指定特性，如位置、大小、颜色和样式，然后再用这些物体构成完整的帧动画。两者的区别主要在于设计制作的方法不同。基于帧的动画是直接设计动画的每一帧，基于角色的动画是设计帧间的各个角色，然后由它们组成每一帧。在播放时，两者都生成连续翻动的帧画面序列。

从动画的表现空间来说，动画可分为二维动画和三维动画。二维动画的制作比较简单。三维动画不仅制作复杂，需要专业的制作人员，而且对系统配置和存储量的要求也较高。

1.5　网页版式与配色

1.5.1　页面版型的结构

版式设计是整个页面制作的关键。版式最常见的有海报型和表格型。

例如，表格型版式多见于学校网站，信息量大，结构清晰，但是艺术性较差，很容易千篇一律，如图 1.13 所示的清华大学新闻网页面。

图 1.13　表格型网页

这类网页不需要在 Fireworks 中把所有的对象都做出来，一般只需制作网站图标和广告条，然后在 Dreamweaver 中利用表格确定布局，在单元格中插入图像、文字、动画等对象。

制作这种版式的网页需要完成以下 5 项工作。

- 网页的标志设计。
- 网页静态、动画广告条的设计。
- 装饰性图片设计。
- 在 Dreamweaver 中设计制作版式结构。
- 将图片等对象插入页面。

再例如，图像文件版式给人的感觉是一气呵成，页面整体的感觉大气，形式自由，适合个性化页面的制作。但同时也有很多问题，首先是信息量很小，其次因为页面中有大块的图像，文件体积必然会增大，因此一般用于个人网站或者企业形象页面，如图 1.14 所示。

图 1.14　图像文件版式

这类网页一般可以在 Fireworks 中将整个网页用图像的形式画出来，然后将整个图像切片并输出成 HTML 文档和图片。最终每个切片都会被输出为一个图片文件，而且图片将自动被插入到输出的 HTML 文档中，并且用表格进行了布局的设定。

制作这种版式的网页需要完成以下 5 项工作。

- 网页的标志设计。
- 网页静态、动画广告条的设计。
- 制作网页效果图。
- 切片输出。
- 在 Dreamweaver 中作细微调整。

1.5.2　认识网页安全色

网页安全色是各种浏览器、各种机器都可以无损失无偏差输出的色彩集合。

在设计网络作品时，尽量使用网页安全色，这样不会让观看的人看到的效果与你制作时相差太多。否则，一旦你的色彩文件与观看者的不同，可能就会出现偏色很严重的情况。

1.5.3　基本配色的方法

色彩是一种奇怪的东西，它美丽而丰富，能唤起人类的心灵感知。一般来说，红色是火的颜色，代表着热情、奔放，同时也是血的颜色，可以象征生命；黄色显得华贵、明快；绿色是大自然草木的颜色，意味着自然和生长，象征安宁、和平与安全；紫色是高贵的象征，有庄重感；白色能给人以纯洁与清白的感觉，表示和平与圣洁……

颜色的使用并没有特定的法则，经验上可先确定一种能表现主题的主体色，然后根据具体的需要，用颜色的近似和对比来完成整个页面配色方案。整个页面在视觉上应是一个整体，以达到和谐、悦目的视觉效果。

1.6　设计网页图像元素

1.6.1　Logo 设计

网站作为对外交流的重要窗口和渠道，创建者都会用来对自身形象进行宣传。成功的网站就像成功的商品一样，商品最注重的就是商标和商品质量。那么对于成功的网站来说，注重的应该是网站的标志和内容。成功的网站标志有着独特的形象标识，在网站的推广和宣传中将起到事半功倍的效果。设计制作网站的标志应体现该网站的特色、内容以及其内在的文化内涵和理念。如图 1.15 所示是某网站的标志。

图 1.15　某网站标志

1. 什么是 Logo

在计算机领域中，Logo 是标志、徽标的意思，是互联网上各个网站用来与其他网站链接的图形标志。

2. Logo 的作用

Logo 具有以下几个方面的作用。

(1) Logo 是与其他网站链接以及让其他网站链接的标志和门户。Internet 之所以叫作互联网，在于各个网站之间可以相互链接。要让上网的人浏览你的网站，首先必须提供一个让其进入的门户。而 Logo 图形化的形式，特别是动态的 Logo，比文字形式的链接更能吸引人的注意。在如今争夺眼球的时代，这一点尤为重要。

(2) Logo 是网站形象的重要体现。就一个网站而言，Logo 即是网站的名片，而对于一个追求精美的网站而言，Logo 更是它的灵魂所在，即所谓的点睛之处。

(3) Logo 能使浏览者便于选择。一个好的 Logo 往往会反映网站及制作者的某些信息，特别是对一个商业网站来说，网站的浏览者可以从中基本了解到这个网站的类型或者内容。在一个布满各种 Logo 的链接页面中，这一点会表现得尤为突出。想一想，当浏览者要在大堆的网站中寻找自己想要的特定内容的网站时，一个能让人轻易看出它所代表的网站的类型和内容的 Logo 有多么重要。

3. Logo 的国际标准规范

为了便于互联网上信息的传播，统一的国际标准是必需的。其中关于网站 Logo 的标准，目前有以下 3 种规格。

(1) 88 像素×31 像素：这是互联网上最普遍的 Logo 规格。

(2) 120 像素×60 像素：这种规格用于普通大小的 Logo。

(3) 120 像素×90 像素：这种规格用于大型 Logo。

4. Logo 的制作工具和方法

目前并没有专门制作 Logo 的软件，并且这样的软件对用户来说也非绝对必要。因为平时所使用的图像处理软件或动画制作软件都可以很好地胜任这份工作，如 Photoshop、Fireworks 等。Logo 的制作方法也和普通的图片及动画的制作没什么两样，不同的只是对 Logo 的大小有所规定。

5. 一个好的 Logo 应具备的条件

一个好的 Logo 应具备以下几个条件(至少应具备其中之一)。

(1) 符合国际标准。

(2) 精美、独特。

(3) 与网站的整体风格相融。

(4) 能够体现网站的类型、内容和风格。

1.6.2　设计横幅

横幅广告条与整个网页要协调，不能让广告条喧宾夺主。因为浏览者浏览网页首要的目的是看网页上的主要内容。想要在不影响网页格局的同时达到广告的效果，就必须使广告条的设计与整个页面相协调，同时又要突出、醒目。要使整个页面协调，就需要做到以下两点：第一，用色要同页面的主色相搭配，比如主色是浅黄，广告条的用色就可以用一些浅的其他颜色；第二，切忌用一些对比色，例如主体色是红色的页面上就不要用绿色，以免太刺眼，这样也显得比较俗气。用色区别开来是应该的，这个区别是建立在一定程度上的，不能过火，超过了这个度就会适得其反。

再单独看看广告条本身的内容。广告条作为一个网页的一个局部，它本身即是一个整体，我们可以分析一下广告条这个整体的组成。一般来说，它是由文本、图片和动画这几个组件组成的。文本在某种程度上说必不可少，因为要在这么狭小的一个空间里向用户传达信息，如果只用图片来表现，很难做到这一点，用文字可以简洁明了地告知信息。但是为了避免单调，一般采用图片作为背景，加上文字来进行说明，通过搭配，可以使页面丰满，同时又能清楚地表达要说明的信息。

既然文本如此重要，就要突出文字的地位，设计时可以在广告条的区域里设法通过颜色和大小来突出。这样文字就不必考虑与整个页面的协调问题，因为它是作为广告条的一个整体的一部分，假如前者已与整体协调，就同样是协调的，所以可以将文字做得醒目一些。这就可以采用动画或闪动的方式，或是一些渐变或消隐的方式，这样既使页面显得丰富多彩，同时也让人浏览时更容易注意到广告条的内容。有时候能造成这样的效果：在用户将主要注意力放在网页的的内容上时，不经意间看到了广告条并被其内容所吸引，以致于去点击了。若达到了这样的程度，设计者的目的就达到了。下面是一个网页的广告条，如图 1.16 所示。

图 1.16　横幅广告

1.6.3　设计按钮

网页按钮在页面中一般起强调或者修饰的作用。合适的按钮可以使页面更加生动丰满。网页按钮主要分为三种：一是以文字为主的按钮；二是以图案为主的按钮；三是使用图文结合的按钮。

以文字为主的按钮主要是用来完成一个明确的功能，例如链接到一个新的页面等。其效果如图 1.17 所示。

以图案为主的按钮较为生动活泼，但是使用得不好会使用户产生理解上的困难，无法达到预期的目的。其效果如图 1.18 所示。

使用图文结合的按钮一般使用文字来指示按钮的作用，使用图案作为美化和修饰。其效果如图 1.19 所示。

图 1.17　以文字为主的　　图 1.18　以图案为主的
　　　　　按钮　　　　　　　　　　　按钮　　　　　　　图 1.19　使用图文结合的按钮

1.6.4　设计导航栏

导航栏既是网页设计中的重要部分，又是整个网站设计中的一个较为独立的部分。一般来说，网站中的导航栏在各个页面中出现的位置是比较固定的，而且风格也较为一致。导航栏的位置对网站的结构与各个页面的整体布局起着举足轻重的作用。

导航栏一般有 4 种常见的显示位置：在页面的左侧、右侧、顶部和底部。有的在同一个页面中运用了多种导航栏，如有的在顶部设置了主菜单，而在页面的左侧又设置了折叠式的折叠菜单，同时又在页面的底部设置了多种链接，这样便增强了网站的可访问性。当然，并不是导航栏在页面中出现的次数越多越好，而是要合理地运用，使页面达到总体的协调一致。下面是一个网页的顶部导航栏，如图 1.20 所示。

首页　电视剧　电影　综艺　音乐　动漫　全部　　资讯·科技▼　娱乐·搞笑▼　旅游·母婴▼　排行　　　个人中心　会员　APP下载

图 1.20　导航栏

1.7　设计网页动画元素

1.7.1　设计按钮动画

按钮是 Flash 动画里的根基元件之一，是辅助我们让动画按照自己的意愿呈现出来的主要元件之一。它的表示形式多样，可使用元件、影片剪辑、文字等，经由过程对它的设置可以实现场景的播放、遏制、快进、快退、暂停等。按钮还可分为单控按钮(即只有一个感化或播放或遏制)和双控按钮(即可播放可遏制)。一般看到大师常用的是单控按钮，而且看到良多伴侣将单控的 PLAY 按钮帧一向延续到动画竣事，这是很没有需要的。因为一般单控按钮在单击完成后就没有感化了，也没需要再显示存在了，所以它只需一帧就可以了。若是双控按钮，它就需要陪同动画直到竣事，因为它在此时代随时都要执行对它设置的呼吁。

1.7.2　设计横幅动画

利用 Flash 软件可以针对企业或是个人网站设计出个性鲜明的横幅动画，它的存在使得网站的表现力和效果更加突出，所要表达的内容也更加醒目。

1.7.3　设计动画广告

互联网的兴起正逐渐改变着我们的生活及生活习惯，利用 Flash 软件对动画进行设计就是其中之一。利用它可以使动画产生千变万化的效果。正是互联网的大势兴起，Flash 动画越来越受到青睐。现在，Flash 动画已成为网络广告的中坚力量。

而作为富媒体营销概念中的重要手段，很长一段时间，或者说在未来，富媒体技术的不断完善，Flash 动画广告的优势会越来越明显。

1.8　思　考　题

1. 网站的概念什么？
2. 网页中包含什么？其构成元素有哪些？

第 2 章　Dreamweaver CC 基本操作

本章主要介绍 Dreamweaver CC 的一些基本操作。只有掌握了这些基本操作，在以后制作网页时才能够得心应手。

2.1　Dreamweaver CC 的工作界面

Dreamweaver 是现在最流行的网页制作工具，使用 Dreamweaver CC 可以轻而易举地制作出跨越平台限制和跨越浏览器限制的充满动感的网页。如图 2.1 所示为 Dreamweaver CC 的工作界面。

菜单栏
面板组
文档窗口
属性面板

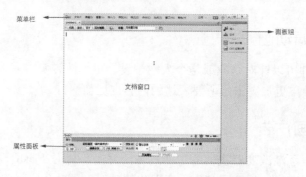

图 2.1　Dreamweaver CC 的工作界面

1. 菜单栏

菜单栏显示的菜单包括文件、编辑、查看、插入、修改、格式、命令、站点、窗口、帮助等 10 个菜单项，如图 2.2 所示。

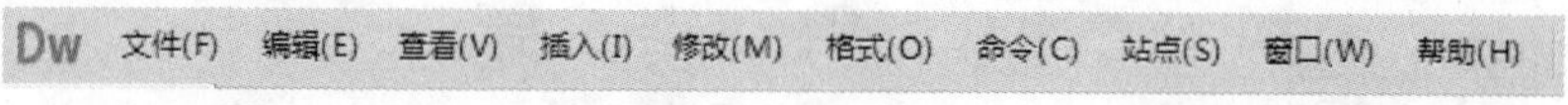

Dw
文件(F)
编辑(E)
查看(V)
插入(I)
修改(M)
格式(O)
命令(C)
站点(S)
窗口(W)
帮助(H)

图 2.2　菜单栏

2. 文档窗口

文档窗口显示当前创建和编辑的网页文档。用户可以在设计视图、代码视图、拆分视图中查看文档，如图 2.3 所示。

3. 【属性】面板

【属性】面板用于查看和编辑所选对象的各种属性。【属性】面板可以检查和编辑当前选定页面元素的最常用属性。【属性】面板中的内容根据选定元素的不同会有所不同。如图 2.4 所示的是图片的【属性】面板。

4. 浮动面板

【属性】面板以外的其他面板可以统称为浮动面板。各浮动面板主要由面板的特征命名。这些面板都浮动于编辑窗口之外。可以通过菜单栏中的【窗口】命令来打开相应的面板，如图 2.5 所示。

图 2.3　文档窗口

图 2.4　【属性】面板

5.【插入】面板

【插入】面板包含用于创建和插入对象的按钮。当鼠标指针移动到一个按钮上时，会出现一个工具提示，其中含有该按钮的名称。这些按钮被组织到几个类别中，可以在【插入】面板的上方切换它们。当前文档包含服务器代码时，还会显示其他类别。当启动 Dreamweaver 时，系统会打开上次使用的类别，常用的【插入】面板如图 2.6 所示。

图 2.5　浮动面板

图 2.6　【插入】面板

6.【文件】面板

在此面板中可以管理组成站点的文件和文件夹，其功能类似于 Windows 中的资源管理器功能。

除以上介绍的面板外，Dreamweaver CS5 还提供了许多面板、检查器窗口，如【历史记录】面板和代码检查器。可以使用菜单中的【窗口】命令将隐藏的面板打开。

2.2　创 建 站 点

站点是一组具有共享属性(如相关主题、类似的设计或共同目的)的链接文档和资源。Dreamweaver 是创建和管理站点的工具，使用它不仅可以创建单独的文档，还可以创建完整的 Web 站点。

创建本地站点的具体操作步骤如下。

(1) 在菜单栏中选择【站点】|【管理站点】命令，随即弹出【管理站点】对话框，如

图 2.7 所示。

　　(2) 在弹出【管理站点】对话框中，单击【新建站点】按钮，如图 2.8 所示。

图 2.7　选择【管理站点】命令

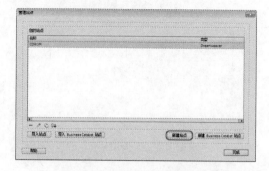

图 2.8　【管理站点】对话框

　　(3) 弹出【站点设置对象】对话框，在【站点名称】文本框中输入所需要的名称，然后单击【本地站点文件夹】右侧的文件夹按钮，如图 2.9 所示。

　　(4) 弹出【选择根文件夹】对话框，选择正确的路径及文件夹，然后单击【选择文件夹】按钮，返回到【站点设置对象】对话框中单击【保存】按钮，然后单击【完成】按钮即可，如图 2.10 所示。

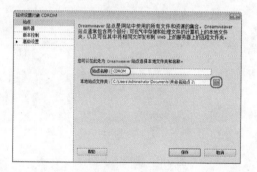

图 2.9　【站点设置对象】对话框

图 2.10　【选择根文件夹】对话框

2.3　管理站点内容

站点建立完成后，就需要对所建立的站点进行管理。下面介绍如何对站点进行管理。

2.3.1　添加文件或文件夹

在【文件】面板中创建文件或文件夹的具体操作步骤如下。

　　(1) 在菜单栏中选择【窗口】|【文件】命令，打开【文件】面板，在【文件】面板中的空白位置处右击，在弹出的下拉菜单中选择【新建文件夹】或【新建文件】命令，如图 2.11 所示。

　　(2) 继续右击，在弹出的快捷菜单中选择【新建文件】命令，创建一个文件，在【文件】面板中的效果如图 2.12 所示。

图 2.11　新建文件夹或文件

图 2.12　【文件】面板

2.3.2　删除文件或文件夹

在制作网页的过程中有时需要将多余的文件夹或文件删除。下面介绍如何删除文件或文件夹。

(1) 打开【文件】面板，选择需要删除的文件夹或文件并右击，在弹出的快捷菜单中选择【编辑】|【删除】命令，如图 2.13 所示。

(2) 弹出提示对话框，单击【是】按钮，这样就可以将文件夹或文件删除，如图 2.14 所示。

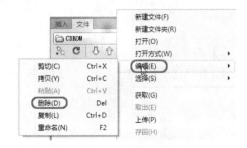

图 2.13　选择【删除】命令

图 2.14　提示对话框

> **提　示**
>
> 选择需要删除的文件夹或文件，按 Delete 键也可以将其删除。

2.3.3　重命名文件或文件夹

在制作网页的过程中，为了便于管理，有时需要对创建的文件夹或文件进行重命名，首先选择需要重命名的文件或文件夹，右击，在弹出的快捷菜单中选择【编辑】|【重命名】命令，如图 2.15 所示。此时选择的文件夹或文件的名称处于可编辑状态，输入所需要的名称即可，如图 2.16 所示。

用户还可以使用 F2 键对所需要的文件夹或文件重命名。

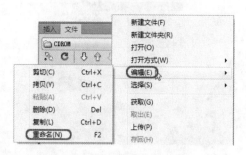

图 2.15 选择【重命名】命令

图 2.16 可编辑状态

> **提 示**
>
> 无论是重命名还是移动文件，都应该在【文件】面板中进行。因为【文件】面板有动态更新链接的功能，确保站点内部不会出现链接错误。

2.4 网页文档的基本操作

制作网页的前提是首先必须新建一个网页文档。下面主要介绍网页文档的基本操作。

2.4.1 创建空白网页

创建空白网页的具体操作步骤如下。

(1) 启动软件后，在菜单栏选择【文件】|【新建】命令，如图 2.17 所示。

(2) 弹出【新建文档】对话框，选择【空白页】| HTML |【无】命令，然后单击【创建】按钮，即可创建一个空白网页，如图 2.18 所示。

图 2.17 选择【新建】命令

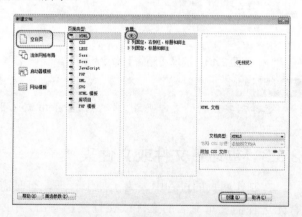

图 2.18 【新建文档】对话框

> **提 示**
>
> 在 Dreamweaver CC 欢迎界面中，选择【新建】栏下的 HTML 选项可以直接创建空白网页。

2.4.2　打开网页文档

打开文档可以通过选择菜单栏中的命令进行打开，选择菜单栏中的【文件】|【打开】命令，在弹出的【打开】对话框中选择需要打开文档的路径，选中文件，然后单击【打开】按钮，如图 2.19 所示。

如果被打开的文档是在站点中的文件，打开时可以在【文件】面板中双击文件将其打开，或是选中需要打开的文档并右击，在弹出的快捷菜单中选择【打开】命令，如图 2.20 所示。

图 2.19　选择【打开】命令

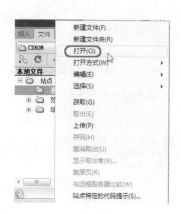

图 2.20　选择【打开】命令

2.5　设置网页文本

网页文本在网页中起着很重要的作用，很多信息都是以文本形式传达给读者的。

2.5.1　为网页输入文本

在网页中输入文本的方式有以下两种。

(1) 直接在文档中输入，即选择需要插入文本内容的位置，直接输入文本内容。

(2) 复制现有文本到网页，即通过复制别处相关的文本内容，切换到 Dreamweaver 文档中，在需要插入文本内容的位置选择菜单栏中【编辑】|【粘贴】命令，或是右击，在弹出的快捷菜单中选择【粘贴】命令，也可通过按 Ctrl+V 组合键插入复制的文本内容。

2.5.2　设置文本的属性

下面通过一个例子来介绍如何设置文本的属性。

(1) 启动软件后，按 Ctrl+O 组合键，弹出【打开】对话框，选择随书附带光盘中的 CDROM\素材\Cha02\古诗.html 素材文件，单击【打开】按钮，如图 2.21 所示。

(2) 打开素材文件之后，选择"春晓"文字，在【属性】面板中将【字体】设为【方正大黑简体】，将【大小】设为 36px，将字体颜色设为#666，并单击【居中对齐】按钮，如图 2.22 所示。

图 2.21　打开素材文件

图 2.22　设置字体属性(1)

(3) 然后选择"作者 唐 孟浩然"文字，在【属性】面板中将【字体】设为【方正宋黑简体】，将【大小】设为 24px，将字体颜色设为#666，并单击【右对齐】按钮，如图 2.23 所示。

(4) 选择第一句诗句，在【属性】面板中将【字体】设为【方正宋黑简体】，将【大小】设为 24px，将字体颜色设为#666，并单击【居中对齐】按钮，如图 2.24 所示。

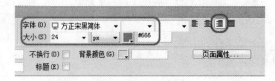

图 2.23　设置字体属性(2)

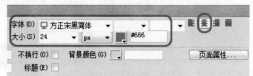

图 2.24　设置字体属性(3)

(5) 使用同样的方法，设置最后一句诗句，完成后的效果如图 2.25 所示。

(6) 在【属性】面板中将背景颜色设为#FFCCCC，预览后的效果如图 2.26 所示。

图 2.25　设置属性后的效果　　　　　　　图 2.26　预览后的效果

2.5.3　设置段落格式

对于比较长的文字，需要对其段落格式进行设置，以达到自己想要的效果。下面通过一个例子来介绍如何设置段落格式。

（1）启动软件后，按 Ctrl+O 组合键，随即弹出【打开】对话框，选择随书附带光盘中的"CDROM\素材\Cha02\段落.html"素材文件，然后单击【打开】按钮，如图 2.27 所示。

（2）打开素材文件后，选择"用人之道"文字，打开【属性】面板，选择 HTML 选项，单击【格式】右侧的下三角按钮，在弹出的下拉列表中选择【标题 1】，然后单击【内缩区块】按钮，如图 2.28 所示。

图 2.27　【打开】对话框

图 2.28　设置段落属性

（3）选择其他文本，在 HTML 属性组中，将【格式】设为【标题 4】，然后单击【内缩区块】按钮，如图 2.29 所示。

（4）设置完成后，进行预览，效果如图 2.30 所示。

图 2.29　设置其他文本段落属性

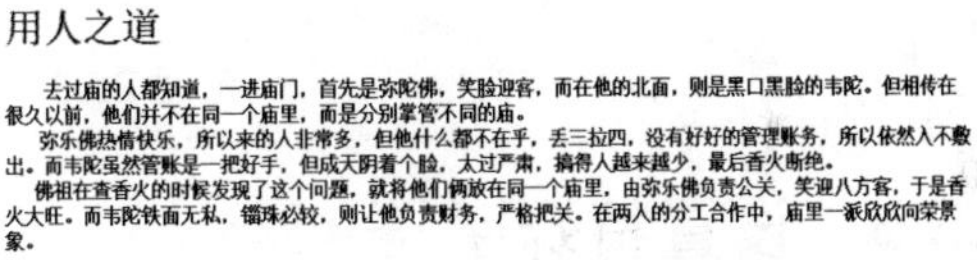

用人之道

去过庙的人都知道，一进庙门，首先是弥陀佛，笑脸迎客，而在他的北面，则是黑口黑脸的韦陀。但相传在很久以前，他们并不在同一个庙里，而是分别掌管不同的庙。

弥乐佛热情快乐，所以来的人非常多，但他什么都不在乎，丢三拉四，没有好好的管理账务，所以依然入不敷出。而韦陀虽然管账是一把好手，但成天阴着个脸，太过严肃，搞得人越来越少，最后香火断绝。

佛祖在查香火的时候发现了这个问题，就看他们俩放在同一个庙里，由弥乐佛负责公关，笑迎八方客，于是香火大旺。而韦陀铁面无私，锱铢必较，则让他负责财务，严格把关。在两人的分工合作中，庙里一派欣欣向荣景象。

图 2.30　完成后的效果

2.5.4　设置列表

在网页中，从总体上包括两种类型的列表，一种是无序列表，即项目列表；另一种是有序列表，即编号列表。列表可以将具有相似特性或带有某种顺序的文本进行有规则的排列，列表常用在条款或列举等类型的文本中，使用列表方式进行罗列可以使文本内容更加直观。

下面介绍如何设置列表。其具体操作步骤如下。

（1）启动软件后，按 Ctrl+O 组合键，弹出【打开】对话框，选择随书附带光盘中的"CDROM\素材\Cha02\列表.html"素材文件，然后单击【打开】按钮，如图 2.31 所示。

（2）将鼠标指针置于"不谈恋爱"文字的后侧，打开【属性】面板，选择 HTML 选项，然后单击【项目列表】按钮，如图 2.32 所示。

图 2.31　打开素材文件　　　　　　　图 2.32　单击【项目列表】按钮

(3) 使用同样的方法为其他标题添加列表，预览完成后的效果，如图 2.33 所示。

图 2.33　完成后的效果

2.5.5　设置特殊字符

在制作网页的过程中有时会用到许多特殊的字符，如版权符号、注册商标符号等，此时 Dreamweaver 软件提供了许多特殊的字符。下面介绍如何插入特殊字符。

(1) 首先打开【插入】面板，选择【常用】|【字符】命令，如图 2.34 所示。

(2) 在弹出的下拉列表中选择需要的字符，如果列表中没有想要的字符，还可以选择【其他字符】命令，如图 2.35 所示。

图 2.34　选择【字符】命令　　　　　　图 2.35　选择【其他字符】命令

(3) 弹出【插入其他字符】对话框，选择需要的字符，然后单击【确定】按钮，如图 2.36 所示。

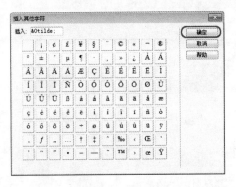

图 2.36　【插入其他字符】对话框

2.6　为网页添加图像

一个网页不只是仅仅有文字，其中还包括一些漂亮的插图、图标等，使网页的内容更加丰富多彩。网页中图像的格式通常有 3 种，即 GIF、JPEG 和 PNG。目前，大多数浏览器都支持 GIF 和 JPEG 格式。

2.6.1　插入图像

下面介绍如何在网页中插入图像。

(1) 启动软件后，按 Ctrl+O 组合键，选择随书附带光盘中的 CDROM\素材\Cha02 \插图.html 素材文件，然后单击【打开】按钮，如图 2.37 所示。

(2) 打开素材文件后，将鼠标指针置于需要插入图片的位置，然后选择【插入】\【图像】\02.jpg 素材文件，然后单击【确定】按钮，如图 2.38 所示。

图 2.37　【打开】对话框

图 2.38　插入图片

(3) 使用同样的方法，在其他单元格中插入图片，并进行预览，如图 2.39 所示。

图 2.39　完成后的效果

2.6.2　鼠标经过图像

下面介绍鼠标经过图像的制作方法。

（1）启动软件后，按 Ctrl+O 组合键，选择随书附带光盘中的"CDROM\素材\Cha02 \插图 1.html"素材文件，然后单击【打开】按钮，如图 2.40 所示。

（2）打开素材文件后，将鼠标指针置于第一个表格内，在菜单栏中选择【插入】|【图像】|【鼠标经过图像】命令，如图 2.41 所示。

图 2.40　打开素材文件

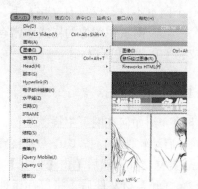

图 2.41　选择【鼠标经过图像】命令

（3）弹出【插入鼠标经过图像】对话框，在该对话框中可以设置【原始图像】和【鼠标经过图像】，单击【原始图像】右侧的浏览按钮，选择随书附带光盘中的"CDROM\素材\Cha02\Image\01.jpg"素材文件，然后单击【鼠标经过图像】右侧的浏览按钮，选择随书附带光盘中"CDROM\素材\Cha02 \Image\05.jpg"素材文件，然后单击【确定】按钮，如图 2.42 所示。

（4）设置完成后，按 F12 键进行预览，完成后的效果如图 2.43 所示。

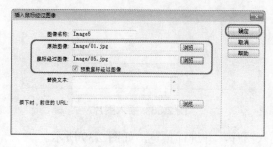

图 2.42　选择图片

图 2.43　完成后的效果

2.6.3　添加背景图像

下面介绍如何为网页添加背景图像。其具体操作步骤如下。

(1) 启动软件后，按 Ctrl+O 组合键，选择随书附带光盘中的"CDROM\素材\Cha02\插图 3.html"素材文件，然后单击【打开】按钮，如图 2.44 所示。

(2) 打开素材文件后，打开【属性】面板，单击【页面属性】按钮，如图 2.45 所示。

图 2.44　打开素材文件

图 2.45　单击【页面属性】按钮

(3) 弹出【页面属性】对话框，选择【分类】组中的【外观(CSS)】，然后单击【背景图像】右侧的【浏览】按钮，随即弹出【选择图像源文件】对话框，选择随书附带光盘中的"CDROM\素材\Cha02\Image\06.jpg"素材文件，然后单击【确定】按钮，返回到【页面属性】对话框，单击【确定】按钮，如图 2.46 所示。

(4) 设置完成后，按 F12 键进行预览，完成后的效果如图 2.47 所示。

图 2.46　【页面属性】对话框

图 2.47　完成后的效果

2.7　设置超级链接

超级链接是网页中最重要、最基本的元素之一。每个网站实际上都是由很多网页组成的，这些网页都是通过超级链接的形式关联在一起的。超级链接的作用是在互联网上建立一个位置到另一个位置的链接。超级链接由源地址文件和目标地址文件构成，当访问者单击超级链接时，浏览器会自动从相应的目的网址检索网页并显示在浏览器中。如果目标地址不是网页而是其他类型的文件，浏览器会自动调用本机上的相关程序打开所要访问的文件。

在网页中的链接按照链接路径的不同可分为 3 种形式：绝对路径、相对路径和根目录路径。

这些路径都是网页中的统一资源定位，只不过后两种路径将 URL 的通信协议和主机名省略了。后两种路径必须有参照物，一种以文档为参照物，另一种是以站点的根目录为参照物。而第一种就不需要有参照物，它是最完整的路径，也是标准的 URL。

2.7.1　文本和图像链接

下面介绍如何创建文本和图像的链接。其具体操作步骤如下。

(1) 启动软件后，按 Ctrl+O 组合键，选择随书附带光盘中的 "CDROM\素材\Cha02 \插图 3.html" 素材文件，然后单击【打开】按钮，如图 2.48 所示。

(2) 选择文字 "作品 01"，在【属性】面板中【链接】文本框中输入链接的地址或名称，也可以直接单击【链接】文本框后面的【浏览文件】按钮 ，如图 2.49 所示。

图 2.48　【打开】对话框

图 2.49　选择文本

(3) 在【选择文件】对话框中选择 "链接.html" 文件，然后单击【确定】按钮，如图 2.50 所示。

(4) 在【属性】面板中将【目标】设置为_blank，如图 2.51 所示。

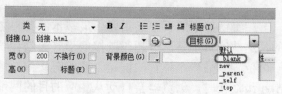

图 2.50　【选择文件】对话框

图 2.51　选择_blank 选项

(5) 保存网页文档，按 F12 键在浏览器中浏览效果，如图 2.52 所示。

图 2.52　浏览效果

2.7.2　E-mail 链接

创建 E-mail 链接的具体操作步骤如下。

(1) 启动软件后，打开随书附带光盘中的"CDROM\素材\Cha02\E-mail 链接.html"文件，然后单击【打开】按钮，如图 2.53 所示。

(2) 选择要创建电子邮件链接的文本，在【插入】面板中选择【常用】面板，单击【电子邮件链接】按钮 ，打开【电子邮件链接】对话框，在【文本】文本框中输入"smrs@163.com"，在【电子邮件】文本框中输入"mailto: smrs@163.com"，如图 2.54 所示。

图 2.53　【打开】对话框

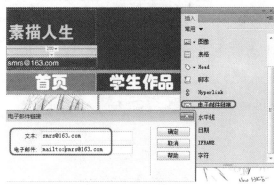

图 2.54　【电子邮件链接】对话框

(3) 单击【确定】按钮即可插入电子邮件链接，如图 2.55 所示。

(4) 保存网页文档，按 F12 键在浏览器中浏览效果。当单击 E-mail 链接时，即可打开计算机中的邮件客户端软件编写邮件，如图 2.56 所示。

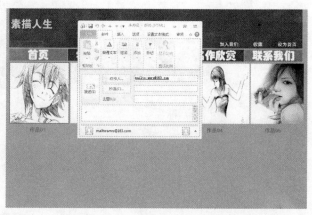

图 2.55 插入电子邮件链接后的效果　　　　图 2.56 浏览效果并单击 E-mail 链接

2.7.3 锚记链接

创建锚记链接的具体操作步骤如下。

(1) 启动软件后，打开随书附带光盘中的"CDROM\素材\Cha02\锚记链接.html"文件，如图 2.57 所示。

(2) 将光标放置在第一行文字的前面，在【属性】面板中，将 ID 设置为 1，如图 2.58 所示。

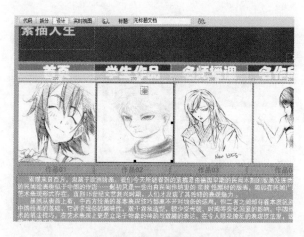

图 2.57 打开素材文件　　　　　　　　图 2.58 设置 ID

(3) 在文档底部选择文字"返回顶部"，在【属性】面板的【链接】文本框中输入文本"#1"，按 Enter 键确认，如图 2.59 所示。

(4) 将文档保存，按 F12 键在浏览器中预览效果，如图 2.60 所示。

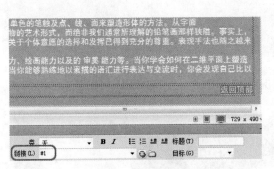

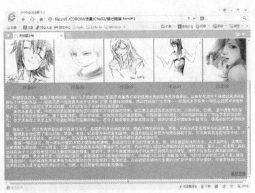

图 2.59　设置链接　　　　　　　　　图 2.60　预览效果

2.7.4　空链接

用于向页面上的对象或文本附加行为时，通常使用设置空链接的方法来实现。空链接是未指派的链接。创建空链接的具体操作步骤如下。

(1) 启动软件后，打开随书附带光盘中的"CDROM\素材\Cha02\空链接.html"文件，单击【打开】按钮，如图 2.61 所示。

(2) 选择第一行文字"欧洲绘画"，在【属性】面板的【链接】文本框中输入文本"#"，如图 2.62 所示。

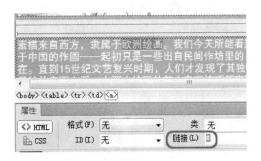

图 2.61　【打开】对话框　　　　　　图 2.62　设置空链接

(3) 保存网页文档，按 F12 键在浏览器中预览效果，如图 2.63 所示。

图 2.63　在浏览器中预览效果

2.7.5 下载链接

如果超级链接指向的不是一个网页文件，而是其他文件，例如 RAR、MP3、EXE 文件等，单击链接时就会下载文件，这就是下载链接。它通常在网站中提供资料下载。设置下载链接的具体操作步骤如下。

(1) 启动软件后，打开随书附带光盘中的"CDROM\素材\Cha02\下载链接.html"文件，如图 2.64 所示。

图 2.64　打开的素材文件

(2) 选择文字"作品 01"，在【属性】面板中，单击【链接】文本框右侧的【浏览文件】按钮，打开【选择文件】对话框，选择"下载链接.rar"文件，设置如图 2.65 所示，然后单击【确定】按钮。

图 2.65　【选择文件】对话框

(3) 单击【确定】按钮后即可创建链接，保存文档，按 F12 键在浏览器中浏览效果，如图 2.66 所示。

图 2.66　在浏览器中预览效果

2.8　思　考　题

1. Dreamweaver 的工作范畴是什么？
2. 首页的文件名必须是什么？
3. 对文件名和文件夹名称有什么要求？

第3章　页面布局和使用 CSS 美化页面

本章主要讲解页面的布局，Dreamweaver 提供了表格网页定位技术，这些都是网页制作技术的精髓。表格是在 HTML 页面中排列数据与图像的非常强有力的工具。使用表格可以对列表数据进行布局。CSS 样式可以一次对若干个文档所有的样式进行控制。

CSS 样式表的主要优点是提供方便的更新功能，在更新 CSS 样式时，使用该样式的所有文档格式都自动更新为新样式。

3.1　使用表格布局页面

表格是网页中的一个非常重要的元素，它可以控制文本和图形在页面上出现的位置。HTML 本身没有提供更多的排版手段，为了实现网页的精细排版，用户需要经常使用表格。在页面创建表格之后，用户可以为其添加内容、修改单元格和列/行属性，以及复制和粘贴多个单元格等。

在网页制作过程中，它被更多地用于网页内容排版，例如要将文字放在页面的某个位置，就可以插入表格，然后设置表格属性，文字放在表格的某个单元格里就行了。

在 Dreamweaver 中可以使用表格清晰地显示列表数据。在 Dreamweaver 中也可以利用表格将各种数据排成行和列，从而更容易阅读信息。

3.1.1　插入表格

在网页设计中，表格不但可以用于罗列数据，它也是目前进行页面元素定位的主要手段之一。

表格在网页定位上，除了可以精确定位外，还具有规范、灵活的特点。插入表格的具体操作步骤如下。

(1) 新建一个空白的 HTML 文件，在菜单栏中选择【插入】|【表格】命令，如图 3.1 所示。

(2) 在弹出的【表格】对话框中将【行数】和【列】均设置为 3，设置【表格宽度】为 100 百分比，设置【边框粗细】为 1 像素，如图 3.2 所示。

(3) 设置完成后单击【确定】按钮，即可在页面中创建表格，如图 3.3 所示。

用户还可以选择在菜单栏中选择【窗口】|【插入】命令，打开【插入】面板，选择【常用】选项，单击【表格】按钮 ，如图 3.4 所示。

还可以通过使用快捷键(Ctrl+Alt+T 组合键)来打开【表格】对话框创建表格。

图 3.1　选择【表格】命令

图 3.2　【表格】对话框

图 3.3　创建的表格

图 3.4　【常用】选项

3.1.2　设置表格属性

如果创建的表格不能满足需要，用户可以重新设置表格的属性。比如：表格的行数、列数、表格高度、宽度等。修改表格属性一般在【属性】面板中进行。

首先选中要修改属性的表格，在窗口界面下方的【属性】面板中即可切换到表格的属性面板中，如图 3.5 所示。

图 3.5　表格【属性】面板

【属性】面板中的各项表格参数介绍如下。

- 【表格】：文本框中可以为表格命名。
- 【行】：设置表格行数。
- Cols：设置表格列数。
- 【宽(W)】：设置表格宽度。
- CellPad：单元格内容和单元格边界之间的像素数。
- CellSpace：相邻的表格单元格间的像素数。
- Align：设置表格的对齐方式，在下拉列表中包含【默认】、【左对齐】、【居中对齐】和【右对齐】4 个选项。

- Border：用来设置表格边框的宽度。
- 【清除列宽】：用于清除列宽。
- 【清除行高】：用于清除行高。
- 【将表格宽度转换成像素】：将表格宽度转换为像素。
- 【将表格宽度转换成百分比】：将表格宽度转换为百分比。

但是创建后的表格有时并不能满足我们的需求，此时可以重新设置表格的属性。比如：表格的行数、列数、表格高度、宽度等。修改表格属性一般在【属性】面板中进行。

下面我们对打开的素材进行修改表格属性的操作。其具体操作步骤如下。

(1) 启动 Dreamweaver CC 软件后，在菜单栏中选择【文件】|【打开】命令，在弹出的对话框中选择随书附带光盘中的"CDROM\素材\Cha03\装潢公司.html"素材文件，单击【打开】按钮即可将其打开，如图 3.6 所示。

(2) 在最下方的表格中插入一个 1 行 1 列的单元格，如图 3.7 所示。

图 3.6　打开的素材文件

图 3.7　插入单元格

(3) 将鼠标指针置于插入的单元格中，打开【属性】面板，切换至 CSS 选项卡，在该选项卡中单击【拆分单元格为行或列】按钮，如图 3.8 所示。

图 3.8　CSS 选项卡

(4) 打开【拆分单元格】对话框，将【把单元格拆分】定义为【列】，将【列数】设置为 2，如图 3.9 所示。

(5) 设置完成后单击【确定】按钮，在文档中观察拆分后的单元格效果，如图 3.10 所示。

图 3.9　【拆分单元格】对话框

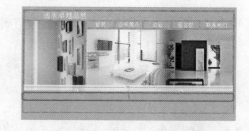

图 3.10　拆分单元格后的效果

(6) 选择拆分后的单元格，在【属性】面板中将【高】设置为 150，将【宽】设置为 50%，如图 3.11 所示。

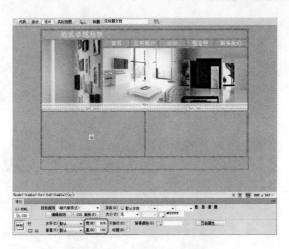

图 3.11　设置单元格属性

3.1.3　插入嵌套表格

当单个表格不能满足布局的需求时，可以创建嵌套表格。

嵌套表格是指在表格的某个单元格中再插入另一个表格，如果嵌套表格的宽度单位为百分比，插入表格的宽度受所在单元格的宽度限制；如果单位为像素，当嵌套表格的宽度大于所在单元格宽度时，单元格宽度将随之变大。

插入嵌套表格的具体操作步骤如下。

(1) 打开随书附带光盘中的"CDROM\素材\Cha03\装潢公司.html"素材文件，将鼠标指针置于左侧的表格中，按 Ctrl+Alt+T 组合键，在弹出的对话框中将【行数】设置为 5，将【列】设置为 1，将【表格宽度】设置为 340 像素，将【边框粗细】设置为 0 像素，如图 3.12 所示。

(2) 设置完成后单击【确定】按钮，即可在表格中插入表格，如图 3.13 所示。

图 3.12　【表格】对话框

图 3.13　插入嵌套表格

(3) 选择插入的表格，在【属性】面板中将【高】设置为 27，如图 3.14 所示。

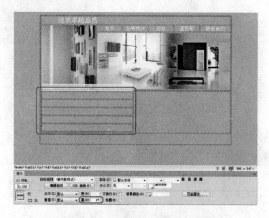

图 3.14 设置嵌套表格的高度

3.2 表格基本操作

在网站设计时用户要清楚地了解设置表格基本操作，以使自己设计的网页样式更加便于浏览者浏览网页中的内容。下面将重点介绍表格的一些基本操作。

3.2.1 选择表格

在网页中，表格用于网页内容的排版，用户在使用表格具休布局网页之前，首先应该学习一下表格的基本操作。在选择表格对象的时候，可以选择整个表格、表格的行或列，同时也可以选择一个或多个单独的单元格。

打开随书附带光盘中的"CDROM\Cha03\素材\表格基本操作.html"素材文件。

1. 选择整个表格

选择表格是编辑表格的第一步。选择表格有以下几种方法。

(1) 单击表格上的任意一条边框线，即可选择整个表格，如图 3.15 所示。

(2) 将鼠标指针置于表格内的任意位置，在菜单栏中选择【修改】|【表格】|【选择表格】命令，如图 3.16 所示。

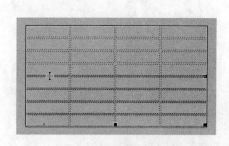

图 3.15 单击边框线

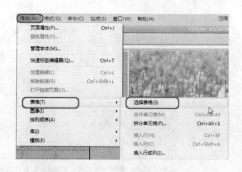

图 3.16 选择【选择表格】命令

(3) 将鼠标指针置于表格的任意位置，单击文档窗口左下角的\<table\>标签，如图 3.17 所示。

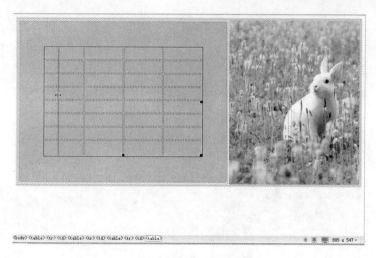

图 3.17　选择标签

2. 选择表格的行或列

当用户想要选择表格中的某一行或列时，可以使用以下几种方法。

(1) 当鼠标指针位于行首或列时，此时鼠标指针会变成 → 或 ↓ 的形状，单击即可选中行或列，如图 3.18、图 3.19 所示。

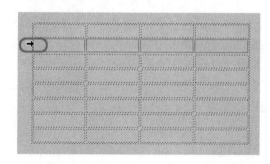

图 3.18　选择行　　　　　　　　　　　图 3.19　选择列

(2) 选择行或列的最开始的表格，按住鼠标左键，拖曳鼠标至最后一个单元格，释放鼠标左键即可选择行或列。

(3) 选择某一行或列的第一个单元格，按住 Shift 键然后单击该行或列的最后一个单元格，即可选择该行或列。

3. 选择单元格

选择单元格有以下几种方法。

(1) 按住鼠标左键并拖曳，可选择单元格。

(2) 将鼠标指针置入单元格中，连续单击三次即可选择该单元格。

(3) 将鼠标指针置入要选择的单元格中，按住 Shift 键在该单元格以外的附近单击，即可选中该单元格。

(4) 在要选择的单元格中插入鼠标指针，然后单击文档窗口界面下方的<td>标签，即可选择该单元格，如图 3.20 所示。

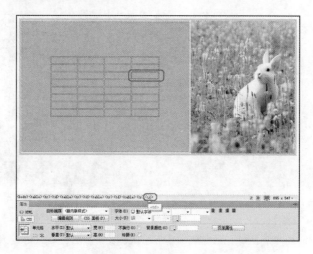

图 3.20　选择<td>标签

3.2.2　改变表格和单元格的大小

当调整整个表格的大小时，表格中的所有单元格都会按比例改变大小。如果表格的单元格指定了明确的宽度或高度，则调整表格大小将更改文档窗口中的单元格的可视大小，但不改变这些单元格的指定宽度和高度。

再次打开【表格基本操作.tml】素材文件，改变表格和单元格大小的操作方法如下。

(1) 选择要改变大小的表格，然后将鼠标指针放置在表格选择框关键点上，当鼠标指针变为 状态时，按住鼠标左键并拖曳鼠标，即可改变表格大小，如图 3.21 所示。

(2) 选择要改变大小的表格，在属性面板【宽度】文本框中输入数值，在文本框右侧下拉列表中选择单位，可以调整表格宽度，如图 3.22 所示。

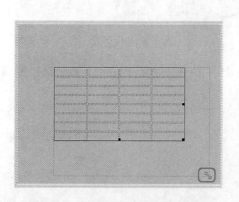

图 3.21　拖曳鼠标调整表格的大小

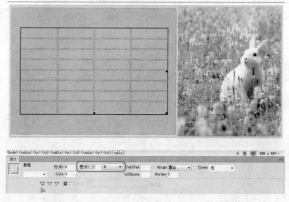

图 3.22　设置表格属性调整表格的大小

(3) 通过拖曳单元格边框，可以改变单元格大小，如图 3.23 所示。

(4) 将光标置于要改变大小的单元格内，在【属性】面板中设置宽、高的数值，即可调整单元格的大小，如图 3.24 所示。

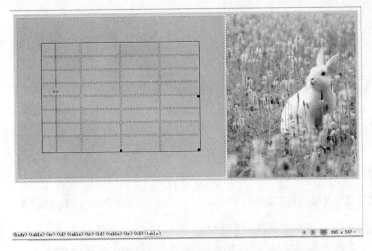

图 3.23　拖曳单元格边框调整单元格的大小

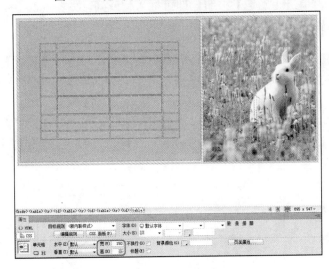

图 3.24　在【属性】面板中设置单元格的大小

3.2.3　添加或删除行和列

在做一些大型的网页之后，创建的网格往往不能供我们使用，或者有多余的行或列，那么在这样的情况下我们就需要将多余的行或列进行删除，或者是添加我们需要的行或列。

1. 选择单元格

下面介绍如何添加或删除表格的行或列。其具体操作步骤如下。

(1) 继续使用"表格基本操作.html"素材文件，将光标插入需要添加行的单元格中，在菜单栏中选择【修改】|【表格】|【插入行】命令，如图 3.25 所示。

(2) 执行完该命令后便可以发现，表格由原来的 8 行变成了现在的 9 行，如图 3.26 所示。

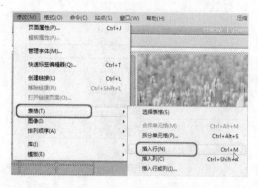

图 3.25 选择【插入行】命令

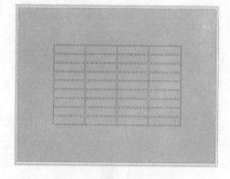

图 3.26 插入行后的效果

使用同样的方法插入列，我们还可以在菜单栏中选择【修改】|【表格】|【插入行或列】命令，打开【插入行或列】对话框。在该对话框中可以设置要插入的行数或列数以及插入行或列的位置，单击【确定】按钮，即可插入行或列，如图 3.27 所示。

2. 删除行或列

将光标处于要删除行的任意一个单元格内，在菜单栏中选择【修改】|【表格】|【删除行】命令，即可将当前行删除，如图 3.28 所示。删除列的方法与删除行的方法相同。

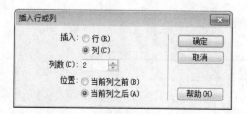

图 3.27 【插入行或列】对话框

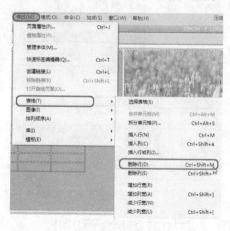

图 3.28 选择【删除行】命令

3.2.4 合并、拆分单元格

在表格的使用过程中，有时需要通过合并、拆分单元格达到所需要的效果。下面来介绍如何合并或拆分单元格。

1. 合并单元格

合并单元格的具体操作步骤如下。

(1) 打开一个素材，在文档中选择要合并的单元格，在菜单栏中选择【修改】|【表格】|【合并单元格】命令，如图 3.29 所示。

(2) 选择命令后即可将单元格合并，合并后的效果如图 3.30 所示。

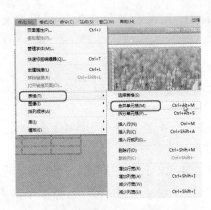

图 3.29　选择【合并单元格】命令

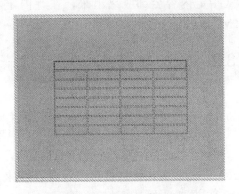

图 3.30　合并单元格后的效果

2. 拆分单元格

拆分单元格的具体操作步骤如下。

(1) 打开一个素材，将光标置于要拆分的单元格中，在菜单栏中选择【修改】|【表格】|【拆分单元格】命令，如图 3.31 所示。

(2) 执行完该命令后即可打开【拆分单元格】对话框，在该对话框中选择将单元格拆分为行或列，并设置拆分数，设置完成后单击【确定】按钮，如图 3.32 所示。

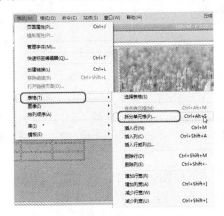

图 3.31　选择【拆分单元格】命令

图 3.32　【拆分单元格】对话框

3.3　什么是 CSS

CSS 提供了功能强大而全面的格式控制，是如今网页制作中必不可少的格式工具。

3.3.1　CSS 的概念

CSS 的全称为 Cascading Style Sheet，可译为层叠样式表或级联样式表，它定义如何显示 HTML 元素，用于控制 Web 页面的外观。对设计者来说，CSS 是一个非常灵活的工具，有了它，用户不必再把繁杂的样式定义编写在文档结构中，而可以将所有有关文档的样式指定内容全部脱离出来，在行内定义、在标题中定义，甚至作为外部样式文件供 HTML 调用。

3.3.2　CSS 的特点

CSS 具有以下几个特点。

(1) 将格式和结构分离。将设计部分剥离出来放在一个独立样式文件中，HTML 文件中只存放文本信息。这样的页面对搜索引擎更加友好。

(2) 有效的控制页面布局。HTML 语言对页面总体上的控制很有限。如精确定位、行间距或字间距等，这些都可以通过 CSS 来完成。

(3) 提高页面浏览速度。

(4) 对于同一个页面视觉效果，采用 CSS 布局的页面容量要比 TABLE 编码的页面文件容量小得多，前者一般只有后者的一半大小。浏览器就不用去编译大量冗长的标签。

(5) 可同时更新许多网页。没有样式表时，如果要更新整个站点中所有主体文本的字体，必须一页一页地修改每个网页。样式表的主旨就是将格式和结构分离。利用样式表，可以将站点上所有的网页都指向单一的一个 CSS 文件，只要修改 CSS 文件中某一行，整个站点都会随之发生变动。

(6) 浏览界面更加友好。样式表的代码有很好的兼容性，也就是说，如果用户丢失了某个插件，浏览器不会发生中断，若使用的是旧版本的浏览器，也不会出现乱码。只要是可以识别串接样式表的浏览器就可以应用它。

3.4　【CSS 设计器】面板

在 Dreamweaver 中，使用【CSS 设计器】面板可以查看文档所有的 CSS 规则和属性，也可以查看所选择的页面元素的 CSS 规则和属性。在 CSS 面板中可以创建、编辑和删除 CSS 设计器，还可以添加外部样式到文档中。

在菜单栏中选择【窗口】|【CSS 设计器】命令，如图 3.33 所示。打开【CSS 设计器】面板。在【CSS 设计器】面板中会显示已有 CSS 设计器，如图 3.34 所示。

图 3.33　选择【CSS 设计器】命令

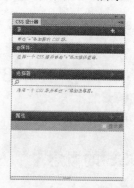

图 3.34　【CSS 设计器】面板

3.5　设置 CSS 属性

CSS 设计器用来定义字体、颜色、边距和字间距等属性。可以使用 Dreamweaver CC 来对所有的 CSS 属性进行设置。CSS 属性被分为 9 大类，分别是类型、背景、区块、方框、边框、列表、定位、扩展和过渡，在后面的内容中我们会对其分别进行介绍。

3.5.1　设置 CSS 类型属性

在我们打开一个文件场景时，选择定义好的要编辑的样式，将【属性】面板定义为 CSS，将【目标规则】定义为要编辑的规则，然后单击【编辑规则】按钮，即可打开当前规则的 CSS 规则定义对话框，如图 3.35 所示。在【分类】列表框中选择【类型】选项，用于设置文本的属性。

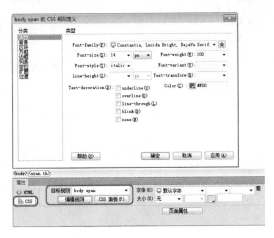

图 3.35　CSS 规则定义对话框

【类型】选项界面中的具体参数介绍如下。

- Font-family：用户可以在下拉菜单中选择需要的字体。如果系统安装了某种字体，但在下拉菜单中没有显示，可以在下拉列表中选择【管理字体】命令，如图 3.36 所示。在打开的【管理字体】对话框中选择【自定义字体堆栈】选项，在【可用字体】列表框中选择需要添加的字体，单击 << 按钮即可添加到【选择的字体】列表框中，然后单击左上角的 + 按钮可继续添加下一个字体。单击【完成】按钮即可添加并关闭【管理字体】对话框，如图 3.37 所示。

> **提　示**
>
> 建议使用"点数(pt)"作为单位。"点数"是计算机字体的标准单位，这一单位的好处是设定的字号会随着显示器分辨率的变化而调整大小，可以防止在不同分辨率的显示器中字体大小不一致。

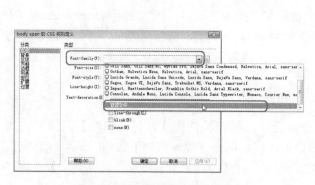

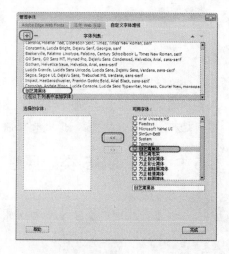

图 3.36　选择【管理字体】命令　　　　图 3.37　【管理字体】对话框

- Font-size：用于调整文本的字号。用户可以在列表中选择字号，也可以直接输入数字，然后在后面的列表中选择单位，如图 3.38 所示。
- Font-style：提供了 normal(正常)、italic(斜体)、oblique(偏斜体)和 inherit(继承)4 种字体样式，默认为 normal，如图 3.39 所示。

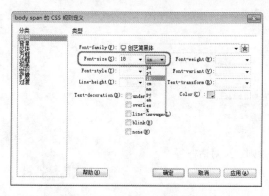

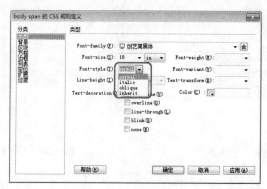

图 3.38　调整文本的字号　　　　　　图 3.39　字体样式

- Line-height：设置文本所在行的高度。该设置传统上称为【前导】。选择【正常】选项将自动计算字体大小的行高，也可以输入一个确切的值并选择一种度量单位，如图 3.40 所示。
- Text-decoration：向文本中添加下划线、上划线、删除线，或使文本闪烁。正常文本的默认设置是【无】。链接的默认设置是【下划线】。将链接设置为【无】时，可以通过定义一个特殊的类删除链接中的下划线，如图 3.41 所示。
- Font-weight：对字体应用特定或相对的粗细量。【正常】等于 400；【粗体】等于 700。
- Font-variant：设置文本的小型大写字母变体。Dreamweaver 不在文档窗口中显示该属性。
- Text-transform：将选定内容中的每个单词的首字母大写或将文本设置为全部大写

或全部小写。

- Color：设置文本颜色。

图 3.40　调整文本的行高　　　　　图 3.41　设置 Text-decoration 选项组

3.5.2　设置 CSS 背景属性

在【分类】列表框中选择【背景】选项，背景属性的功能主要是在网页元素后面加入固定的背景色或图像。

【背景】选项界面中的具体参数介绍如下。

- Background-color：设置元素的背景颜色，如图 3.42 所示。

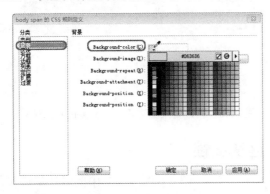

图 3.42　设置元素的背景颜色

- Background-image：设置元素的背景图像，单击该选项右侧的【浏览】按钮，在弹出的对话框中选择要设置的背景图像。
- Background-repeat：确定是否以及如何重复背景图像，包括以下 4 个选项，如图 3.43 所示。
  - ◆ no-repeat(不重复)：用于在元素开始处显示一次图像。
  - ◆ repeat(重复)：用于在元素的后面水平和垂直平铺图像。
  - ◆ repeat-x(水平重复)：用于在元素前将图像在水平方向重复排列。
  - ◆ repeat-y(垂直重复)：用于在元素前将图像在垂直方向重复排列。选用水平重复或垂直重复后，图像都会被剪裁以适合元素的边界。
- Background-attachment：确定背景图像是固定在它的原始位置还是随内容一起滚

动,如图 3.44 所示。

图 3.43　背景图像重复方式　　　　　　　图 3.44　背景图像滚动方式

- Background-position(X/Y)：指定背景图像相对于元素的初始位置。可用于将背景图像与页面中心垂直(Y)和水平(X)对齐。如果附件属性为"固定"，则位置相对于文档窗口而不是元素，如图 3.45 所示。

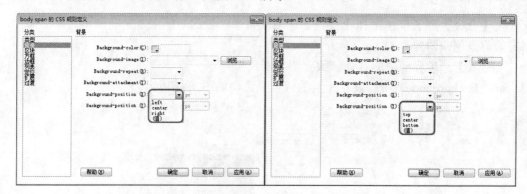

图 3.45　指定背景图像相对于元素的初始位置

3.5.3　设置 CSS 区块属性

在【分类】列表框中选择【区块】选项，CSS 中的区块属性指的是网页中的文本、图像、层等替代元素，它主要用于控制块中内容的间距、对齐方式和文字缩进等。

【区块】选项界面中的具体参数介绍如下。

- Word-spacing：调整单词之间的距离。若要设置特定的值，在其下拉列表中选择【值】选项，然后输入一个数值，并在右侧的下拉列表中选择度量单位，如图 3.46 所示。
- Letter-spacing：增加或减小字母或字符的间距。若要减少字符间距，可指定一个负值。字母间距用于设置覆盖对齐的文本设置。
- Vertical-align：指定应用它的元素的垂直对齐方式。仅当应用于<img>标签时，Dreamweaver 才在文档窗口中显示该属性。
- Text-align：设置元素中的文本对齐方式，如图 3.47 所示。

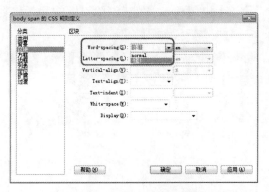 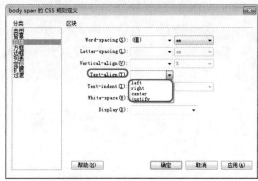

图 3.46 调整单词之间的距离 　　　　　　图 3.47 设置文本对齐方式

- Text-indent：指定第一行文本缩进的程度。可以使用负值创建凸出，但显示取决于浏览器。仅当标签应用于块级元素时，Dreamweaver 才在文档窗口中显示该属性。
- White-space：确定如何处理元素中的空白，包括 3 个选项，【正常】收缩空白；【保留】的处理方式与文本被括在 pre 标签中一样(即保留所有空白，包括空格、制表符和回车)；【不换行】指定仅当遇到 br 标签时文本才换行。Dreamweaver 不在文档窗口中显示该属性，如图 3.48 所示。
- Display：指定是否显示以及如何显示元素，选择【无】将会关闭该样式被指定的元素，如图 3.49 所示。

图 3.48 处理元素中的空白 　　　　　　图 3.49 设置是否显示元素和元素的表现形式

3.5.4 设置 CSS 方框属性

在【分类】列表框中选择【方框】选项，可以设置控制元素在页面上的放置方式的标签和属性。

【方框】选项界面中的具体参数介绍如下。

- Width 与 Height：用于设置元素的宽度和高度。
- Float：用于设置文字等对象的环绕效果。选择【右对齐】，对象居右，文字等内容从另一侧环绕对象；选择【左对齐】，对象居左，文字等内容从另一侧环绕对象；选择【无】则取消环绕效果，如图 3.50 所示。

- Clear：定义不允许 Div 的边。如果清除边上出现 Div，则带清除设置的元素移到该 Div 的下方，如图 3.51 所示。

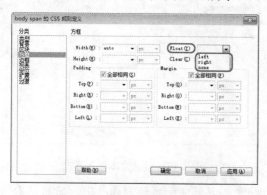

图 3.50　设置文字等对象的环绕效果

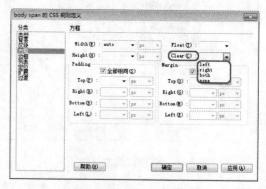

图 3.51　定义 Div 边

- Padding：指定元素内容与元素边框(如果没有边框，则为边距)之间的间距。取消选中【全部相同】复选框可设置元素各个边的边距；选中【全部相同】复选框可将相同的边距属性设置为应用于元素的上、右、下和左侧。
- Margin：指定一个元素的边框(如果没有边框，则为填充)与另一个元素之间的间距。仅当应用于块级元素(段落、标题、列表等)时，Dreamweaver 才在文档窗口中显示该属性。取消选中【全部相同】复选框可设置元素各个边的填充；选中【全部相同】复选框可将相同的填充属性设置为应用于元素的上、右、下和左侧。

3.5.5　设置 CSS 边框属性

在【分类】列表框中选择【边框】选项，可以定义元素周围边框的设置，如图 3.52 所示。

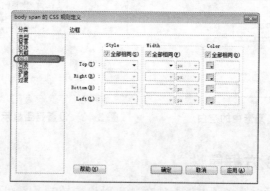

图 3.52　【边框】选项界面

【边框】选项界面中的具体参数介绍如下。

- Style：用于设置边框的样式外观，样式的显示方式取决于浏览器。Dreamweaver在文档窗口中将所有样式呈现为实线。其中的【全部相同】复选框表示将相同的边框样式属性设置为应用于元素的上、右、下和左侧。
- Width：用于设置元素边框的粗细。其中的【全部相同】复选框表示将相同的边框宽度设置为应用于元素的上、右、下和左侧。

- Color：用于设置边框对应位置的颜色。可以分别设置每条边框的颜色，但其显示效果取决于浏览器。其中的【全部相同】复选框表示将相同的边框颜色设置为应用于元素的上、右、下和左侧。

3.5.6 设置 CSS 列表属性

在【分类】列表框中选择【列表】选项，可以为列表标签定义列表设置。

【列表】选项界面中的具体参数介绍如下。

- List-style-type：设置项目符号或编号的外观，如图 3.53 所示。
- List-style-image：可以为项目符号指定自定义图像。单击【浏览】按钮，在弹出的对话框中选择图像或输入图像的路径。
- List-style-Position：设置列表项文本是否换行和缩进(外部)以及文本是否换行到左边距(内部)，如图 3.54 所示。

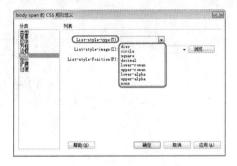

图 3.53 设置项目符号或编号的外观

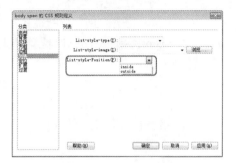

图 3.54 设置列表项文本

3.5.7 设置 CSS 定位属性

在【分类】列表框中选择【定位】选项。

【定位】选项界面中的具体参数介绍如下。

- Position：确定浏览器应如何来定位 Div，包括 4 个选项，如图 3.55 所示。

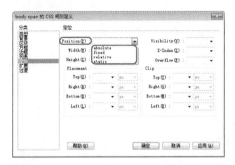

图 3.55 设置浏览器应如何来定位 Div

- ◆ absolute：使用定位文本框中输入的坐标(相对于页面左上角)来放置 Div。
- ◆ fixed：将 Div 放置在固定的位置。

◆ relative：使用定位文本框中输入的坐标来放置 Div。

◆ static：将 Div 放在它在文本中的位置。

● Visibility：确定 Div 的初始显示条件。如果不指定可见性属性，则默认情况下大多数浏览器都继承父级的值。

◆ inherit：继承 Div 父级的可见性属性。如果 Div 没有父级，则它将是可见的。

◆ visible：显示该 Div 的内容，而不管父级的值是什么。

◆ hidden：隐藏这些 Div 的内容，而不管父级的值是什么。

● Z-Index：确定 Div 的堆叠顺序。编号较高的 Div 显示在编号较低的 Div 的上面。

● Overflow(仅限于 CSS Div)：确定在 Div 的内容超出它的大小时将发生的情况。这些属性控制如何处理此扩展，包括 4 个选项。

◆ visible：增加 Div 的大小，使它的所有内容均可见。 Div 向右下方扩展。

◆ hidden：保持 Div 的大小并剪辑任何超出的内容。不提供任何滚动条。

◆ scroll：在 Div 中添加滚动条，不论内容是否超出 Div 的大小。专门提供滚动条可避免滚动条在动态环境中出现和消失所引起的混乱。

◆ auto：使滚动条仅在 Div 的内容超出它的边界时才出现。

● Placement：指定 Div 的位置和大小。如果 Div 的内容超出指定的大小，则大小值被覆盖。

● Clip：定义 Div 的可见部分。如果指定了剪辑区域，则可以通过脚本语言访问它，并操作属性以创建像擦除这样的特殊效果。通过使用"改变属性"行为可以设置这些擦除效果。

3.5.8　设置 CSS 扩展属性

在【分类】列表框中选择【扩展】选项。

【扩展】选项界面中的具体参数介绍如下。

● 【分页】：为打印的页面设置分页符，如图 3.56 所示。

Page-break-before 与 Page-break-after：在打印期间在样式所控制的对象之前或者之后强行分页。在下拉列表框中选择要设置的选项。

● 【视觉效果】：设置样式的视觉效果。

◆ Cursor：指针位于样式所控制的对象上时改变指针图像，在其下拉列表框中选择要设置的选项，如图 3.57 所示。

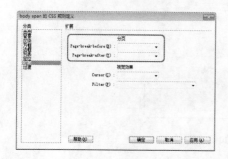
图 3.56　设置分页

图 3.57　设置指针

◆ **Filter**：对样式所控制的对象应用特殊效果(如模糊或者反转)，在其下拉列表框中选择一种效果，如图 3.58 所示。

图 3.58　设置对象的特殊效果

3.5.9　设置 CSS 过渡属性

选择【分类】列表框中选择【过渡】选项，可以根据需要在该对话中进行相应的设置。【过渡】选项界面中的具体参数介绍如下。

● 【属性】：当取消选中【所有可动画属性】复选框后即可单击 ⊞ 按钮，在弹出的下拉列表中选择添加过渡效果的 CSS 属性，如图 3.59 所示。

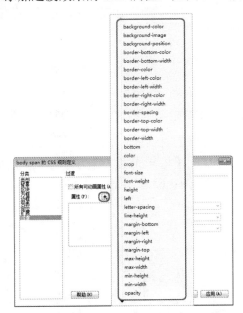

图 3.59　选择添加过渡效果的 CSS 属性

● 【延迟】：设置过渡效果时以秒或毫秒为单位进行延迟。
● 【计时功能】：可以在该下拉列表中选择过渡效果样式。

3.6 链接到或导出外部 CSS 设计器表

外部样式表是一个独立的样式表文件，保存在本地站点中。外部样式表不仅可以应用在当前文档中，还可以根据需要应用在其他网页文档甚至整个站点中。

3.6.1 创建外部样式表

创建外部样式表的具体操作步骤如下。

(1) 启动 Dreamweaver 软件，按 Ctrl+O 组合键，在弹出的对话框中选择随书附带光盘中的 "CDROM\素材\Cha03\古诗.html" 素材文件，如图 3.60 所示。

(2) 在菜单栏中选择【窗口】|【CSS 设计器】命令，打开【CSS 设计器】面板，在该面板中单击【添加 CSS 源】按钮，在弹出的下拉列表中选择【创建新的 CSS 文件】选项，如图 3.61 所示。

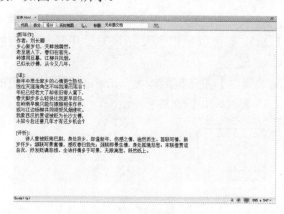
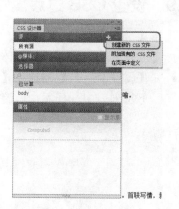

图 3.60 打开的素材文件　　　　　　　　图 3.61 选择【创建新的 CSS 文件】选项

(3) 打开【创建新的 CSS 文件】对话框，如图 3.62 所示。

(4) 单击【浏览】按钮，打开【将样式表文件另存为】对话框，为其指定正确的存储路径，将其重命名为 "001"，如图 3.63 所示。

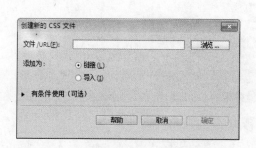
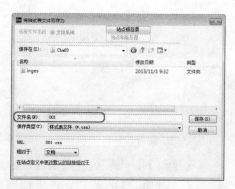

图 3.62 【创建新的 CSS 文件】对话框　　　图 3.63 【将样式表文件另存为】对话框

(5) 设置完成后单击【保存】按钮,返回【创建新的 CSS 文件】对话框,在该对话框中将【添加为】指定为【链接】,在【CSS 设计器】面板中展开【选择器】选项,单击【添加选择器】按钮 ,为其添加一个选择器,如图 3.64 所示。

(6) 选择添加的选择器,在【属性】面板中将 color 设置为#FF0000,如图 3.65 所示。

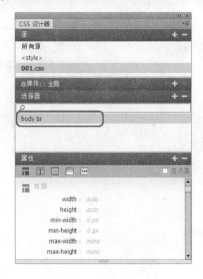

图 3.64　添加选择器

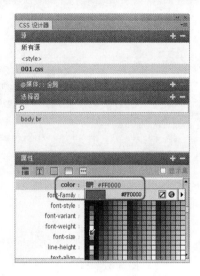

图 3.65　设置颜色

(7) 设置完成后的效果如图 3.66 所示。

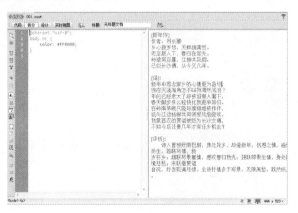

图 3.66　设置完成后的效果

3.6.2　链接外部样式表

外部样式表是包含了样式格式信息的一个单独的文件,在编辑外部 CSS 设计器表时,链接到该 CSS 设计器表的所有文档会全部更新以反映所做的更改。创建链接外部样式表的具体操作步骤如下。

(1) 启动 Dreamweaver 软件,按 Ctrl+O 组合键,在弹出的对话框中选择随书附带光盘中的 "CDROM\素材\Cha03\文章.html" 素材文件,如图 3.67 所示。

(2) 在菜单栏中选择【窗口】|【CSS 设计器】命令，打开【CSS 设计器】面板，在该面板中单击【添加 CSS 源】按钮，在弹出的下拉列表中选择【附加现有的 CSS 文件】选项，如图 3.68 所示。

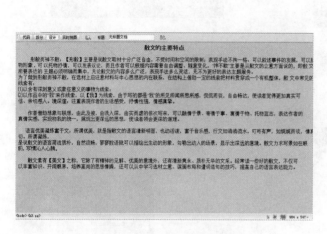

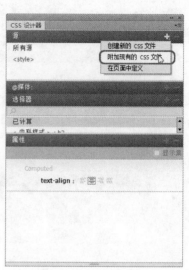

图 3.67　打开的素材文件　　　　　　　图 3.68　选择【附加现有的 CSS
　　　　　　　　　　　　　　　　　　　　　　　　　文件】选项

(3) 打开【使用现有的 CSS 文件】对话框，单击【浏览】按钮，在弹出的对话框中选择随书附带光盘中的"CDROM\素材\Cha03\002.css"文件，如图 3.69 所示。

(4) 单击【确定】按钮，即可将其添加至【使用现有的 CSS 文件】对话框中，如图 3.70 所示。

图 3.69　【选择样式表文件】对话框　　　图 3.70　【使用现有的 CSS 文件】对话框

(5) 设置完成后单击【确定】按钮，即可链接到外部样式表，如图 3.71 所示。

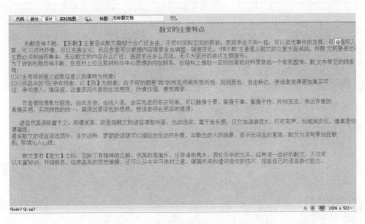

图 3.71　设置完成后的效果

3.6.3　创建嵌入式 CSS 设计器表

在 HTML 页面内部定义的 CSS 设计器表叫作嵌入式 CSS 设计器表。

创建嵌入式 CSS 设计器表的具体操作步骤如下。

(1) 新建一个空白的 HTML 文档，打开【CSS 设计器】面板，单击【添加 CSS 源】按钮，在弹出的下拉列表中选择【在页面中定义】选项，如图 3.72 所示。

(2) 添加一个名称为 style 的源，切换到【选择器】选项并添加一个名称为 ".001" 的选择器，在【属性】选项栏中选择【文本】，并将 color 设为#FF0000，将 font-family 设为【创艺简黑体】，如图 3.73 所示。

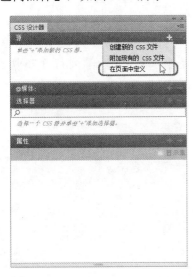

图 3.72　选择【在页面中定义】选项

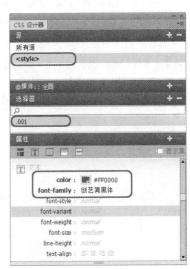

图 3.73　设置颜色

(3) 将光标置于文档中，输入文本内容，在【属性】面板选择 CSS，将【目标规则】设为 ".001"，如图 3.74 所示。

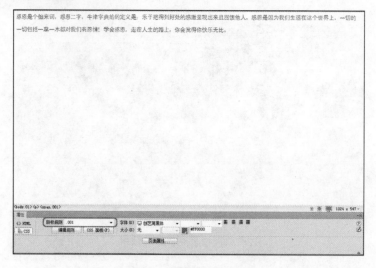

图 3.74　设置完成后的效果

3.7　使用 CSS 布局模板

CSS 布局的基本构造块是 div 标签。它是一个 HTML 标签，在大多数情况下作为文本、图像或其他页面元素的容器。当创建 CSS 布局时，会将 div 标签放在页面上，向这些标签中添加内容，然后将它们放在不同的位置上。与表格单元格(被限制在表格行和列中的某个现有位置)不同，div 标签可以出现在 Web 页上的任何位置。可以用绝对方式(指定 x 和 y 坐标)或相对方式(指定与其他页面元素的距离)来定位 div 标签。

使用 CSS 布局模板的具体操作步骤如下。

(1) 在菜单栏中选择【文件】|【新建】命令，在打开的【新建文档】对话框中选择【空白页】|【HTML 模板】|【列固定，右侧栏、标题和脚注】选项，如图 3.75 所示。

(2) 单击【创建】按钮，创建 CSS 布局模板，如图 3.76 所示。

(3) 创建完成后，根据需求进行更改。

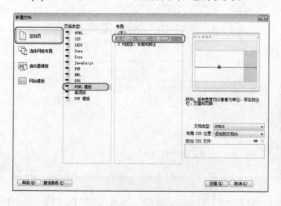

图 3.75　新建页面

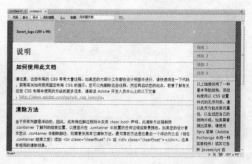

图 3.76　创建 CSS 布局模板

3.8　上机练习——网页布局

下面通过制作一个简单的网页来练习网页布局。制作完成后的效果如图 3.77 所示。其具体操作步骤如下。

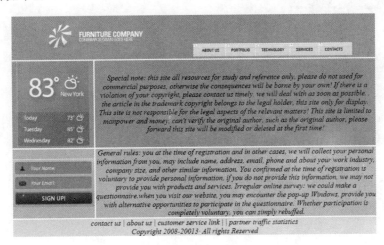

图 3.77　完成后的效果

(1) 启动 Dreamweaver 软件，在欢迎界面中选择【新建】中的 HTML 选项，如图 3.78 所示。

(2) 新建一个空白网页，在【属性】面板中，选择 CSS 选项，然后单击【居中对齐】按钮，如图 3.79 所示。

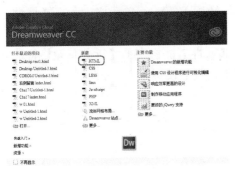

图 3.78　选择 HTML 选项

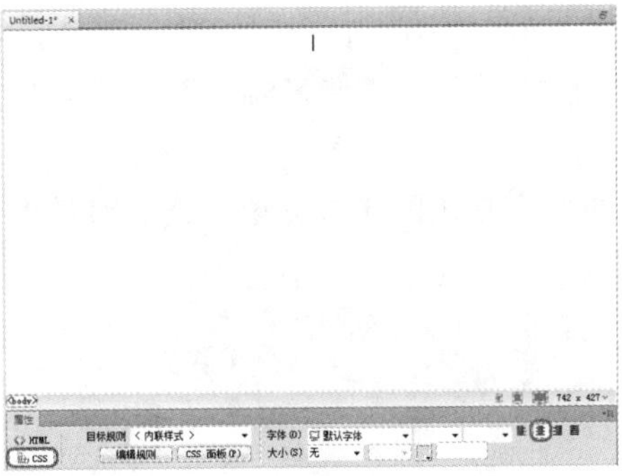

图 3.79　设置为居中对齐

(3) 在菜单栏中选择【插入】|【表格】命令，在弹出的【表格】对话框中，将【行数】设置为 3，【列】设置为 1，【表格宽度】设置为 900 像素，【单元格间距】设置为 3，【标题】设置为【无】，如图 3.80 所示。

(4) 单击【确定】按钮，插入一个 3 行 1 列的表格，如图 3.81 所示。

(5) 将鼠标指针插入到第一行单元格中，在【属性】面板中，将单元格的【水平】设置为【居中对齐】，如图 3.82 所示。

图 3.80 【表格】对话框

图 3.81 插入表格

(6) 在菜单栏中选择【插入】|【图像】|【图像】命令，选择随书附带光盘中的"CDROM\素材\Cha03\ 01.jpg"图片，如图 3.83 所示。

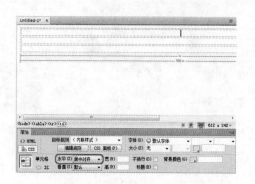

图 3.82 设置水平对齐方式

图 3.83 选择素材文件

(7) 单击【确定】按钮，插入图片。将鼠标指针置入第一行单元格中，在【属性】面板中，将单元格的【背景颜色】设置为#6C90B4，如图 3.84 所示。

(8) 将鼠标指针置入第 2 行单元格中，单击【属性】面板中的【拆分单元格行或列】按钮 ，在弹出的【拆分单元格】对话框中，将【行数】设置为 2，如图 3.85 所示。

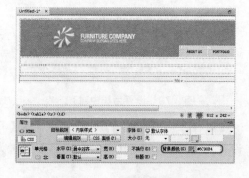

图 3.84 设置背景颜色

图 3.85 设置行数

(9) 单击【确定】按钮。然后使用相同的方法，将第 2 行单元格拆分成两列，如图 3.86 所示。

(10) 将鼠标指针置入第 2 行第 1 列单元格中，在菜单栏中选择【插入】|【图像】|【图像】命令，选择随书附带光盘中的"CDROM\素材\Cha03\ 02.jpg"图片，如图 3.87 所示。

图 3.86　拆分表格　　　　　　　图 3.87　选择素材图片

(11) 单击【确定】按钮，在【属性】面板中将单元格中的【宽】设置为 202，【背景颜色】设置为#5F91CC，然后将列调整到适当位置，如图 3.88 所示。

(12) 将鼠标指针置入第 2 行第 2 列单元格中，输入文本并将单元格的【背景颜色】设置为#5F91CC，如图 3.89 所示。

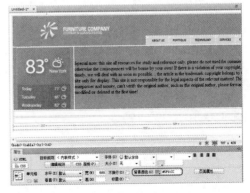

图 3.88　设置单元格　　　　　　图 3.89　输入文本并设置背景颜色

(13) 使用相同的方法将第三行单元格拆分成两列，并将第 1 列单元格水平居中对齐，然后插入随书附带光盘中的"CDROM\素材\Cha03\ 03.jpg"图片，在【属性】面板中，将其【宽】设置为 202，如图 3.90 所示。

(14) 在第 2 列表格中输入文本，然后将第 1 列和第 2 列单元格的背景颜色设置为#FCA601，如图 3.91 所示。

(15) 将鼠标指针置入最后一行的单元格中，将单元格的【水平】设置为居中对齐，输入文本并将单元格的【背景颜色】设置为#CFD0D4，如图 3.92 所示。

(16) 打开【CSS 设计器】面板，单击【添加 CSS 源】按钮，在弹出的快捷菜单中选择【创建新的 CSS 文件】命令，如图 3.93 所示。

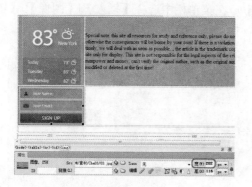

图 3.90　插入图片

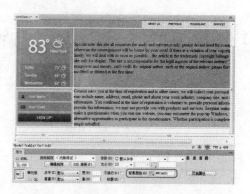

图 3.91　输入文本并设置【背景颜色】

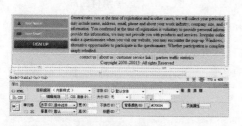

图 3.92　输入文本并设置单元格

图 3.93　选择【创建新的 CSS 文件】命令

(17) 在弹出的【创建新的 CSS 文件】对话框中，单击【浏览】按钮，选择文本保存的位置，将其命名为"文本样式"，如图 3.94 所示。

(18) 单击【保存】按钮，返回【创建新的 CSS 文件】对话框，单击【确定】按钮，如图 3.95 所示。

图 3.94　保存样式文件

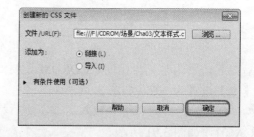

图 3.95　单击【确定】按钮

(19) 在【CSS 设计器】面板中，将【源】选择为【文本样式.css】，将【选择器】添加为 body，如图 3.96 所示。

(20) 在【属性】组中，单击【文本】按钮，将 font-style 设置为 italic，font-size 设置为 18px，如图 3.97 所示。

图 3.96 设置选择器

图 3.97 设置文本

(21) 将文件进行保存，并按 F12 键在浏览器中浏览网页。

3.9 思 考 题

1. 简述嵌套表格的基本概念。
2. 简述 CSS 的基本概念。
3. 什么是外部样式表？简述一下其应用的范围。

第 4 章　使用模板与库

在 Dreamweaver CC 中利用模板和库项目能够创建具有统一风格的网页，使按钮、菜单及版权信息等模块保持一致。从而简化操作，提高网页制作效率，同时也能更方便网站的维护。

本章介绍模板与库项目的基础知识和应用：如何创建模板，如何编辑模板，如何创建和设置库项目。

4.1　使　用　模　板

大多数网站的页面要求风格一致或功能相似，使用 Dreamweaver CC 的模板功能可以创建出具有相同页面布局、设计风格一致的网页。通过模板来创建和更新网页不仅可以大大地提高工作效率，而且还为后期维护网站提供了方便，可以快速改变整个站点布局和外观。

使用模板创建文档可以使网站和网页具有统一的结构和外观。模板实质上就是作为创建其他文档的基础文档。在创建模板时，可以通过创建可编辑区域来区分哪些网页元素应该长期保留、不可编辑，哪些元素可以编辑修改。

模板的功能就是把网页布局和内容分离，在布局设计好之后将其保存为模板。这样，相同布局的页面就可以通过模板创建，从而极大地提高工作效率。

模板的运用在网页设计过程中主要表现为创建模板、定义模板可编辑区域和管理模板等操作。

4.1.1　使用模板的优点

使用模板具有以下几个优点。

(1) 风格一致、系统性强，方便制作同一的网页页面。

(2) 免除了以前没有此功能时还要常常另存为，一不小心就会覆盖重要档案的困扰。

(3) 如果要修改共同的页面元素，不必一页一页地修改页面中的元素，只要更改应用在它们之上的模板就可以了。

模板也不是一成不变的，即使是在已经使用一个模板创建文档之后，也还可以对该模板进行修改。在更新使用该模板创建的文档时，那些文档中的对应内容也会被自动更新，并与模板的修改相匹配。

4.1.2　创建空白模板

Dreamweaver CC 中的模板是一种特殊类型的文档，用于设计类似的页面布局。模板的编辑过程和普通文档的制作是一样的，既然是编辑模板，那么编辑的当然就是页面中公共的部分，这些公共的部分在生成普通网页时是不能随意修改的。

　　模板由不可编辑区域和可编辑区域两部分组成。不可编辑区域包括了页面中的所有元素，构成页面的基本框架；可编辑区域是为了添加相应的内容而设置的，在后期维护中，可通过改变模板的不可编辑区域，快速更新整个站点中所有应用了模板的页面布局。

　　根据设计需要，可以创建空白的模板，经过修改后应用到文档。创建空白模板的具体操作步骤如下。

　　(1) 打开 Dreamweaver CC 软件，执行【文件】|【新建】命令，打开【新建文档】对话框。

　　(2) 在【新建文档】对话框中，选择【空白页】，将【页面类型】选择为【HTML 模板】，【布局】选择为【无】，如图 4.1 所示。

　　(3) 单击【创建】按钮即可创建一个空白模板，如图 4.2 所示。

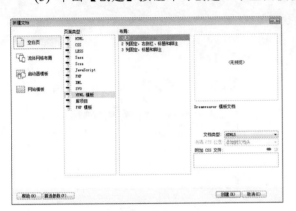

图 4.1　新建页面

图 4.2　空白模板

　　在【资源】面板中也可以创建空白模板。执行【窗口】|【资源】命令，打开【资源】面板。在【资源】面板中的左侧选择【模板】按钮，单击【新建模板】按钮，在【资源】面板中双击模板名称，即可打开空白模板进行编辑，如图 4.3 所示。

图 4.3　【资源】面板

4.1.3　创建和删除可编辑区域

　　创建模板后可以插入模板区域，也可以为代码颜色和模板区域高亮颜色设置模板首选参数。

　　在插入可编辑区域之前，应该将文档另存为模板。如果在文档(而不是模板文件)中插入一个可编辑区域，Dreamweaver 会警告该文档将自动另存为模板。

　　在网页页面中新建可编辑区域的具体操作步骤如下。

　　(1) 打开随书附带光盘中的"CDROM\素材\Cha04\ index01.html"文件，如图 4.4 所示。

　　(2) 将鼠标指针置入要创建可编辑区域的区域，如图 4.5 所示。

　　(3) 在菜单栏中选择【插入】|【模板】|【可编辑区域】命令，如图 4.6 所示。

　　(4) 弹出将文档转换为模板对话框，单击【确定】按钮，如图 4.7 所示。

图 4.4　打开素材文件

图 4.5　插入鼠标指针

图 4.6　选择【可编辑区域】命令

图 4.7　单击【确定】按钮

(5) 在弹出的【新建可编辑区域】对话框中为可编辑区域命名，如图 4.8 所示。

(6) 单击【确定】按钮，添加可编辑区域标记后的文档如图 4.9 所示。

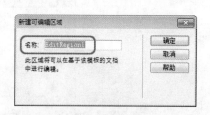

图 4.8　为可编辑区域命名

图 4.9　添加可编辑区域标记后的文档

　　如果已经将模板文件的一个区域标记为可编辑，而现在想要再次锁定它(使其在基于模板的文档中不可编辑)，请使用【删除模板标记】命令。其具体操作步骤如下。

(1) 单击可编辑区域左上角的选项卡以选中可编辑区域，如图 4.10 所示。

(2) 在菜单栏中选择【修改】|【模板】|【删除模板标记】命令，如图 4.11 所示。

(3) 选择【删除模板标记】命令后，该可编辑区域将被删除。

图 4.10　单击可编辑区域左上角的选项卡　　　　图 4.11　选择【删除模板标记】命令

4.1.4　创建可选区域和重复区域

在 Dreamweaver CC 中的模板中可选区域是模板中的区域。设计者可将其设置为在基于模板的文档中显示或隐藏。当想要为在文档中显示内容设置条件时，请使用可选区域。插入可选区域以后，既可以为模板参数设置特定的值，也可以为模板区域定义条件语句(If...else 语句)。可以使用简单的真/假操作，也可以定义比较复杂的条件语句和表达式。如有必要，可以在以后对这个可选区域进行修改。模板用户可以根据您定义的条件在其创建的基于模板的文档中编辑参数并控制是否显示可选区域。

可以将多个可选区域与一个已命名的参数链接起来。在基于模板的文档中，两个区域将作为一个整体显示或隐藏。其具体操作步骤如下。

(1) 打开随书附带光盘中的"CDROM\素材\Cha04\index01.html"文件，在文档窗口中要选择导航栏中的【网站首页】，如图 4.12 所示。

(2) 在菜单栏中选择【插入】|【模板】|【可选区域】命令，如图 4.13 所示。

图 4.12　选择区域　　　　　　　　　图 4.13　选择【可选区域】命令

(3) 弹出将文档转换为模板对话框，单击【确定】按钮。弹出【新建可选区域】对话框，输入可选区域的名称，将其输入为【首页】，取消选中【默认显示】复选框，如图 4.14 所示。

(4) 单击【确定】按钮，【网站首页】上侧显示标记区域名称，如图 4.15 所示。

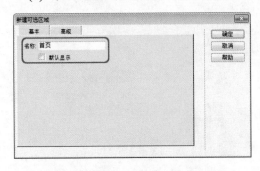

图 4.14　【新建可选区域】对话框

图 4.15　显示标记区域名称

(5) 选择【文件】|【另存为模板】命令，将网页文档另保存为模板。在弹出的【另存模板】对话框中，在【另存为】文本框中输入"t1"，如图 4.16 所示。

(6) 单击【保存】按钮，在弹出的提示更新链接对话框中，单击【是】按钮，如图 4.17 所示。

图 4.16　【另存模板】对话框

图 4.17　单击【是】按钮

(7) 选择【文件】|【新建】命令，在弹出的【新建文档】对话框中，选择【网站模板】| CDROM | t1，如图 4.18 所示。

(8) 单击【创建】按钮，创建的模板网页将隐藏可选区域，如图 4.19 所示。

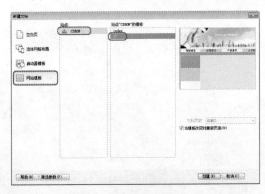

图 4.18　新建模板网页

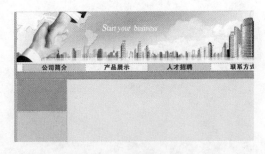

图 4.19　隐藏可选区域

重复区域也是模板的一部分，这一部分可以重复多次出现在基于模板的页面中。有两个重复区域模板对象可供使用：重复区域和重复表格。

重复区域通常与表格一起使用，用户也可以为其他页面元素定义重复区域。通过重复特定项目可以控制页面布局，例如目录项、说明布局或者重复数据行(如项目列表)。

模板用户可以使用重复区域在模板中重制任意次数的指定区域。重复区域不必是可编辑区域。要将重复区域中的内容设置为可编辑(例如，允许用户在基于模板的文档的表格单元格中输入文本)，必须在重复区域中插入可编辑区域。

将插入点放入文档中要插入重复区域的位置，也可以选择想要设置为重复区域的文本或内容。在菜单栏中选择【插入】|【模板】|【重复区域】命令，如图 4.20 所示。将弹出如图 4.21 所示的【新建重复区域】对话框，因为不能对一个模板中的多个重复区域使用相同的名称，所以在【名称】文本框中为该模板区域输入唯一的名称。

图 4.20 选择【重复区域】命令

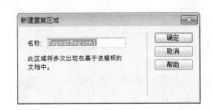

图 4.21 【新建重复区域】对话框

4.1.5 从模板中分离

在 Dreamweaver CC 中若要对基于模板的文档进行编辑，可以使用【从模板中分离】命令，将文档从模板中分离。分离后，模板中的内容依然存在，文档将变成可编辑部分，这给修改网页内容带来很大方便。

从模板中分离文档的具体操作步骤如下。

(1) 启动 Dreamweaver CC 软件，打开随书附带光盘中的"CDROM\Templates\index.dwt"文件，如图 4.22 所示。下面将基于该模板文件新建文档。

(2) 在菜单栏中选择【文件】|【新建】命令，在弹出的【新建文档】对话框中，选择【网站模板】\CDROM\index，如图 4.23 所示。

图 4.22 原始文件

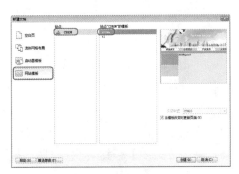

图 4.23 新建模板网页

(3) 单击【创建】按钮，则基于模板创建网页文档，选择菜单栏中【修改】|【模板】|

【从模板中分离】命令，如图 4.24 所示。

(4) 执行命令后，即可将网页从模板中分离出来，如图 4.25 所示。

图 4.24　选择【从模板中分离】命令　　　　图 4.25　在模板中分离出的网页

(5) 对分离后的网页进行保存，按 F12 键在浏览器中浏览网页效果。

4.1.6　更新模板及基于模板的网页

当对模板进行修改更新后，网站中应用该模板的网页文件也会相应地更新。更新模板的具体操作步骤如下。

(1) 启动 Dreamweaver CC 软件，在菜单栏中选择【文件】|【新建】命令，在弹出的【新建文档】对话框中，选择【网站模板】\CDROM\t2，基于该模板文件创建的网页文档，如图 4.26 所示。

(2) 将文档进行保存，然后打开随书附带光盘中的"CDROM\Templates\t2.dwt"文件，修改模板中的内容，将导航栏下的单元格背景颜色更改为红色，如图 4.27 所示。

图 4.26　新建的模板网页　　　　　　　　　图 4.27　修改后的模板网页

(3) 在菜单栏中选择【文件】|【保存】命令，这时弹出【更新模板文件】对话框，如图 4.28 所示。

(4) 单击【更新】按钮，弹出【更新页面】对话框，如图 4.29 所示。

(5) 单击【关闭】按钮，再次打开基于该模板创建的网页文档，其网页文件更改为与模板相同。

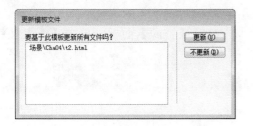

图 4.28　【更新模板文件】对话框

图 4.29　【更新页面】对话框

4.2 使用库项目

在网站的制作过程中，有时需要把一些网页元素应用在数十个甚至数百个页面上。当要修改这些多次使用的页面元素时，如果逐页的修改既费时又费力。设计者可以通过使用 Dreamweaver CC 中的库项目，就可以大大地减少这种重复的劳动，从而省去许多麻烦。

4.2.1　认识库项目

库是一种特殊的 Dreamweaver 文件，其中包含已经创建以便放在网页上的、单独的资源或资源复本的集合。如果只是想让页面具有相同的标题和脚注，但具有不同的页面布局，可以使用库项目储存标题和脚注。

Dreamweaver CC 允许把网站中需要重复使用或需要经常更新的页面元素(如图像、文本或其他对象等)存入库中，存入库中的元素被称为库项目。需要时，可以把库项目拖放到文档中，这时 Dreamweaver 会在文档中插入该库项目的 HTML 源代码的一份备份，并创建一个对外部库项目的引用。通过修改库项目，然后使用菜单栏中的【修改】|【库】|【更新页面】命令，即可实现整个网站各个页面上与库项目相关内容的一次性更新，既快捷又方便。Dreamweaver CC 允许设计者为每个站点定义不同的库。

4.2.2　创建库项目

在 Dreamweaver CC 中利用库项目可以实现对文件风格的维护。很多网页带有相同的内容，用户可以将这些文档中的共有内容定义为库项目，然后放置到文档中。一旦在站点中对库项目进行了修改，通过站点管理特性，就可以实现对站点中所有放入该库项目的文档进行更新。同模板一样，创建库项目后，Dreamweaver 会自动将库文件保存在站点根文件夹的 Library 子文件夹中，如图 4.30 所示。

创建库项目时，应首先选取文档 body(主体)的某一部分，然后由 Dreamweaver CC 将这部分转换为库项目。

创建库项目的具体操作步骤如下。

(1) 启动 Dreamweaver CC 软件，打开随书附带光盘中的"CDROM\素材\Cha04\

图 4.30　Library 子文件夹

index02.html"文件，选择顶部图片，如图 4.31 所示。

(2) 在菜单栏中选择【窗口】|【资源】命令，打开【资源】面板，单击【库】按钮，如图 4.32 所示。

图 4.31　选择顶部图片

图 4.32　单击【库】按钮

(3) 在【库】面板的下方单击【新建库项目】按钮，在弹出的提示对话框中，单击【确定】按钮，如图 4.33 所示。

(4) 选定的图像将创建为库项目，并出现在【库】面板中，将其命名为"首页图片"，如图 4.34 所示。

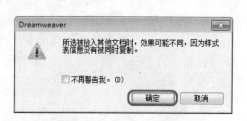

图 4.33　单击【确定】按钮

图 4.34　将库项目命名为"首页图片"

4.2.3　插入库项目

在 Dreamweaver CC 中把库项目添加到页面上时，实际的内容以及对项目的引用就会被插入到文档中，此时无须提供原项目网页就可以正常显示。

在页面上插入库项目的具体操作步骤如下。

(1) 启动 Dreamweaver CC 软件，打开随书附带光盘中的"CDROM\素材\Cha04\001.html"文件，如图 4.35 所示。

(2) 选择顶部的图像占位符，打开【资源】面板，单击【库】按钮显示库项目，从【库】面板中选择库项目，单击下方的【插入】按钮，如图 4.36 所示。

图 4.35　打开原始文件　　　　　　　　　　图 4.36　单击【插入】按钮

(3) 将库项目插入至文档中，保存网页文档，按 F12 键在浏览器中浏览，如图 4.37 所示。

图 4.37　浏览网页

4.2.4　编辑库项目

当编辑库项目时，Dreamweaver 将自动更新网站中使用该项目的所有文档。如果选择不更新，那么文档将保持与库项目的关联。

编辑库项目包括更新库项目、重命名库项目以及删除库项目。

1. 更新库项目

若要更新库项目，可以通过单独对库项目中的文件进行修改编辑，然后将其保存，对库项目进行更新。在【库】面板中，双击要更新的库项目文件，进入库项目文件。

对库项目修改完成后，在菜单栏中选择【文件】|【保存】命令，将弹出【更新库项目】对话框，如图 4.38 所示。在该对话框中，单击【更新】按钮，弹出【更新页面】对话框，如图 4.39 所示。

在【查看】下拉列表框中包含以下两种选择，如图 4.40 所示。

● 选择【整个站点】选项，然后从右侧的下拉列表中选择站点名称，这样会更新所选站点中的所有页面，使其使用所有库项目的当前版本。

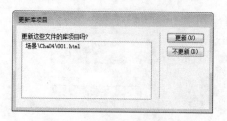

图 4.38　【更新库项目】对话框　　　　　图 4.39　【更新页面】对话框

- 选择【文件使用】选项，然后从右侧的下拉列表中选择库项目的名称，这样会更新当前站点中所有使用所选库项目的页面。

若选中【显示记录】复选框，可以查看更新记录，如图 4.41 所示。

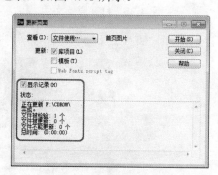

图 4.40　【查看】下拉列表　　　　　　　图 4.41　查看更新记录

单击【不更新】按钮，将不更改任何文档。

2. 重命名库项目

若要对原有的库项目重命名，在【库】面板中，选择要重命名的库项目并右击，从弹出的快捷菜单中选择【重命名】命令，如图 4.42 所示。当名称变为可编辑状态时输入一个新名称，然后单击库名称以外的区域，或按 Enter 键确认，Dreamweaver 将弹出对话框，提示是否更新使用该项目的文档。

3. 删除库项目

在【库】面板中选择要删除的库项目后，右击，在弹出的快捷菜单中选择【删除】命令，或按 Delete 键，这时会弹出询问是否删除的对话框，如图 4.43 所示，用户确认是否删除库项目。

图 4.42　选择【重命名】命令　　　　　图 4.43　提示是否删除对话框

4.3　上机练习——制作模板和基于模板的网页

为了使网站和网页具有统一的结构和外观，我们可以通过 Dreamweaver CC 用模板创建文档。当模板制作完成后，可以将其应用到网页中，以便快速地制作出风格一致的网页。本例将介绍在网页文档基础上创建模板，然后由模板创建网页，创建完成后的效果如图 4.44 所示。

图 4.44　完成后的效果

具体操作步骤如下。

(1) 启动 Dreamweaver CC 软件，打开随书附带光盘中的"CDROM\素材\Cha04\index.html"文件，如图 4.45 所示。

(2) 在菜单栏中选择【文件】|【另存为模板】命令，打开【另存模板】对话框，在【站点】下拉列表中选择站点，在【另存为】文本框中输入模板名称"moban01"，如图 4.46 所示。

图 4.45　打开素材文件

图 4.46　【另存模板】对话框

(3) 单击【保存】按钮，弹出更新链接提示框，如图 4.47 所示。

(4) 单击【是】按钮更新链接，然后选择网页中的图像占位符，如图 4.48 所示。

图 4.47　更新链接提示框

图 4.48　选择网页中的图像占位符

(5) 在菜单栏中选择【插入】|【模板对象】|【可编辑区域】命令，在弹出的【新建可编辑区域】对话框中将【名称】命名为"图片"，如图 4.49 所示。

(6) 当单击【确定】按钮之后效果如图 4.50 所示。

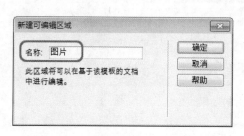

图 4.49　【新建可编辑区域】对话框

图 4.50　创建可编辑区域

(7) 使用同样方法，将光标插入到模板的白色空白区域，创建【名称】为内容的可编辑区域，如图 4.51 所示。

(8) 保存模板文档，模板制作完成，用刚制作的模板来制作网页。在菜单栏中选择【文件】|【新建】命令，打开【新建文档】对话框。选择【网站模板】\CDROM\ moban01 模板，如图 4.52 所示。

图 4.51　创建可编辑区域

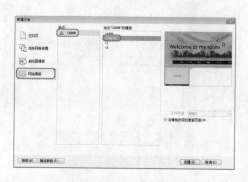

图 4.52　【新建文档】对话框

(9) 单击【创建】按钮，创建一个基于模板的网页文档，如图 4.53 所示。

(10) 选择图像占位符，在【资源】面板中选择【库】，在【库】中选择【图片 01】库项目，如图 4.54 所示。

图 4.53　创建模板

图 4.54　选择库项目

(11) 单击【插入】按钮，将"图片 01"插入网页，如图 4.55 所示。

(12) 打开随书附带光盘中的"CDROM\素材\Cha04\"素材文本，将素材复制后粘贴到【内容】可编辑区域中，如图 4.56 所示。

图 4.55　插入库项目

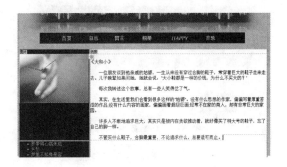

图 4.56　复制文本

(13) 在菜单栏中选择【文件】|【保存】命令，打开【另存为】对话框，选择保存位置并将文件命名为"index.html"，如图 4.57 所示。

(14) 按 F12 键在浏览器中浏览网页效果，如图 4.58 所示。

图 4.57　保存网页

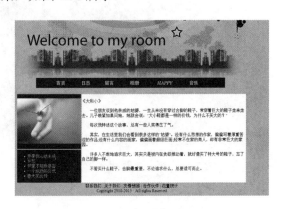

图 4.58　浏览网页

(15) 打开创建的 moban01.dwt 文件，选择网页底部链接信息文本，如图 4.59 所示。

(16) 在菜单栏中选择【插入】|【模板对象】|【可选区域】命令，在弹出的【新建可选区域】对话框中，将【名称】输入为【底部链接】，取消选中【默认显示】复选框，单击【确定】按钮，如图 4.60 所示。

图 4.59 选择文本

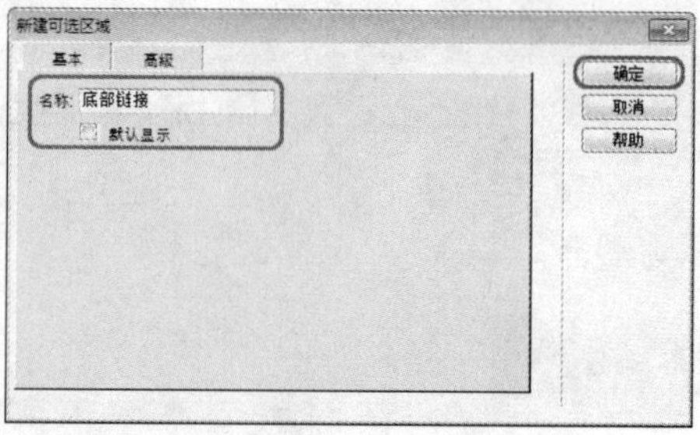

图 4.60 【新建可选区域】对话框

(17) 网页底部将显示添加的标记区域名称，如图 4.61 所示。

(18) 选择【文件】|【保存】命令，在弹出的【更新模板文件】对话框，单击【更新】按钮，如图 4.62 所示。

图 4.61 显示标记区域名称

图 4.62 【更新模板文件】对话框

(19) 在弹出【更新页面】对话框中，选中【显示记录】复选框，查看更新状态，单击【关闭】按钮，如图 4.63 所示。

(20) 打开创建的 index.html 文件，底部链接信息将隐藏，如图 4.64 所示。

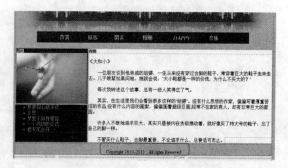

图 4.63 查看更新状态

图 4.64 底部链接信息将隐藏

(21) 将文件进行保存。

4.4　思　考　题

1. 使用模板库有什么优势?
2. 库有什么优势?

第 5 章 使 用 表 单

很多用户可能都有电子邮件，如果你想通过 E-mail 与别人进行联系，就要登录 Web 页，在网页中输入自己的账号和密码，才能进入到邮箱中。其实在提交账号和密码时，使用的就是表单。网站管理员通常会使用表单和用户之间进行沟通。目前大多数网站，尤其是大中型网站，都需要与用户进行动态的交流。要实现与用户的交互，表单是必不可少的，如注册网站会员、在线购物、在线调查问卷等。

5.1 表 单 概 述

使用表单可以收集来自用户的信息，它是网站管理者与浏览者之间沟通的桥梁。收集、分析用户的反馈意见，然后科学、合理的决策，是一个网站成功的重要因素。

有了表单，网站不仅是信息提供者，同时也是信息收集者，可由被动提供转变为主动出击。表单通常用来做调查表、订单和搜索界面等。

表单有两个重要的组成部分：一是描述表单的 HTML 源代码；二是用于处理用户在表单域中输入的服务器端应用程序客户端脚本，如 ASP 和 CGI。

通过表单收集到的用户反馈信息通常是一些用分隔符(如逗号、分号等)分隔的文字资料，这些资料可以导入到数据库或电子表格中进行统计、分析，从而成为具有重要参考价值的信息。

使用 Dreamweaver 创建表单，可以向表单中添加对象，还可以通过使用行为来验证用户信息的正确性。

5.2 表 单 域

使用表单必须具备两个条件：一是建立含有表单元素的原始文件；二是具备服务器端的表单处理应用程序或客户端的脚本程序，它能处理用户输入到表单中的信息。

创建基本表单的具体操作步骤如下。

(1) 打开随书附带光盘中的"CDROM\素材\Cha05\申请表.html"素材文件，如图 5.1 所示。

(2) 将光标置于想要插入表单的位置，在菜单栏中选择【插入】|【表单】|【表单】命令，如图 5.2 所示。

(3) 执行完该命令后，文档窗口中出现红色虚线，即可插入表单，在【属性】面板中可观察其属性，如图 5.3 所示。

图 5.1 打开的素材文件

图 5.2 选择【表单】命令

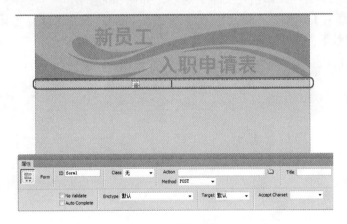

图 5.3 插入表单

5.3 表单对象的创建

为了更合理地安排表单中的表单对象，可以在表单中插入表格和单元格。

5.3.1 文本

文本是最常见的表单对象之一，用户可以在文本域中输入字母、数字和文本等类型的内容。其具体操作步骤如下。

(1) 打开 Dreamweaver CC 软件，按 Ctrl+O 组合键，在弹出的对话框中选择随书附带光盘中的 "CDROM\素材\Cha05\申请表.html" 素材文件，如图 5.4 所示。

(2) 将光标置于单元格的第 1 行第 1 列中，输入文字信息，选择输入的文本信息，打开【属性】面板，选择 CSS 选项，将【大小】设置为 18，将【颜色】设置为#00F，如图 5.5 所示。

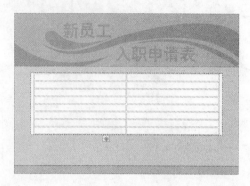

图 5.4　打开的素材文件

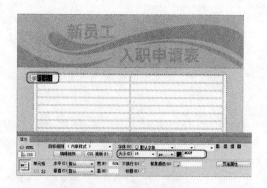

图 5.5　设置文字属性

(3) 将光标置于文字的右侧，在菜单栏中选择【窗口】|【插入】命令，打开【插入】面板，选择【表单】选项，单击【文本】选项，如图 5.6 所示。

(4) 关闭【插入】面板，在单元格中选择 Text Field，按 Delete 键将其删除，选择文本域对象，在【属性】面板中将 Size 设置为 15，如图 5.7 所示。

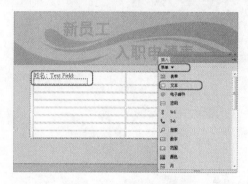

图 5.6　打开的素材文件

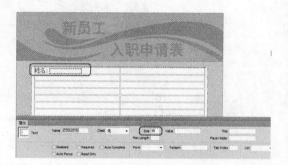

图 5.7　设置文本域对象属性

(5) 使用同样的方法输入文字，然后再在其他单元格中插入文本域，如图 5.8 所示。

提示

插入密码表单和插入文本表单的操作方法相同，在【插入】面板中选择【密码】选项，即可在表格中插入密码域，如图 5.9 所示。

图 5.8　插入其他文本字段

图 5.9　选择【密码】选项

5.3.2 插入文本区域

插入多行文本域同文本域类似，只不过多行文本域允许输入更多的文本。插入多行文本域的具体操作步骤如下。

(1) 继续使用"申请表.html"素材文件，选择第 7 行的 2 列单元格，在【属性】面板中单击【合并所有单元格，使用跨度】按钮□，如图 5.10 所示。

(2) 将光标置于合并的单元格中按 Ctrl+T 组合键，打开【表格】对话框，设置【行数】为 1，【列】设置为 2，将【表格宽度】设置为 100 百分比，将【边框粗细】设置为 0 像素，如图 5.11 所示。

图 5.10　合并单元格

图 5.11　【表格】对话框

(3) 设置完成后单击【确定】按钮，在插入的表格的第 1 列中输入相应的文字信息，选择输入的文字，在【属性】面板中将【水平】设置为【左对齐】，将【垂直】设置为【居中】，将颜色设置为"#00F"，将【大小】设置为 25，如图 5.12 所示。

(4) 将光标置于第 2 列单元格中，在菜单栏中选择【插入】|【表单】|【文本区域】命令，如图 5.13 所示。

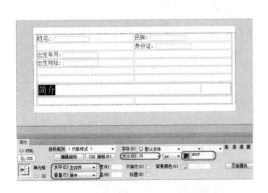

图 5.12　输入文字并设置文字属性

图 5.13　选择【文本区域】命令

(5) 执行完该命令后，即可插入文本区域对象，如图 5.14 所示。

(6) 选择插入的文本域对象，在【属性】面板中将 Rows 设置为 6，将 Cols 设置为

60，如图 5.15 所示。

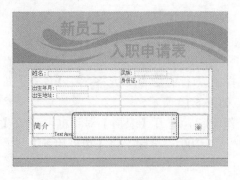

图 5.14 合并单元格

图 5.15 【属性】面板

(7) 保存文档，按 F12 键在浏览器中预览效果，如图 5.16 所示。

图 5.16 预览效果

5.3.3 复选框

使用表单时经常会有多项选择，这就需要在表单中插入复选框，编辑浏览者选择。其具体操作步骤如下。

(1) 继续使用"申请表.html"素材，选择第 5 行的 2 列单元格，在【属性】面板中单击【合并所有单元格，使用跨度】按钮 ▣，合并单元格，如图 5.17 所示。

(2) 确认光标处于合并后的单元格中，输入文字信息，并设置文字属性，如图 5.18 所示。

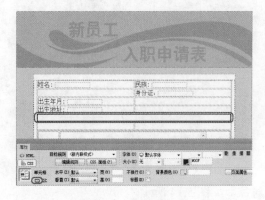

图 5.17 合并单元格

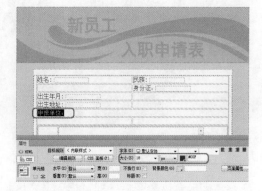

图 5.18 输入文字并设置文字属性

(3) 将光标放置在文字的右侧，在菜单栏中选择【插入】|【表单】|【复选框】命令，如图 5.19 所示。

(4) 执行完该命令后即可插入一个复选框，并更改复选框右侧的文字，如图 5.20 所示。

图 5.19　选择【复选框】命令

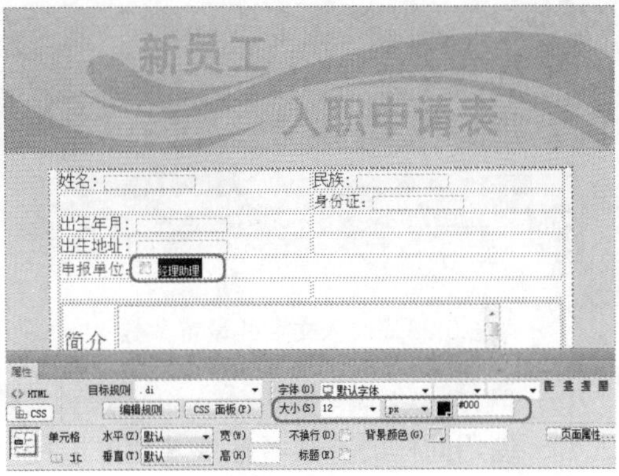

图 5.20　更改文字

(5) 使用同样的方法，再创建几个复选框，并输入文字，如图 5.21 所示。

(6) 保存网页文档，按 F12 键在浏览器中浏览效果，如图 5.22 所示。

图 5.21　创建其他复选框

图 5.22　预览效果

5.3.4　单选按钮

单选按钮的作用在于只能选中一个列出的选项，单选按钮通常被成组地使用。一个组中的所有单选按钮必须具有相同的名称，而且必须包含不同的选定值。其具体操作步骤如下。

(1) 继续使用"申请表.html"素材，将光标置于第 2 行的第 1 列单元格中，输入文字并设置参数，如图 5.23 所示。

(2) 将光标置于文字的右侧，在菜单栏中选择【插入】|【表单】|【单选按钮】命令，如图 5.24 所示。

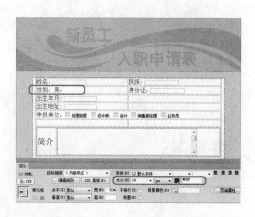

图 5.23　输入文字并设置参数　　　　　图 5.24　选择【单选按钮】命令

(3) 执行完该命令即可插入单选按钮，将多余的对象删除，如图 5.25 所示。

(4) 使用同样的方法，插入其他单选按钮，并按 F12 键在浏览器中预览效果，如图 5.26 所示。

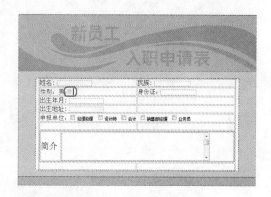

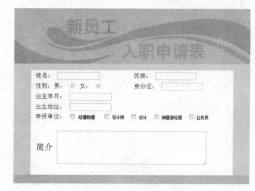

图 5.25　插入单选按钮　　　　　　　　图 5.26　预览效果

提 示

在插入第二个单选按钮时，一定要使它的名称与第一个单选按钮的名称相同，这样两个单选按钮才能够作为同一组单选按钮。

5.3.5　选项

表单中有两种类型的菜单：一种是单击时下拉的菜单，称为下拉菜单；另一种则显示为一个列有项目的可滚动列表，可从该列表中选择项目，称为列表。一个列表可以包括一个或多个项目。插入列表/菜单的具体操作步骤如下。

(1) 继续使用"申请表.html"素材，将光标置于第 4 行的第 2 列单元格中，输入文字并设置参数，如图 5.27 所示。

(2) 打开【插入】面板，在该面板中选择【表单】下的【选择】选项 ▤，如图 5.28 所示。

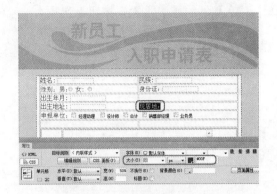

图 5.27　输入文字并设置参数

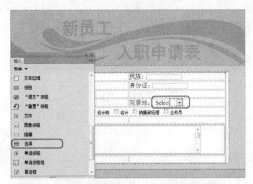

图 5.28　选择【选择】选项

(3) 将多余的字删除，选择插入的选项对象，在【属性】面板中单击【列表值】按钮，打开【列表值】对话框，如图 5.29 所示。

(4) 在【项目标签】选项下输入几个城市的名称，如图 5.30 所示。

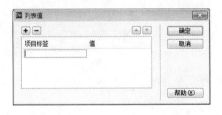

图 5.29　【列表值】对话框

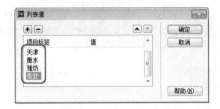

图 5.30　输入城市名称

(5) 设置完成后单击【确定】按钮，输入的城市即可应用到插入的选项中，保存文件，按 F12 键在浏览器中预览效果，如图 5.31 所示。

图 5.31　预览效果

5.3.6　表单按钮

按钮是网页中最常见的表单对象，使用按钮可以将表单数据提交到服务器。插入表单按钮的具体操作步骤如下。

(1) 继续使用"申请表.html"素材，将光标置于第 8 行的第 1 列单元格中，在【属性】面板中将【水平】设置为【居中对齐】，如图 5.32 所示。

(2) 打开【插入】面板，在该面板中选择【表单】下的【"重置"按钮】选项 🔄，如图 5.33 所示。

图 5.32　设置单元格　　　　　　　　图 5.33　选择【"重置"按钮】选项

(3) 使用同样的方法，选择第 8 行的第 2 列单元格，在【属性】面板中将【水平】设置为【居中对齐】，并插入【"提交"按钮】选项 ✅，如图 5.34 所示。

(4) 保存文件，按 F12 键在浏览器中预览效果，如图 5.35 所示

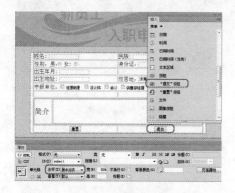

图 5.34　插入按钮　　　　　　　　　图 5.35　预览效果

5.4　上机练习——制作留言板

下面介绍留言板的制作方法，效果如图 5.36 所示。其具体操作步骤如下。

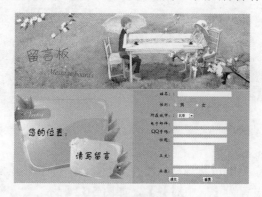

图 5.36　留言板

(1) 启动 Adobe Dreamweaver CC 软件后，在打开的界面中单击新建选项组中的 HTML 按钮，新建空白网页文档，如图 5.37 所示。

(2) 在【属性】面板中单击【页面属性】按钮，弹出【页面属性】对话框，在【分类】列表框中选择【外观(HTML)】，将【背景】设置为#B7CE7D，如图 5.38 所示。

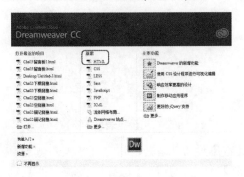

图 5.37　新建空白网页文档

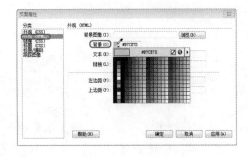

图 5.38　设置背景颜色

(3) 菜单栏中选择【插入】|【表格】，弹出【表格】对话框，将【行数】设置为 1，将【列】设置为 1，将【表格宽度】设置为 924 像素，将【边框粗细】设置为 0 像素，如图 5.39 所示。

(4) 单击【确定】按钮，将光标置入表格内，在菜单栏中选择【插入】|【图像】|【图形】命令，弹出【选择图像源文件】对话框，选择随书附带光盘中的"CDROM\素材\Cha05\留言板 01.jpg"素材文件，如图 5.40 所示。

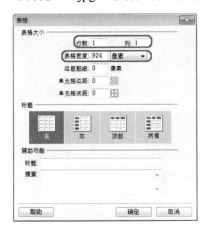

图 5.39　设置表格参数

图 5.40　选择素材文件

(5) 单击【确定】按钮，即可在表格中插入图片，将光标置于表格的右侧，在菜单栏中选择【插入】|【表格】命令，弹出【表格】对话框，将【行数】设置为 1，将【列】设置为 2，将【表格宽度】设置为 924 像素，将【边框粗细】设置为 0 像素，如图 5.41 所示。

(6) 单击【确定】按钮即可插入表格，选择左侧的单元格，在【属性】面板中将【宽】设置为 467 ，如图 5.42 所示。

图 5.41　设置表格参数

图 5.42　设置表格的宽度

（7）使用同样的方法选择右侧的单元格，将其宽度设置为 457，将光标置入左侧的单元格中，在菜单栏中选择【插入】|【图像】|【图形】命令，弹出【选择图像源文件】对话框，选择随书附带光盘中的"CDROM\素材\Cha05 \留言板 02.png"素材文件，如图 5.43所示。

（8）单击【确定】按钮即可在表格中插入图像，效果如图 5.44 所示。

图 5.43　选择素材文件

图 5.44　插入图像

（9）将光标置入右侧的单元格中，选择菜单栏中的【插入】|【表单】|【表单】命令，如图 5.45 所示。

（10）将光标置入新插入的表单中，按 Ctrl+Alt+T 组合键，弹出【表格】对话框，在【表格大小】选项组中将【行数】设置为 9，将【列】设置为 2，将【表格宽度】设置为457 像素，将【边框粗细】设置为 0 像素，如图 5.46 所示。

图 5.45　选择【表单】命令

图 5.46　设置表格参数

(11) 单击【确定】按钮插入表格，选择新插入表格，在【属性】面板中将【背景颜色】设置为#A2BE59，如图 5.47 所示。

(12) 选择左侧所有的单元格，在【属性】面板中将【高】设置为 31，将【宽】设置为 157，将【水平】设置为【右对齐】，如图 5.48 所示。

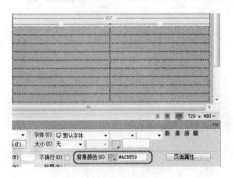

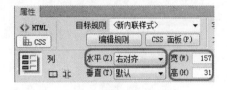

图 5.47　设置背景颜色　　　　　　　　图 5.48　设置单元格属性

(13) 在单元格中输入文字，效果如图 5.49 所示。

(14) 选择输入文字的单元格，在【属性】面板中单击【字体】右侧的 ▼，在弹出的列表中选择【管理字体】命令，弹出【管理字体】对话框，选择【自定义字体堆栈】选项卡，在【可用字体】列表框中选择【华文新魏】字体，然后单击 << 按钮，将其添加至【选择的字体】列表框中，如图 5.50 所示。

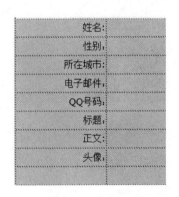

图 5.49　输入文字　　　　　　　　图 5.50　【管理字体】对话框

(15) 单击【完成】按钮，然后再单击字体右侧的 ▼ 按钮，在弹出的列表中选择【华文新魏】，将【大小】设置为 18，如图 5.51 所示。

(16) 将光标置入"姓名："右侧的单元格中，在菜单栏中选择【插入】|【表单】|【文本】命令，如图 5.52 所示。

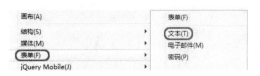

图 5.51　设置文字属性　　　　　　　　图 5.52　选择【文本】命令

(17) 选择 Text Field，按 Delete 键将其删除，选择新插入的文本，在【属性】面板中将 Size 设置为 30，如图 5.53 所示。

(18) 将光标置入"性别："右侧的单元格中，在菜单栏中选择【插入】|【表单】|【单选按钮组】，如图 5.54 所示。

图 5.53　设置 Size　　　　　　　图 5.54　选择【单选按钮组】命令

(19) 弹出【单选按钮组】对话框，将标签设置为【男】、【女】，然后单击【确定】按钮，如图 5.55 所示。

(20) 调整单选按钮的位置，将光标置入"所在城市："右侧的单元格中，在【菜单栏】中选择【插入】|【表单】|【选择】命令，将 Select 删除，选择新插入的【选择】表单，单击【属性】面板中的【列表值】，弹出【列表值】对话框，在【项目标签】下的文本框中输入"北京"，然后单击█按钮，添加项目，输入文本，如图 5.56 所示。

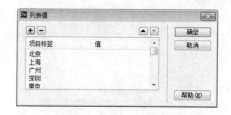

图 5.55　【单选按钮组】对话框　　　　图 5.56　【列表值】对话框

(21) 单击【确定】按钮，在【属性】面板中将 Selected 设置为【北京】，如图 5.57 所示。

(22) 选择"姓名："右侧的【文本】表单，按 Ctrl+C 组合键进行复制，将其粘贴至"电子邮件"、"QQ 号码"、"标题"、"头像"右侧的表格中，如图 5.58 所示。

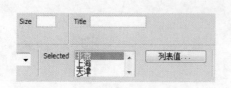

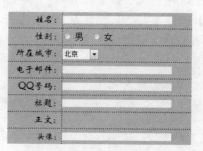

图 5.57　指定最初选定的项目　　　　图 5.58　设置完成后的效果

(23) 将光标置入"正文:"右侧的表格中,在菜单栏中选择【插入】|【表单】|【文本区域】命令,将 Text Area 删除,选择新插入的文本区域,在【属性】面板中将 Rows 设置为 5,如图 5.60 所示。

(24) 将光标置入"头像:"文本表单的右侧,在菜单栏中选择【插入】|【表单】|【按钮】命令,将 Value 设置为【浏览】,如图 5.60 所示。

图 5.59　文本行数

图 5.60　设置按钮标签

(25) 选择第 9 行所有单元格并右击,在弹出的快捷菜单中选择【表格】|【合并单元格】命令,如图 5.61 所示。

(26) 在【属性】面板中将【水平】设置为【居中对齐】,将【垂直】设置为【居中】,在菜单栏选择【插入】|【表单】|【提交按钮】,添加完成后的效果如图 5.62 所示。

图 5.61　选择【合并单元格】命令

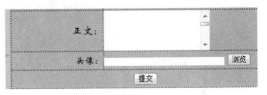

图 5.62　插入【提交】按钮

(27) 在菜单栏中选择【插入】|【表单】|【重置按钮】,效果如图 5.63 所示。

(28) 至此留言板就制作完成了,在菜单栏中选择【文件】|【保存】命令,弹出【另存为】对话框,为其设置正确的存储路径,将其名称设置为"留言板",然后单击【保存】按钮,如图 5.64 所示。按 F12 键在浏览器中预览效果。

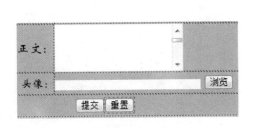

图 5.63　插入【重置】按钮

图 5.64　【另存为】对话框

5.5 思 考 题

1. 什么是表单？
2. 常用的表单对象有哪些？

第6章 为网页添加行为

行为是网页制作中一个不可缺少的重要元素，通过为网页添加行为可以增加网页动态效果。在 Dreamweaver 软件中，网页制作过程中的一些基本行为，都集成到了【行为】面板上。通过单击添加相应的行为，就可以将行为应用到网页中。本章将具体介绍行为的基本知识和使用方法。

6.1 行　　为

行为是预置的 JavaScript 程序库，使用行为可以使网页制作人员不再编程就可实现一些程序动作，如交换图像、打开浏览器窗口等。

行为是由对象、事件和动作构成的，当指定的事件被触发时，将运行相应的 JavaScript 程序，执行相应的动作。所以在创建行为时，必须先指定一个动作，然后再指定触发动作的事件。行为是针对网页中的所有对象，要结合一个对象添加行为。

在将行为附加到网页元素之后，只要对该元素触发了所指定的事件，浏览器就会调用与该事件关联的动作。例如，如果将"交换图像"动作附加到某个图片并指定它将由 onMouseOver 事件触发，那么只要访问者在浏览器中用鼠标指针指向该图片，该图片将转换成另一张图片。

Dreamweaver CC 提供的行为可使用户迅速给页面中的内容添加行为、为行为设置事件、修改事件和删除事件等操作，通过简单的管理操作，即可完成各类网页的设计。

在 Dreamweaver CC 中添加行为和对行为进行控制，主要是通过【行为】面板来实现的。选择【窗口】|【行为】命令或者按 Shift+F4 组合键，即可打开【行为】面板，如图 6.1 所示。

该面板中包含以下 4 种按钮。

图 6.1 【行为】面板

- 【添加行为】按钮 ：弹出一个菜单，在此菜单中选择其中的命令，会弹出一个对话框，在对话框中设置选定动作或事件的各个参数。如果弹出菜单中的所有选项都为灰色，则表示不能对所选的对象添加动作或事件。
- 【删除事件】按钮 ：单击此按钮可以删除列表中所选的事件和动作。
- 【增加事件值】按钮 ：单击此按钮可以向上移动所选的事件和动作。
- 【降低事件值】按钮 ：单击此按钮可以向下移动所选的事件和动作。

6.2 事　　件

事件是浏览器生成的消息，指示该页的访问者执行了某种操作。例如，当将鼠标指针移动到某个链接上时，浏览器将为该链接生成一个 onMouseOver 事件；然后浏览器查看是否存在行为，在触发事件时浏览器应该调用的 JavaScript 代码。不同的网页元素定义了不同的事件。

每个浏览器都提供一组事件，这些事件可以与【行为】面板的动作弹出式菜单中列出的动作相关联。在【行为】面板中，单击【显示所有事件】按钮，将显示当前标签的所有事件，如图 6.2 所示。

下面将对主要的行为事件进行介绍。

图 6.2　当前标签的所有事件

- onBlur：当特定元素停止作为用户交互的焦点时触发该事件。
- onClick：单击选定元素(如超链接、图片、按钮等)将触发该事件。
- onDblClick：双击选定元素将触发该事件。
- onError：在文档或图像加载过程中发生错误时触发该事件。
- onFocus：当指定元素成为焦点时，将触发该事件。
- onKeyDown：键盘按下不放时，将触发该事件。
- onKeyPress：键盘按下并放开时，将触发该事件。
- onKeyUp：键盘松开时，将触发该事件。
- onLoad：当图片或页面完成装载后触发该事件。
- onMouseDown：当用户按下鼠标按键时触发该事件。
- onMouseMove：当鼠标指针停留在对象边界内时触发该事件。
- onMouseOut：当鼠标指针离开对象边界时触发该事件。
- onMouseOver：当鼠标首次移动指向特定对象时触发该事件。
- onMouseUp：当按下的鼠标按钮被释放时触发该事件。
- onUnload：离开页面时触发该事件。

6.3　添加、修改和删除行为

若要添加行为，在【行为】面板中，单击【添加行为】按钮，将弹出行为列表，列表中包含了常用的交换图像、弹出信息和打开浏览器窗口等动作，如图 6.3 所示。选择列表中的动作即可添加行为。

若要修改触发的事件方式，需要单击事件右侧的下三角按钮，在弹出的列表中对事件进行更改即可，如图 6.4 所示。

若要对添加的动作进行修改，可以通过【行为】面板进行修改。双击要更改的行为动作，在弹出的对话框中对已有的设置进行修改，设置完成后，单击【确定】按钮即可完成对动作的修改。

若要删除所添加的已有行为，在【行为】面板中的列表框中选中该行为，然后单击【行为】面板中的【删除事件】按钮即可将行为删除。

图 6.3 行为列表

图 6.4 事件列表

添加和修改行为的具体操作步骤如下。

(1) 启动 Dreamweaver CC 软件，新建一个空白 HTML 文档，打开【行为】面板。单击【添加行为】按钮 ，在弹出的列表中选择【弹出信息】命令，如图 6.5 所示。

(2) 在弹出的【弹出信息】对话框的【消息】文本框中，输入文本"对不起，您访问的网页出错！"，如图 6.6 所示。

图 6.5 选择【弹出信息】命令

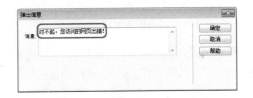

图 6.6 【弹出信息】对话框

(3) 单击【确定】按钮。单击 onLoad 事件右侧的下三角按钮，在弹出的列表中选择 onError 事件，如图 6.7 所示。

(4) 选择添加的行为，在【行为】面板中单击【删除事件】按钮 ，将添加的行为删除，如图 6.8 所示。

图 6.7 选择 onError 事件

图 6.8 将添加的行为删除

6.4　打开浏览器窗口

使用【打开浏览器窗口】动作可以在网页中实现不同浏览器窗口之间的切换。

添加【打开浏览器窗口】动作的具体操作步骤如下。

(1) 选择【文件】|【打开】命令，打开随书附带光盘中的"CDROM\素材\Cha06\001.html"文件，在网页第一行的表格中，选择要添加行为的图标，如图 6.9 所示。

(2) 选择【窗口】|【行为】命令，弹出【行为】面板，单击【行为】面板中的 按钮，选择【打开浏览器窗口】命令，如图 6.10 所示。

图 6.9　选择要添加行为的图标　　　图 6.10　选择【打开浏览器窗口】命令

(3) 在弹出的【打开浏览器窗口】对话框中的【要显示的 URL】右面单击【浏览】按钮，选择"CDROM\素材\Cha06 \image\tubiao.jpg"文件，如图 6.11 所示。

(4) 单击【确定】按钮，在【打开浏览器窗口】对话框中，将【窗口名称】设置为"显示图标"，如图 6.12 所示。

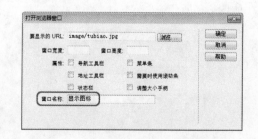

图 6.11　选择 tubiao.jpg 文件　　　图 6.12　【打开浏览器窗口】对话框

(5) 单击【确定】按钮，返回【行为】面板，查看添加的行为，如图 6.13 所示。

(6) 保存网页文档，按 F12 键在浏览器中打开网页，单击页面首行的图标时即可看到打开浏览器窗口的效果，如图 6.14 所示。

图 6.13　查看添加的行为　　　　　图 6.14　打开浏览器窗口的效果

如果使用的默认浏览器为 IE 浏览器，按 F12 键在浏览器中打开添加行为的网页时，将弹出提示对话框，若要运行添加的行为，需要单击【允许阻止的内容】按钮即可，如图 6.15 所示。

图 6.15　单击【允许阻止的内容】按钮

6.5　交　换　图　像

交换图像是指当鼠标指针经过图片时，原图像会变成另一张图像。

一个交换图像其实是由两种图像组合而成的：第一张图像(当页面显示时的图像)和交换图像(当鼠标经过第一图像时显示的图像)组成图像交换的两张图像必须有相同的尺寸，如果两张图像的尺寸不同，Dreamweaver CC 软件会自动将第二张图像的尺寸调整成与第一张同样大小。

创建交换图像的具体操作步骤如下。

(1) 继续对上一节中的网页进行操作，选择第二行表格中的图片，如图 6.16 所示。

(2) 选择【窗口】|【行为】菜单命令，打开【行为】面板，在面板中单击【添加行为】按钮 ⁺，在弹出的菜单中选择【交换图像】命令，如图 6.17 所示。

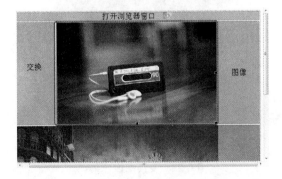

图 6.16　选择图片　　　　　　　图 6.17　选择【交换图像】命令

（3）在弹出的【交换图像】对话框中选择【图像"Image1"】，单击【设定原始档为】文本框右侧的【浏览】按钮，如图 6.18 所示。

（4）在弹出的【选择图像源文件】对话框中选择"CDROM\素材\Cha06\ image\olympus.jpg"文件，如图 6.19 所示。

图 6.18 　【交换图像】对话框

图 6.19 　选择图片

（5）单击【确定】按钮，将图像添加，如图 6.20 所示。

（6）单击【确定】按钮之后，在【行为】面板中即可看到添加的行为，如图 6.21 所示。

图 6.20 　添加图像

图 6.21 　查看添加的行为

（7）保存网页文档，按 F12 键在浏览器中浏览网页效果，如图 6.22 所示。当鼠标移至添加了行为的图像上时，图像即发生改变，如图 6.23 所示。

图 6.22 　网页效果

图 6.23 　交换图像效果

6.6　显示-隐藏元素

Dreamweaver CC 中的显示-隐藏元素动作的作用是在特定事件被触发时将选定的对象隐藏或将隐藏的对象显示。

创建显示-隐藏元素的具体操作步骤如下。

(1) 继续对上一节中的网页进行操作,选择第三行表格中的图片,在【属性】面板中,将 ID 设置为 a1,如图 6.24 所示。

(2) 打开【行为】面板,在面板中单击【添加行为】按钮 **+,**,在弹出的菜单中选择【显示-隐藏元素】命令,如图 6.25 所示。

图 6.24　设置 ID

图 6.25　选择【显示-隐藏元素】命令

(3) 在弹出的【显示-隐藏元素】对话框中,选择 img "a1",然后单击【隐藏】按钮,如图 6.26 所示。

(4) 单击【确定】按钮,返回【行为】面板查看添加的行为,如图 6.27 所示。

图 6.26　单击【隐藏】按钮

图 6.27　查看添加的行为

(5) 在页面中选择第三行表格中的【显示图像】文本,打开【行为】面板,在面板中单击【添加行为】按钮 **+,**,在弹出的菜单中选择【显示-隐藏元素】命令。在弹出的【显示-隐藏元素】对话框中,选择 img "a1",然后单击【显示】按钮,如图 6.28 所示。

(6) 单击【确定】按钮之后,返回【行为】面板查看添加的行为,如图 6.29 所示。

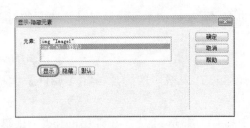

图 6.28　单击【显示】按钮　　　　　　　图 6.29　查看添加的行为

(7) 保存网页文档，按 F12 键在浏览器中打开网页，单击第三行图片后图片将隐藏，如图 6.30 所示。单击【显示图像】文字后，图片将显示，如图 6.31 所示。

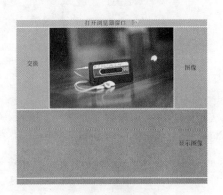

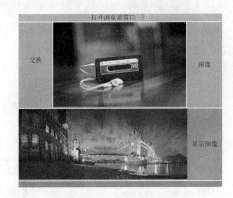

图 6.30　隐藏图片　　　　　　　　　　图 6.31　显示图片

6.7　设置状态栏文本

若要设置网页浏览时状态栏提示的信息，可以添加"设置状态栏文本"行为。

在适当的触发事件触发后在状态栏中显示信息，设置状态栏文本动作的作用与弹出信息动作很相似，不同的是如果使用弹出信息来显示文本，访问者必须要单击【确定】按钮才可以继续浏览网页中的内容，而在状态栏中显示的文本信息不会影响访问者的浏览速度。

添加"设置状态栏文本"的具体操作步骤如下。

(1) 继续对上一节中的网页进行操作，选择 body 标签，打开【行为】面板，单击面板中的【添加行为】按钮 ，在弹出的菜单中选择【设置文本】|【设置状态栏文本】命令，如图 6.32 所示。

(2) 在弹出的【设置状态栏文本】对话框中，在【消息】文本框中输入文本"欢迎访问网页！"，如图 6.33 所示。

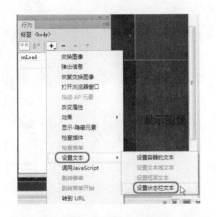

图 6.32　选择【设置状态栏文本】命令

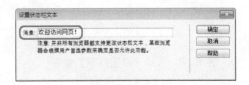

图 6.33　输入文本

(3) 单击【确定】按钮之后，将行为添加到【行为】面板中，将事件更改为 onLoad，如图 6.34 所示。

(4) 保存网页文档，按 F12 键在浏览器中浏览效果，如图 6.35 所示。

图 6.34　将事件更改为 onLoad

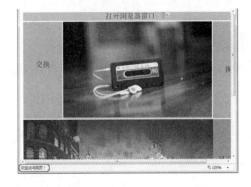

图 6.35　浏览效果

6.8　弹　出　信　息

添加"弹出信息"行为后，网页将在触发特定的事件时弹出消息提示框，能给予访问者提示信息。

添加"弹出信息"的具体操作步骤如下。

(1) 继续对上一节中的网页进行操作，选择 body 标签，然后打开【行为】面板，单击面板中的【添加行为】按钮 ，在弹出的菜单中选择【弹出信息】命令，如图 6.36 所示。

(2) 在弹出的【弹出信息】对话框中，在【消息】文本框中输入文本"您现在访问的是首页。"，如图 6.37 所示。

(3) 单击【确定】按钮，在【行为】面板中查看添加的行为，如图 6.38 所示。

(4) 保存网页文档，按 F12 键在浏览器中打开网页，网页弹出信息对话框，如图 6.39 所示。

图 6.36　选择【弹出信息】命令

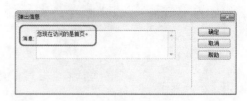

图 6.37　输入消息文本

图 6.38　查看添加的行为

图 6.39　网页弹出信息对话框

6.9　上机练习——制作特效网站

下面介绍特效网站的制作方法，效果如图 6.40 所示。具体操作步骤如下。

图 6.40　特效网站

（1）启动 Adobe Dreamweaver CC 软件后，在打开的界面中单击新建选项组中的 HTML 按钮，新建空白网页文档，如图 6.41 所示。

(2) 单击【属性】面板中的【页面属性】按钮，弹出【页面属性】对话框，在【分类】列表框中选择【外观(HTML)】，将【背景】设置为#4E251F，将【左边距】设置为85，如图 6.42 所示。

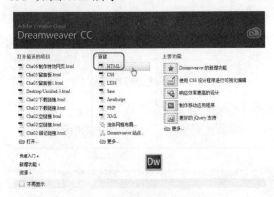

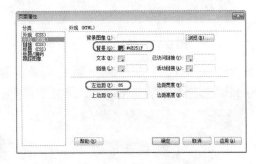

图 6.41　新建空白网页文档　　　　　　图 6.42　【页面属性】对话框

(3) 单击【确定】按钮，在菜单栏中选择【插入】|【表格】，弹出【表格】对话框，将【行数】设置为 5，将【列】设置为 1，将【表格宽度】设置为 820 像素，将【边框粗细】设置为 0 像素，如图 6.43 所示。

(4) 单击【确定】按钮即可插入一个 5 行 1 列的表格，将光标置入第一行单元格中，在菜单栏中选择【插入】|【图像】|【图像】命令，弹出【选择图像源文件】对话框，选择随书附带光盘中的"CDROM\素材\Cha06\大图.jpg"素材图片，如图 6.44 所示。

图 6.43　【表格】对话框　　　　　　图 6.44　【选择图像源文件】对话框

(5) 单击【确定】按钮，将图像插入表格，效果如图 6.45 所示。

(6) 将光标置入第二行单元格中，在【属性】面板中单击【拆分单元格为行或列】按钮，弹出【拆分单元格】对话框，选中【列】单选按钮，将【列数】设置为 5，如图 6.46 所示。

(7) 将光标放置在拆分后的最左侧的单元格内，按 Ctrl+Alt+I 组合键打开【选择图像源文件】对话框，在该对话框中选择随书附带光盘中的"CDROM\素材\Cha06\首页.png"文件，如图 6.47 所示。

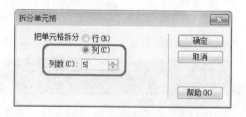

图 6.45　插入图片后的效果　　　　　　图 6.46　【拆分单元格】对话框

(8) 使用同样的方法在剩余的单元格依次插入图像："产品简介.png"、"新闻.png"、"在线咨询.png"、"关于我们.png",设置完成后的效果如图 6.48 所示。

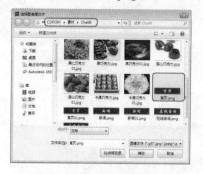

图 6.47　【选择图像源文件】对话框　　　图 6.48　插入图像后的效果

(9) 将光标置入第三行单元格内,在菜单栏中选择【插入】|【表格】命令,弹出【表格】对话框,将【行数】设置为 1,将【列】设置为 2,将【表格宽度】设置为 820 像素,将【边框粗细】设置为 0 像素,如图 6.49 所示。

(10) 单击【确定】按钮,将光标放置在新插入表格的左侧单元格内,将其【宽】设置为 220,将【水平】设置为【居中对齐】,将【垂直】设置为【顶端】。将光标放置在新插入表格的右侧单元格内,在【属性】面板中将其【宽】设置为 600,将【水平】设置为【居中对齐】,将【垂直】设置为【居中】,如图 6.50 所示。

图 6.49　设置表格参数　　　　　　　　图 6.50　设置表格属性

(11) 继续将表格放置在右侧的单元格中,在菜单栏中选择【插入】|【表格】命令,弹出【表格】对话框,将【行数】设置为 5,将【列】设置为 3,将【表格宽度】设置为 600 像素,将【边框粗细】设置为 0 像素,如图 6.51 所示。

(12) 单击【确定】按钮插入表格，选择第一行的单元格并右击，在弹出的快捷菜单中选择【合并单元格】命令，如图 6.52 所示。

图 6.51 设置表格参数　　　　　图 6.52 选择【合并单元格】命令

(13) 选择第一行单元格，在【属性】面板中将【水平】设置为【居中对齐】，将【垂直】设置为【居中】，将【高】设置为 40，如图 6.53 所示。

(14) 选择第 3 行单元格和第 5 行单元格，在【属性】面板中将【水平】设置为【居中对齐】，将【垂直】设置为【居中】，将【高】设置为 30，如图 6.54 所示。

图 6.53 设置单元格属性(1)　　　　图 6.54 设置单元格属性(2)

(15) 将光标置入第 2 行单元格中的最左侧的单元格中，按 Ctrl+Alt+I 组合键弹出【选择图像源文件】对话框，选择随书附带光盘中的 "CDROM\素材\Cha06\黑巧克力.jpg" 素材图片，如图 6.55 所示。

(16) 单击【确定】按钮插入图像，将光标置入第 2 个单元格中，使用同样的方法插入图像 "白巧克力.jpg"，效果如图 6.56 所示。

图 6.55 【选择图像源文件】对话框　　　图 6.56 插入图像

(17) 使用同样的方法在其他单元格中插入图像，完成后的效果如图 6.57 所示。

(18) 在单元格中输入文字，效果如图 6.58 所示。

图 6.57　插入图像后的效果　　　　　　　图 6.58　输入文字后的效果

(19) 选择第一行的文字，在【属性】面板中单击【字体】右侧的 按钮，在弹出的菜单中选择【管理字体】命令，弹出【管理字体】对话框，在该对话框中选择【自定义字体堆栈】选项卡，在【可用字体】列表框中选择【华文新魏】，然后单击 << 按钮，将其添加至【选择的字体】列表框中，如图 6.59 所示。

(20) 单击【完成】按钮，将【字体】设置为【华文新魏】，将【大小】设置为 30，将字体颜色设置为#FF0，如图 6.60 所示。

图 6.59　【管理字体】对话框　　　　　　图 6.60　设置文字属性

(21) 选择"黑巧克力"文字，在【属性】面板中将【字体】设置为【华文新魏】，将【大小】设置为 24px，将字体颜色设置为#FFF，如图 6.61 所示。

(22) 使用同样的方法设置其他文字，设置完成后的效果如图 6.62 所示。

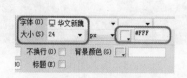

图 6.61　设置文字属性　　　　　　　　　图 6.62　设置完成后的效果

(23) 将光标置入如图 6.63 所示的单元格中，在【属性】面板中将【背景颜色】设置为#540000。在菜单栏中选择【插入】|【表格】命令，弹出【表格】对话框。

(24) 在【表格】对话框中将【行数】设置为 2，将【列】设置为 1，将【表格宽度】设置为 220 像素，将【边框粗细】设置为 0 像素，如图 6.64 所示。

图 6.63　将光标置入单元格中

图 6.64　【表格】对话框

(25) 单击【确定】按钮，将光标置入刚刚插入的表格的第一行，在【属性】面板中将【水平】设置为【居中对齐】，将【垂直】设置为【居中】，将【高】设置为 55，如图 6.65 所示。

(26) 将光标置入第二行单元格中，按 Ctrl+Alt+T 组合键打开【表格】对话框，将【行数】设置为 7，将【列】设置为 1，将【表格宽度】设置为 220 像素，将【边框粗细】设置为 0 像素，如图 6.66 所示。

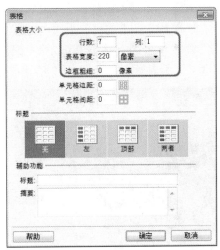

图 6.66　【表格】对话框

图 6.65　设置表格属性

(27) 选择刚刚插入表格的所有单元格，将【水平】设置为【居中对齐】，将【垂直】设置为【居中】，将【高】设置为 45，如图 6.67 所示。

(28) 设置完成后在表格中输入文字，效果如图 6.68 所示。

(29) 选择第一行的文字，在【属性】面板中将【字体】设置为【华文新魏】，将【大小】设置为 30，将字体颜色设置为#FF0，如图 6.69 所示。

图 6.67　设置表格样式

图 6.68　输入文本后的效果

(30) 选择第二行的文字，在【属性】面板中将【字体】设置为【华文新魏】，将【大小】设置为24px，将字体颜色设置为#FC6，如图 6.70 所示。

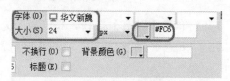

图 6.69　设置文字属性

图 6.70　设置文字属性

(31) 使用同样的方法设置其他文字，设置完成后的效果如图 6.71 所示。

(32) 将光标置入最外侧表格的第五行单元格中，在【属性】面板中将【水平】设置为【居中对齐】，将【垂直】设置为【居中】。在单元格中输入文本"版权所有|关于我们|联系我们"。单击【字体】右侧的 按钮，在弹出的菜单中选择【管理字体】命令，弹出【管理字体】对话框，如图 6.72 所示。

图 6.71　设置完成后的效果

图 6.72　【管理字体】对话框

(33) 选择【自定义字体堆栈】选项卡，在【可用字体】列表框中选择【仿宋】，单击 按钮，将其添加至【选择的字体】列表框中，单击【完成】按钮。选择刚刚创建的文字，将其【字体】设置为【仿宋】，将【大小】设置为16px，将字体颜色设置为#FFF，如图 6.73 所示。设置完成后的效果如图 6.74 所示。

图 6.73　设置字体　　　　　　图 6.74　设置完成后的效果

(34) 选择"首页.png"，打开【行为】面板，单击【添加行为】按钮 ，在弹出的下拉菜单中选择【交换图像】命令，弹出【交换图像】对话框，在该对话框中单击【浏览】按钮，如图 6.75 所示。

(35) 打开【选择图像源文件】对话框，在该对话框中选择随书附带光盘中的"CDROM\素材\Cha06\首页 01.png"文件，单击【确定】按钮，如图 6.76 所示。

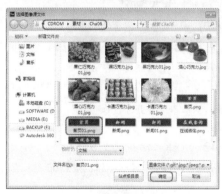

图 6.75　【交换图像】对话框　　　　　图 6.76　选择素材图片

(36) 返回到【交换图像】对话框中单击【确定】按钮，即可在【行为】面板中看到【交换图像】行为，如图 6.77 所示。

(37) 使用同样的方法为"产品简介.png"、"新闻.png"、"在线咨询.png"、"关于我们.png"设置交换图像行为。在场景中选择"黑巧克力.jpg"图片，在【属性】面板中将 ID 设置为 L1，如图 6.78 所示。

图 6.77　添加的行为　　　　　　图 6.78　设置 ID

(38) 使用同样的方法分别为"白巧克力.jpg"、"果仁巧克力.jpg"、"伴花巧克力.jpg"、"薄荷巧克力.jpg"、"卡通巧克力.jpg"图片设置 ID 分别为 L2、L3、L4、

L5、L6。选择"黑巧克力.jpg"图片，在【行为】面板中单击【添加行为】按钮 +，在弹出的下拉菜单中选择【交换图像】命令，弹出【交换图像】对话框，如图 6.79 所示。

(39) 单击【浏览】按钮，弹出【选择图像源文件】对话框，在该对话框中选择随书附带光盘中的"CDROM\素材\Cha06\黑巧克力 01.jpg"文件，如图 6.80 所示。

图 6.79 【交换图像】对话框

图 6.80 选择素材图片

(40) 单击【确定】按钮，返回到【交换图像】对话框中，再次单击【确定】按钮，【交换图像】行为即可显示在【行为】面板中，如图 6.81 所示。

(41) 使用同样的方法为"白巧克力.jpg"、"果仁巧克力.jpg"、"伴花巧克力.jpg"、"薄荷巧克力.jpg"、"卡通巧克力.jpg"设置交换图像为"白巧克力 01.jpg"、"果仁巧克力 01.jpg"、"伴花巧克力 01.jpg"、"薄荷巧克力 01.jpg"、"卡通巧克力 01.jpg"。

(42) 选择"伴花巧克力.jpg"，在【行为】面板中单击【添加行为】按钮 +，在弹出的下拉菜单中选择【弹出信息】命令，如图 6.82 所示。

图 6.81 添加的行为

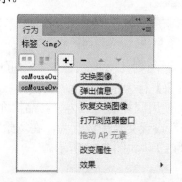

图 6.82 选择【弹出信息】命令

(43) 弹出【弹出信息】对话框，在该对话框中【消息】右侧的文本框中输入文本"Love you for life"，单击【确定】按钮，如图 6.83 所示。

(44) 选择如图 6.84 所示的文本，单击【行为】面板中的【添加行为】按钮 +，在弹出的下拉菜单中选择【效果】| Shake 命令。

(45) 弹出 Shake 对话框，将【目标元素】设置为 img "L1"，将【方向】设置为 left，单击【确定】按钮，如图 6.85 所示。

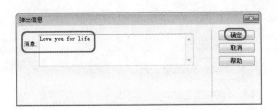

图 6.83 【弹出信息】对话框

图 6.84 选择文本

(46) 选择"白巧克力"文本，单击【行为】面板中的【添加行为】按钮 **+，，在弹出的下拉菜单中选择【效果】| Shake 命令。弹出 Shake 对话框，将【目标元素】设置为 img "L2"，将【方向】设置为 up，单击【确定】按钮，如图 6.86 所示。

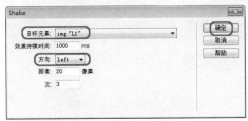

图 6.85 Shake 对话框

图 6.86 Shake 对话框

(47) 选择"薄荷巧克力"文本，单击【行为】面板中的【添加行为】按钮 **+，，在弹出的下拉菜单中选择【效果】| Clip 命令。弹出 Clip 对话框，将【目标元素】设置为 img "L5"，将【可见性】设置为 toggle，将【方向】设置为 vertical，单击【确定】按钮，如图 6.87 所示。

(48) 选择【果仁巧克力】文本，单击【行为】面板中的【添加行为】按钮 **+，，在弹出的下拉菜单中选择【效果】| Bounce 命令。弹出 Bounce 对话框，将【目标元素】设置为 img "L3"，将【可见性】设置为 toggle，将【方向】设置为【down】，单击【确定】按钮，如图 6.88 所示。

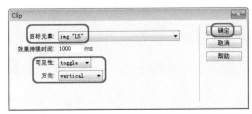
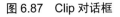
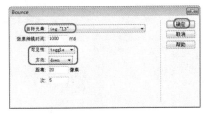

图 6.87 Clip 对话框

图 6.88 Bounce 对话框

(49) 选择【伴花巧克力】文本，单击【行为】面板中的【添加行为】按钮 **+，，在弹出的下拉菜单中选择【效果】| Drop 命令。弹出 Drop 对话框，将【目标元素】设置为 img "L4"，将【可见性】设置为 toggle，将【方向】设置为 right，单击【确定】按钮，如图 6.89 所示。

(50) 选择"卡通巧克力"文本，单击【行为】面板中的【添加行为】按钮 **+，，在弹出的下拉菜单中选择【效果】| Fade 命令。弹出 Fade 对话框，将【目标元素】设置为 img

"L6"，将【可见性】设置为 toggle，单击【确定】按钮，如图 6.90 所示。

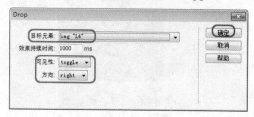

图 6.89　Drop 对话框

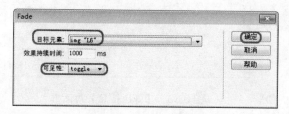

图 6.90　Fade 对话框

(51) 至此特效网站就制作完成了，在菜单栏中选择【文件】|【保存】命令，弹出【另存为】对话框，在该对话框中设置正确的存储路径并设置其名称。设置完成后单击【保存】按钮即可将其保存。

6.10　思　考　题

1. 什么是"行为"？
2. 什么是"事件"？
3. 什么是"交换图像"？

第 7 章　网站发布与维护

本地站点中的网站建立之后，需要将站点上传到远端服务器上，以供 Internet 上的用户进行浏览。在站点发布之前，需要在网上注册一个域名空间，以便存放站点。网站发布后，还需要对站点进行相应的维护。

本章将主要介绍免费空间的申请、站点的上传以及站点的维护方式。

7.1　网站发布前的准备工作

将网站上传到网络服务器之前，首先要在网络服务器上注册域名和申请网络空间，同时，还要对本地计算机进行相应的配置，以完成网站的上传。

7.1.1　注册域名

域名类似于互联网上的门牌号，是用于识别和定位互联网上计算机的层次结构式字符标识，与该计算机的互联网协议(IP)地址相对应。但相对于 IP 地址而言，域名更容易理解和记忆。域名属于互联网上的基础服务，基于域名可以提供 WWW、E-mail 及 FTP 等应用服务。

域名可以说是企业的网上商标，所以在域名的选择上要与注册商标相符合，以便于记忆。在注册域名时要注意：现在有不少的域名注册服务商在注册国际域名时，往往会将域名的管理联系人等项目改为自己公司的信息，因此，这个域名实际上并不为个人所有。

网站建设好之后，就要在网上给网站注册一个标识，即域名，这是迈向电子商务成功之路的第一步。有了它，只要在浏览器的地址栏中输入几个字母，世界上任何一个地方的任何一个人都能马上看到你所制作的精彩网站内容。所以一个好的域名往往蕴含着巨大的商业价值。

在申请域名时，需要注意以下几点。

(1) 容易记忆。容易记忆的域名不仅方便输入，而且有利于网站推广。例如，知名门户网站——网易在品牌宣传过程曾使用了域名 nease.com 和 netease.com，而现在改用 163.com，因为后者比前者更容易让人记住。

(2) 要和客户的商业有直接关系。虽然有好多域名很容易记忆，但如果和客户所开展的商业活动没有任何关系，用户就不能将客户的域名和客户的商业活动联系起来，这就意味着客户还要花钱宣传自己的域名。

(3) 长度要短。长度短的域名不但容易记忆，而且用户可以花更少的时间来输入客户的域名。如果客户是以英文单词或汉语拼音作为域名，那么一定要拼写正确。

(4) 使用客户的商标或企业的名称。如果客户已经注册了商标，则可将商标名称作为域名，如果客户面对的是本地市场，则可将企业名称作为域名；如果要面向国际市场，也应该遵守上面的原则。

7.1.2　申请空间

域名注册成功之后，就需要为自己的网站在网上安个"家"了，即申请网站空间。

网站空间有免费空间和收费空间两种。对刚学会做网站的用户来说，可以先申请免费空间使用。免费空间只需向空间的提供服务器提出申请，在得到答复后，按照说明上传主页即可，主页的域名和空间都不用操心。使用免费空间美中不足的是：网站的空间有限、提供的服务一般、空间不是非常稳定、域名不能随心所欲。

在了解了有关域名和网站空间的相关知识之后，我们可以登录申请免费空间网站(如：http://www.3v.cm/)，申请一个免费空间，如图 7.1 所示。免费域名空间申请完成后，在浏览器中输入申请的域名，即可登录申请的域名空间，网页将提示免费空间已经开通，如图 7.2 所示。我们通过将网站上传到空间，以后便可登录网站。

图 7.1　申请免费网站空间　　　　　　图 7.2　免费空间已经开通

7.1.3　配置网站服务器

对企业单位来说，如果是企业自己的服务器，那么只要把做好的网站包括 CGI、ASP、JSP 或者 PHP 等程序发到 WWW 路径下就可以了，而对于个人申请的免费空间网页，就需要将自己计算机上已经制作完成的网站，上传到申请好的网站服务器的免费空间中。

上传网站的方式有多种，如利用 Web 页上传、通过 E-mail 上传、使用 FTP 工具上传、利用网页编辑制作软件上传等，也可以直接复制文件或者通过命令上传。

使用 FTP 工具时，其关键术语介绍如下。

- FTP 主机地址：它是 Web 服务器的 FTP 地址，当申请免费网页空间时，Web 服务器管理员会用电子邮件的方式告诉用户该地址。
- 用户名：它是 Web 服务器分配给用户的用户标识，用于登录 FTP 站点。
- 密码：它是对应于用户名的密码口令，登录 FTP 站点时需要提供。

利用 Dreamweaver CC 网页编辑制作软件，可以进行站点的下载和上传管理。在 Dreamweaver CC 中，使用【文件】面板工具栏中的 ⬇ 和 ⬆ 按钮，可以将远程站点的文件下载到本地文件夹中，也可以将本地文件夹中的文件上传到远程站点。通过将文件的上传/获取操作和取出/存回文件操作相结合，就可以实现全功能的站点维护。

　　使用 Dreamweaver CC 将本地网站文件上传到互联网的网站空间中的具体操作步骤如下。

　　(1) 选择【站点】|【管理站点】命令，打开【管理站点】对话框，如图 7.3 所示。

　　(2) 在【管理站点】对话框中选择站点并单击【编辑当前选定的站点】按钮，打开站点设置对象对话框，选择左侧的【服务器】选项，如图 7.4 所示。

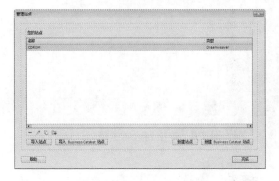 

　　　　图 7.3　【管理站点】对话框　　　　　　　　图 7.4　【服务器】选项界面

　　(3) 单击【服务器】选项界面右侧下方的【添加新服务器】按钮，在弹出的对话框中输入相应的服务器信息，如图 7.5 所示。

　　(4) 单击【测试】按钮，测试网络连接是否成功，如出现如图 7.6 所示的提示框，则表示连接设置成功。

　　　　图 7.5　添加新服务器信息　　　　　　　　图 7.6　测试结果

　　(5) 单击【保存】按钮，返回【站点设置对象】对话框，查看添加的新服务器，如图 7.7 所示。

　　(6) 单击【保存】按钮，返回【管理站点】对话框，单击【完成】按钮。在【文件】面板中单击【展开以显示本地和远端站点】按钮，打开上传文件窗口。单击【连接到远端主机】按钮，如图 7.8 所示。

　　(7) 在工具栏中单击【上传文件】按钮，弹出消息对话框，询问是否上传整个站点，如图 7.9 所示。

　　(8) 单击【确定】按钮开始上传网站内容。上传完成后，站点中所有内容都会上传到空间中，如图 7.10 所示。用户也可以选择想要上传的文件，然后单击上传文件按钮⬆，这样可单独上传所选择的文件。

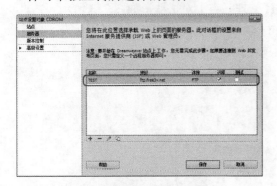

图 7.7　查看添加的新服务器

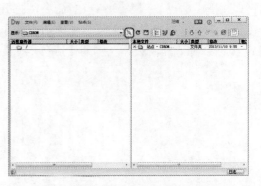

图 7.8　连接到远端主机

图 7.9　站点上传提示框

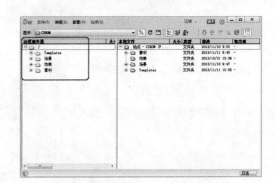

图 7.10　站点中所有内容上传到空间中

7.2　站点的维护

网站上传到服务器后，还要对网站进行在线检查维护，这是一项十分重要又非常烦琐的工作。检查维护工作主要包括检查链接、替换更新内容、清理文档和与远程服务器同步等。

7.2.1　报告

网站上传成功后，可以查看网站中的某一个网页或者整个站点中的文件的运行情况，在窗口中选择【站点】|【报告】命令，打开【报告】对话框，如图 7.11 所示。

在【报告在】下拉列表框中，可以选择报告所针对的是当前文档还是整个当前本地站点。在【选择报告】列表框中，可以详细地设置要查看的工作流程和 HTML 报告中的具体信息。

选择报告的范围后，单击【运行】按钮，在【结果】面板中得到【站点报告】选项卡中的具体信息如图 7.12 所示。

图 7.11　【报告】对话框

图 7.12　【站点报告】选项卡

7.2.2　检查站点范围的链接

网页上传成功以后，还需要对网页进行全面的测试，比如有时会发现上传后的网页图片或文件不能正常显示或找不到，出现这种情况的原因有两种：一是链接文件名与实际文件名的大小写不一致，因为提供主页存放服务的服务器一般采用 UNIX 系统，这种操作系统对文件名的大小写要求是有区别的，所以这时需要修改链接处的文件名，并注意大小写一致；二是文件存放路径出现了错误，如果在编写网页时尽量使用相对路径，就可以少出现这类问题。

检查站点范围的链接的具体操作步骤如下。

(1) 在站点窗口中，从本地站点窗格中选中要检查的文件或文件夹。

(2) 在窗口中选择【站点】|【检查站点范围的链接】命令，在【属性】面板的下方会出现【结果】面板中的【链接检查器】选项卡中的具体信息，如图 7.13 所示。

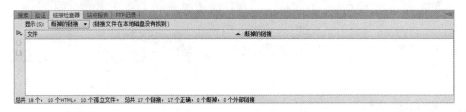

图 7.13　【链接检查器】选项卡

(3) 在【显示】下拉列表框中，可以选择要检查的链接方式，如图 7.14 所示。

图 7.14　检查的链接方式

- 【断掉的链接】：选择该选项，可以检查文档中是否存在断开的链接，这是默认选项。

- 【外部链接】：选择该选项，可以检查文档中的外部链接是否有效。

- 【孤立的文件】：选择该选项，可以检查站点中是否存在孤立文件。所谓孤立文件，就是没有任何链接引用的文件，该选项只在检查整个站点链接的操作中才有效。

(4) 当从【显示】下拉列表框中选中某个选项后，就会在面板中显示检查的结果，如图 7.15 所示。

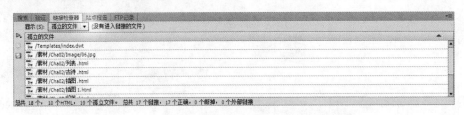

图 7.15　显示检查的结果

7.2.3　改变站点范围的链接

在设置好站点内的文件链接后，若想更改站点内某个文件的所有链接，使其链接指向新的页面，可以通过【改变站点范围的链接】命令来实现。其具体操作步骤如下。

(1) 在窗口中选择【站点】|【改变站点范围的链接】命令，打开【更改整个站点链接】对话框，如图 7.16 所示。

(2) 在【更改所有的链接】文本框中输入要更改链接的文件；或者单击右边的【文件夹】图标，在打开的【选择要修改的链接】对话框中选中要更改链接的文件，如图 7.17 所示。

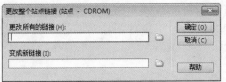

图 7.16　【更改整个站点链接】对话框

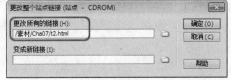

图 7.17　选择要更改链接的文件

(3) 在【变成新链接】文本框中输入新的链接文件；或者单击右边的【文件夹】图标，在打开的【选择新链接】对话框中选中新的链接文件，如图 7.18 所示。

(4) 单击【确定】按钮。即可完成对站点内的某一个文件链接的改变。

图 7.18　选择新的链接文件

7.2.4　查找和替换

在 Dreamweaver CC 中，不但可以像 Word 等应用软件一样对页面中的文本进行查找和替换操作，而且还可以对整个站点中的所有文档进行源代码或标签等内容的查找和替换。选择【编辑】|【查找和替换】命令，打开【查找和替换】对话框，如图 7.19 所示。

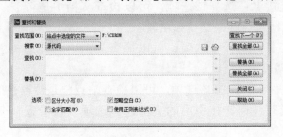

图 7.19　【查找和替换】对话框

在【查找范围】下拉列表框中，可以选择【当前文档】、【所选文字】、【打开的文档】和【整个当前本地站点】等选项；在【搜索】下拉列表框中，可以选择对【文本】、【源代码】和【指定标签】等内容进行搜索。

在【查找】列表框中输入要查找的具体内容，在【替换】列表框中输入要替换的内容。在【选项】选项组中，可以设置【区分大小写】、【全字匹配】等选项。单击【查找下一个】或者【替换】按钮，就可以完成对页面内的指定内容的查找和替换操作。

7.2.5　清理文档

在使用 Dreamweaver CC 创建网页的过程中，往往会产生一些不必要的 HTML 或 Word 生成的 HTML，通过【清理 HTML】命令和【清理 Word 生成的 HTML】命令可以完成对文档的清理。

1. 清理 HTML/XHTML

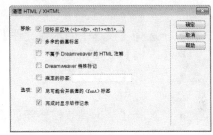

选择【命令】|【清理 HTML】命令，打开【清理 HTML/XHTML】对话框，如图 7.20 所示。在【清理 HTML/XHTML】对话框中，可以设置对【空标签区块】、【多余的嵌套标签】和【Dreamweaver 特殊标记】等内容的清理。单击【确定】按钮，即可完成对页面指定内容的清理。

图 7.20　【清理 HTML/XHTML】对话框

2. 清理 Wold 生成的 HTML

选择【命令】|【清理 Word 生成的 HTML】命令，打开【清理 Word 生成的 HTML】对话框，如图 7.21 所示。

在【清理 Word 生成的 HTML】对话框中的【基本】选项卡中，可以设置来自 Word 文档的特定标记、背景颜色等选项；在【详细】选项卡中，可以进一步地设置要清理的 Word 文档中的特定标记以及 CSS 样式表的内容，如图 7.22 所示。单击【确定】按钮，即可完成对页面中由 Word 生成的 HTML 内容的清理。

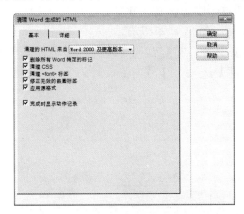

图 7.21　【清理 Word 生成的 HTML】对话框

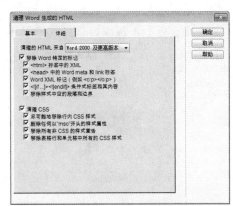

图 7.22　【详细】选项卡

7.2.6　与远程服务器同步

确保远端站点上的文件始终是最新版本的文件，保持本地站点和远端站点的同步是非常重要的。在 Dreamweaver CC 中，用户可以随时查看本地站点和远端站点中存在着哪些新文件，并可以利用相应的同步命令使它们同步。

在窗口中选择【站点】|【同步站点范围】命令，打开【与远程服务器同步】对话框，如图 7.23 所示。

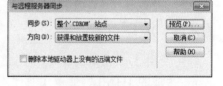

在【同步】下拉列表框中，可以选择要同步的范围。

- 选择【整个 'CDROM' 站点】选项，则同

图 7.23　【与远程服务器同步】对话框

　步整个站点。
- 选择【仅选中的本地文件】选项，则仅仅同步在站点窗口中选中的文件。

在【方向】下拉列表框中，可以设置同步的方向。

- 选择【放置较新的文件到远程】选项，则从本地站点中将较新的文件上传到远端站点中。
- 选择【从远程获得较新的文件】选项，则将远端站点中较新的文件下载到本地站点中。
- 选择【获得和放置较新的文件】选项，则同时进行较新的文件的上传和下载操作，以确保两个站点一致。

如果选中【删除本地驱动器上没有的远端文件】复选框，则表明从站点中删除那些在两个站点中没有关联的文件。删除操作是双向的，如果用户上传较新的文件，该操作就会在远端站点中删除那些和本地站点没有关联的文件；如果用户下载较新的文件，该操作就会从本地站点中删除那些和远端站点没有关联的文件。

设置完毕后，单击【预览】按钮，即可进行文件的同步。这时，Dreamweaver CC 会首先对本地站点和远端站点进行扫描，确定要更新的信息并显示对话框，然后提示用户选择要同步更新的文件。

利用 Dreamweaver CC 保持本地站点和远端站点的同步更新，其具体操作步骤如下。

(1) 在【文件】面板中，选择 Templates 文件夹，如图 7.24 所示。

(2) 在窗口中选择【站点】|【同步站点范围】命令，在打开的【与远程服务器同步】对话框中，将【同步】设置为【仅选中的本地文件】选项，【方向】设置为【放置较新的文件到远程】选项，如图 7.25 所示。

图 7.24　选择 Templates 文件夹　　　　图 7.25　设置【同步】与【方向】

(3) 单击【预览】按钮，在打开的【同步】对话框中，选择要上传的文件，然后单击【确定】按钮，如图 7.26 所示。

(4) 系统将上传文件并弹出【后台文件活动】对话框，显示上传进度，如图 7.27 所示。

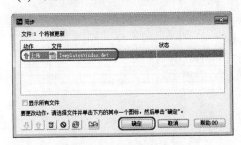

图 7.26 【同步】对话框

图 7.27 【后台文件活动】对话框

7.3 思 考 题

1. 简述申请域名时的注意事项。
2. 上传的网页图片或文件不能正常显示或找不到，出现这种情况的原因有哪些？

第8章 初识 Flash CC

本章主要介绍 Flash CC 的工作界面、常用的面板以及时间轴等相关知识。通过对本章的学习，读者将会对 Flash CC 有一些基本的了解，并确立学习的重点，通过这些特性的介绍激发读者对 Flash 的兴趣。只要拥有对 Flash 动画的热情并付出一定的努力，相信读者都会成为出色的 Flash 动画制作者。

8.1 Flash CC 工作界面

启动 Flash CC 后的工作界面如图 8.1 所示。

在通常情况下，使用 Flash 创建或编辑电影时，将涉及以下几个关键的区域。

- 菜单栏：包含 Flash 所有的功能命令，用户可以通过单击所需要的菜单按钮，然后在弹出的下拉列表中选择相应的菜单命令，例如选择【插入】|【时间轴】|【关键帧】命令，如图 8.2 所示。

图 8.1 Flash CC 的工作界面　　　　　图 8.2 选择相应的菜单命令

- 工具箱：包含动画创建中所需的图形绘制、视图查看以及填充颜色、颜料桶等工具。
- 时间轴：显示动画场景、图层、帧等重要信息，控制动画的长度，以及当前编辑中的动画或元件的图层和帧的位置。
- 舞台：创作影片中各个帧内容的区域，既可以在其中直接绘制图形，也可以将素材图像导入到舞台中。
- 工作区：舞台以外的灰色区域。
- 浮动面板：与动画编辑相关的控制面板及窗口，如【属性】面板、【混色器】面板、【组件】面板等。要显示或隐藏某个面板，只需从【窗口】菜单中选择相应的命令。

8.1.1　菜单栏

Flash CC 提供了 11 组菜单，如图 8.3 所示，大部分操作命令都会在这些下拉菜单中显示。下面先概述它们的基本功能，在后面的学习过程中，通过使用将逐步加深对各种菜单命令的理解。

- 【文件】：用于一些基本的文件管理操作，如打开、关闭、导入等命令，该下拉菜单中的命令都是最常用和最基本的。
- 【编辑】：用于进行一些基本的编辑操作，如复制、粘贴、选择及相关设置等，它们都是动画制作过程中很常用的命令。
- 【视图】：用于屏幕显示的控制，如缩放、网格、贴紧和隐藏边缘等。
- 【插入】：提供的多为插入命令，例如，向库中添加元件、在动画中添加场景、在场景中添加层、在层中添加帧等操作，都是制作动画时所需要的命令组。
- 【修改】：用于修改动画中各种对象的属性，如帧、层、场景，甚至动画本身等，这些命令都是进行动画编辑时必不可少的重要工具。

图 8.3　菜单栏

- 【文本】：提供处理文本对象的命令，如字体、字号、段落等文本编辑命令。
- 【命令】：提供了命令的功能集成，用户可以扩充这个菜单，以添加不同的命令。
- 【控制】：相当于 Flash CC 电影动画的播放控制器，通过其中的命令可以直接控制动画的播放进程和状态。
- 【调试】：提供了影片脚本的调试命令，包括跳入、跳出、设置断点等。
- 【窗口】：提供了 Flash CC 所有的工具栏、编辑窗口和面板，是当前界面形式和状态的总控制器。
- 【帮助】：包括丰富的帮助信息，是 Flash CC 提供的帮助资源的集合。

8.1.2　工具箱

工具箱一般位于窗口的右侧，如果在 Flash CC 中没有显示工具箱，用户可以通过在菜单栏中单击【窗口】按钮，在弹出的下拉菜单中选择【工具】命令，或按 Ctrl+F2 组合键，即可显示工具箱，如图 8.4 所示。

这些工具非常有特色，使用得当的话完全可以满足用户日常工作的需求，工具箱共分为以下 4 个部分。

图 8.4　工具箱

(1) 绘图工具栏：包括如下各种工具。

- 【选择】工具 ：用于选择对象，可以通过拖曳调整对象的位置。
- 【部分选取】工具 ：只可以对图形进行变形。
- 【任意变形】工具 ：可以对对象进行任意变形。
- 【渐变变形】工具 ：可以对填充的渐变进行调整。
- 【套索】工具 ：用于抠取部分图像。
- 【多边形】工具 ：与套索工具的使用方法基本相同，主要以直线线段的形式对对象进行抠取。
- 【魔术棒】工具 ：可以对颜色值相近的图形进行选取。
- 【钢笔】工具 ：用于绘制直线和曲线。
- 【文本】工具 ：用于文本的创建。
- 【线条】工具 ：用于绘制直线。
- 【矩形】工具 ：用于绘制矩形。
- 【基本矩形】工具 ：用于绘制矩形和圆角矩形。
- 【椭圆】工具 ：用于绘制椭圆形或圆形。
- 【基本椭圆】工具 ：用于绘制不规则的圆形。
- 【多角星形】工具 ：可以绘制多边形和星形。
- 【铅笔】工具 ：可以随意绘制图形。
- 【刷子】工具 ：可以使用刷子工具进行涂色。
- 【颜料桶】工具 ：用于为图形填充颜色。
- 【墨水瓶】工具 ：用于改变线条的颜色、大小和类型。
- 【滴管】工具 ：用于吸取所需要的颜色并对图形进行填充。
- 【橡皮】工具 ：用于擦除不需要的图形。

(2) 查看工具栏：其中包含了移动舞台画面的手形工具和改善舞台画面的显示比例的放大镜工具。

(3) 颜色工具栏：用户可以在该工具栏中设置笔触颜色和填充颜色。

(4) 选项工具栏：用于对当前激活的绘图工具进行设置，选项内容是随着用户选择的绘图工具的变化而变化的。每个绘图工具都有自己相应的属性选项，在绘图或编辑时，应当在选中绘图或编辑工具后，对其属性进行适当选择，才能顺利实现需要的操作。

8.1.3 【时间轴】面板

时间轴是 Flash 中最为重要的部分，它控制着影片的播放和停止播放等操作。Flash 动画的制作方法与一般的动画制作方法一样，而时间轴将会显示每个帧画面的播放顺序和播放速度。同时，如果要制作包括多种动作或特效、声音的影片，就要建立放置该内容的图层。【时间轴】面板如图 8.5 所示。

图层列位于【时间轴】面板的左侧。当创建一个新的 Flash 文档后，会自动添加一个图层。用户还可以添加更多的图层，每个图层中包含的帧显示在该图层名右侧的一行中。如果有许多图层，无法在时间轴中全部显示出来时，则可以使用时间轴右侧的滚动条查看其他图层。

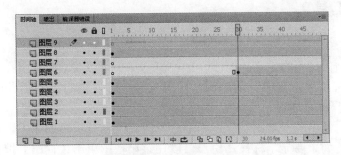

图 8.5 【时间轴】面板

时间滑块在时间轴上移动时，可以指示当前显示在舞台中的帧。时间轴标尺显示动画的帧编号。要在舞台上显示帧，可以将播放头移动到时间轴中该帧的位置。

时间轴状态显示在时间轴的底部，它指示所选的帧编号、当前帧频以及到当前帧为止的运行时间。

8.1.4 【属性】面板

【属性】面板中的内容会随着所选择的不同对象而显示不同的属性设置。【属性】面板如图 8.6 所示。例如，在舞台中选择任意一个对象，在【属性】面板中将会显示相应的设置选项。

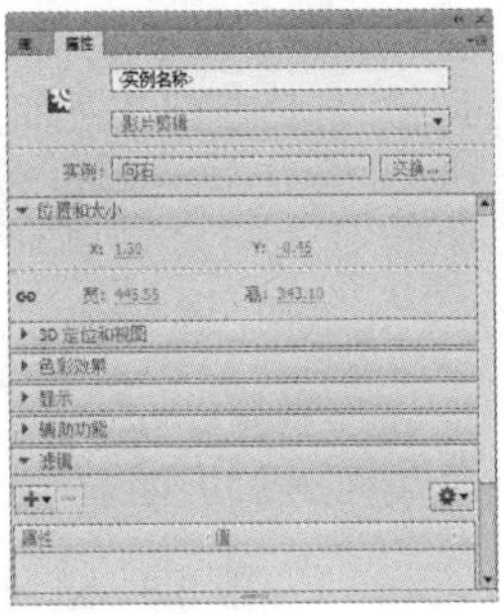

8.1.5 舞台和工作区

舞台是观看作品效果的场所，也是对动画中的对象进行编辑、修改的场所。如果没有特殊效果的动画，在舞台上也可以直接播放，而且最后生成的.SWF 播放文件中播放的内容也只限于在舞台上出现的对象，其他区域的对象不会在播放时出现。

工作区是舞台周围的所有灰色区域，通常用作动画的开始和结束点的设置，即动画过程中对象进入舞台和退出舞台时的位置设置。工作区中的对象除非在某时刻进入舞台，否则不会在影片的播放中看到。

舞台和工作区的分布如图 8.7 所示。

舞台是 Flash CC 中最主要的可编辑区域，在舞台中可以直接绘图，或者导入外部图形文件进行编辑，再把各个独立的帧合成在一起，以生成最终的电影作品。与电影胶片一样，Flash 影片也将时长分为帧。舞台就是创作影片中各个帧内容的区域，可以在其中直接勾画插图，也可以在舞台中安排导入的插图。

图 8.6 【属性】面板

图 8.7 舞台和工作区

8.1.6　辅助工具

1. 标尺

标尺是丈量物体尺寸的工具。在 Flash 中调用标尺可以获知光标所在的坐标位置和动画角色放置的坐标位置，可以预测动画角色的大致尺寸，同时使动画设计人员更加清楚 Flash 创作环境的坐标系规定。

因此，标尺的使用对于动画创建过程中对象的定位具有重要的作用。但是默认情况下标尺是不显示的，如果要显示标尺，用户可以在菜单栏中单击【视图】按钮，在弹出的下拉菜单中选择【标尺】命令，如图 8.8 所示。执行操作后，在工作区的左侧和顶端都出现了相应的标尺，如图 8.9 所示。

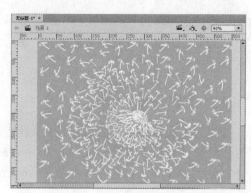

图 8.8　选择【标尺】命令　　　　　　　　　图 8.9　显示标尺后的效果

2. 网格

在 Flash 创作环境中，网格同样具有控制对象定位的功能，同时也为用户在绘制矢量图形时提供了方便。利用网格功能，可以比较轻松地实现在 Flash 界面中的机械制图，当然必须先要熟练掌握工具箱中的矢量绘图工具。

在默认情况下，网格是不显示的，如果要显示网格，用户可以在菜单栏中单击【视图】按钮，在弹出的下拉菜单中选择【网格】|【显示网格】命令，如图 8.10 所示。执行操作后，即可显示网格，如图 8.11 所示。

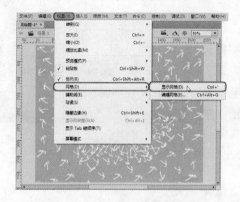

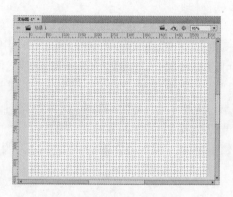

图 8.10　选择【显示网格】命令　　　　　　　图 8.11　显示网格后的效果

在创建动画时，对于不同的动画，所需的网格尺寸或许不一样，用户可以通过【网格】对话框对其进行设置。在【视图】下拉菜单中选择【网格】|【编辑网格】命令，如图 8.12 所示。执行操作后，即可弹出【网格】对话框，如图 8.13 所示。用户可以在该对话框中设置网格的颜色以及网格的宽度和高度等，如图 8.14 所示为更改网格颜色后的效果。同时还可以通过选中复选框以激活"显示网格"、"在对象上方显示"和"紧贴网格"等功能。如果经常使用这些应用，可以在该对话框中单击【保存默认值】按钮，这样以后新建 Flash 动画文档时，网格设置就会与以前保持一致。

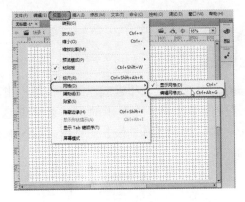

图 8.12　选择【编辑网格】命令

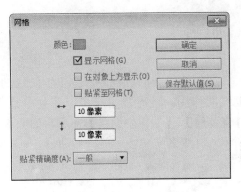

图 8.13　【网格】对话框

除此之外，用户还可以在舞台上右击，在弹出的快捷菜单中选择【网格】|【编辑网格】命令，如图 8.15 所示。

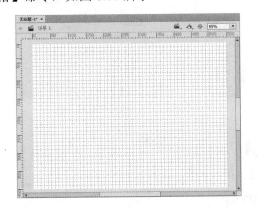

图 8.14　更改网格颜色后的效果

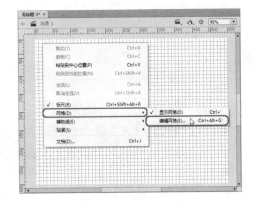

图 8.15　选择【编辑网格】命令

3. 辅助线

网格显示时总是覆盖整个舞台，使舞台看起来比较乱，毕竟在大部分动画制作过程中不需要这么多网格线作为辅助。因此，在 Flash 中为用户提供了更为简便的辅助线功能，在动画制作过程中放置几条辅助线足以应付整个动画的创建，同时辅助线是可以随时进行移动定位的。

在显示标尺的情况下，将鼠标放置在标尺上，按住左键向右进行拖曳，在合适的位置释放鼠标，即可创建辅助线，用户可以使用同样的方法创建平行的辅助线，创建辅助线后的效果如图 8.16 所示。

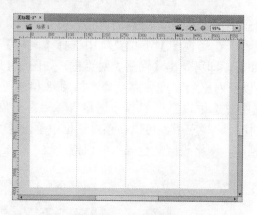

图 8.16　创建辅助线

在创建动画的过程中，由于辅助线的颜色与舞台上对象颜色相近或一致，体现不出辅助线的作用，此时，用户可以在菜单栏中单击【视图】按钮，在弹出的下拉菜单中选择【辅助线】|【编辑辅助线】命令，如图 8.17 所示，即可弹出【辅助线】对话框，如图 8.18 所示。其中各选项的功能介绍如下。

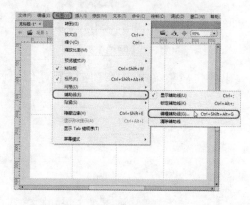

图 8.17　选择【编辑辅助线】命令

图 8.18　【辅助线】对话框

- 【颜色】：设置辅助线的颜色。
- 【显示辅助线】：设置是否显示辅助线。
- 【贴紧至辅助线】：设置是否吸附到辅助线。
- 【锁定辅助线】：设置是否将辅助线锁定。
- 【贴紧精确度】：设置对齐辅助线的精确度。

如果用户想要删除辅助线，可以将辅助线拖曳至标尺中，或者在菜单栏中单击【视图】按钮，在弹出的下拉菜单中选择【辅助线】|【清除辅助线】命令，如图 8.19 所示，或者在【辅助线】对话框中单击【全部清除】按钮，同样也可以清除辅助线。

4. 快捷键

快捷键的使用是提高操作速度的有效途径，Flash 允许用户设置不同的快捷键。用户可以在菜单栏中单击【编辑】按钮，在弹出的下拉菜单中选择【快捷键】命令，弹出如图 8.20 所示的对话框，在 Flash 中内置了许多默认的快捷键，用户可以根据需要设置不同的快捷键。

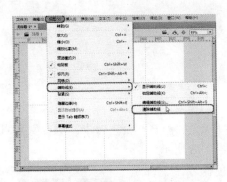

图 8.19　选择【清除辅助线】命令

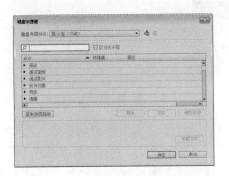

图 8.20　　【键盘快捷键】对话框

8.2　常用面板

Flash 中包含了各种可以移动和任意组合的功能面板，下面将介绍常用的几个面板。

8.2.1　【颜色】面板

选择菜单【窗口】|【颜色】命令，打开【颜色】面板，如图 8.21 所示。【颜色】面板主要用来对图形对象进行颜色设置。

如果已经在舞台中选定了对象，则在【颜色】面板中所做的颜色更改会被应用到该对象上。用户可以在 RGB、HSB 模式下选择颜色，或者使用十六进制模式直接输入颜色代码，还可以指定 Alpha 值定义颜色的透明度。另外，用户还可以从现有调色板中选择颜色。对舞台实例应用渐变色，还有一个"亮度"调节控件可用来修改所有颜色模式下的颜色亮度。

将【颜色】面板的填充样式设置为【线性渐变】或者【径向渐变】时，【颜色】面板会变为渐变色设置模式。这时需要先定义好当前颜色，然后再拖曳渐变定义栏下面的调节指针来调整颜色的渐变效果。并且，通过用鼠标单击渐变定义栏还可以添加更多的指针，从而创建更复杂的渐变效果，如图 8.22 所示。

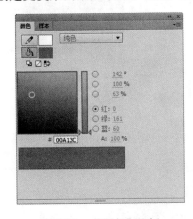

图 8.21　【颜色】面板

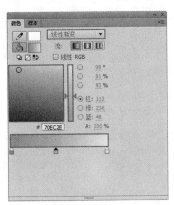

图 8.22　渐变颜色

如果想删除添加的调节指针，用户也可以将要删除的色块拖曳到渐变定义栏外的区域进行删除。

8.2.2 【样本】面板

为了便于管理图像中的颜色，每个 Flash 文件都包含一个颜色样本。选择菜单【窗口】|【样本】命令，就可以打开【样本】面板，如图 8.23 所示。

【样本】面板分为上下两个部分：上部是纯色样表，下部是渐变色样表。下面将介绍纯色样表。纯色样表中默认的颜色称为"Web 216 色"。

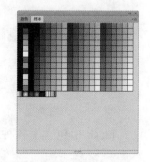

1. Web 216 色

在 MAC 系统和 Windows 系统中查看同一张图片，会发现两张图片的颜色亮度有细微的差别，一般在 Windows 中会显得亮一些。

为了让图片在不同系统中的显示效果一致，国际上提出了

图 8.23 【样本】面板

"Web 216 色"概念。只要图片中使用的是"Web 216 色"，就能保证图像的浏览效果是一致的。"Web 216 色"共有 216 种，也就是默认情况下，【样本】面板中的那些颜色。

2. 添加颜色

添加颜色的方法如下。

(1) 打开【颜色】面板，将【颜色类型】设置为【径向渐变】，在该面板中设置一个渐变色，如图 8.24 所示。

(2) 切换到【样本】面板中，将光标移到面板底部空白的区域，这时光标变为油漆桶状，如图 8.25 所示。

(3) 单击，即可将设置好的渐变颜色添加到【样本】面板中，如图 8.26 所示。

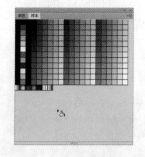

图 8.24 设置渐变颜色   图 8.25 光标呈油漆桶形状   图 8.26 添加渐变颜色后的效果

3. 复制颜色

复制颜色的方法如下。

(1) 打开【样本】面板，在该面板中随意选择一种渐变颜色，然后单击该面板右上角的 按钮，在弹出的下拉菜单中选择【直接复制样本】命令，如图 8.27 所示。

(2) 执行操作后，即可复制一个新的渐变色，如图 8.28 所示。

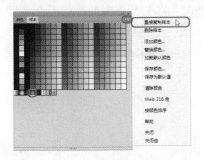
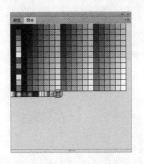

图 8.27　选择【直接复制样本】命令　　　　图 8.28　复制出的渐变颜色

4．删除颜色

删除颜色的方法如下。

(1) 打开【样本】面板，选中要删除的色块，然后单击面板右上角的 █ 按钮，在弹出的下拉菜单中选择【删除样本】命令，如图 8.29 所示。

(2) 执行操作后，即可将选中的颜色进行删除，如图 8.30 所示。

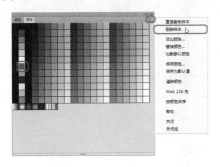
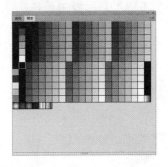

图 8.29　选择【删除样本】命令　　　　图 8.30　删除选中颜色后的效果

除此之外，如果想要删除所有的色块，用户可以在【样本】面板中单击 █ 按钮，在弹出的下拉菜单中选择【清除颜色】命令，如图 8.31 所示。执行操作后即可将面板中的颜色框进行清除，效果如图 8.32 所示。

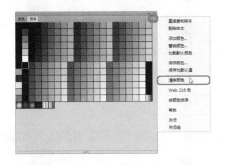

图 8.31　选择【清除颜色】命令　　　　图 8.32　清除颜色后的效果

5．保存为默认值

用户通过复制、删除等方式，创建出一个自己的颜色样本，如图 8.33 所示。

如果希望在新建文件时，将当前颜色样本作为颜色样本，可将当前的颜色样本保存为默认颜色样本。要达到这个目的，只需选择面板菜单中的【保存为默认值】命令即可，如图 8.34 所示。

图 8.33　新建颜色样本

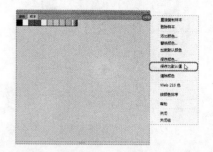

图 8.34　选择【保存为默认值】命令

6．导出颜色样本

当我们想保存颜色但不想覆盖系统默认的颜色样表时，可以将其导出为一个颜色集或颜色表。

(1) 在【样本】面板中单击 按钮，在弹出的下拉菜单中选择【保存颜色】命令，如图 8.35 所示。

(2) 在弹出的对话框中指定文件保存的路径，在【文件名】文本框中输入文件的名称，将【保存类型】设置为【Flash 颜色集(*.clr)】，如图 8.36 所示。单击【保存】按钮，即可将其进行保存。

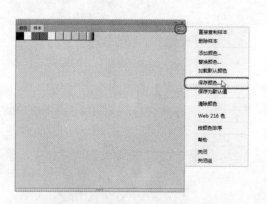

图 8.35　选择【保存颜色】命令

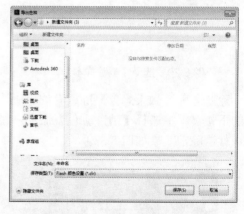

图 8.36　【导出色样】对话框

7．导入颜色样本

用户不仅可以将颜色样本导出，还可以将其导入。下面我们来详细讲解如何将颜色样本进行导入。

(1) 在【样本】面板中单击 按钮，在弹出的下拉菜单中选择【添加颜色】命令，如图 8.37 所示。

(2) 在弹出的对话框中选择所储存的颜色样本，如图 8.38 所示。

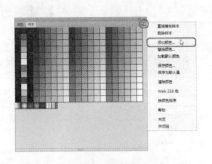
图 8.37　选择【添加颜色】命令

图 8.38　选择颜色样本

(3) 单击【打开】按钮，即可将该颜色样本导入，如图 8.39 所示。

8.2.3　【库】面板

【库】面板储存了创建的元件和导入的文件，如位图、矢量插图等。在菜单栏中单击【窗口】按钮，在弹出的下拉菜单中选择【库】命令，执行操作后，即可显示【库】面板。【库】面板中有一个列表，其中包括了库中所有项目的名称，使用户可以在工作时更方便地查看并组织这些元素。

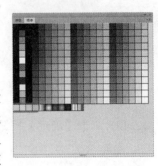
图 8.39　添加颜色后的效果

1. 导入到库

在 Flash 中，除了可以将素材文件直接导入到舞台中外，还可以将素材文件导入到【库】面板中。下面将介绍如何将素材文件导入到【库】面板中，其具体操作步骤如下。

(1) 在菜单栏中选择【文件】|【导入】|【导入到库】命令，如图 8.40 所示。

(2) 在弹出的对话框中选择随书附带光盘中的"CDROM\素材\Cha08\01.jpg"素材文件，如图 8.41 所示。

图 8.40　选择【导入到库】命令

图 8.41　选择素材文件

(3) 单击【打开】按钮，即可将该素材文件导入到【库】面板中，效果如图 8.42 所示。

2. 打开外部库

如果要打开另一个 Flash 文件库，具体操作步骤如下。

(1) 在菜单栏中单击【文件】按钮，在弹出的下拉菜单中选择【导入】|【打开外部库】命令，如图 8.43 所示。

图 8.42　将素材文件导入到【库】面板中　　　　图 8.43　选择【打开外部库】命令

(2) 在弹出的对话框中选择随书附带光盘中的"CDROM\素材\Cha08\02.fla"素材文件，如图 8.44 所示。

(3) 单击【确定】按钮，即可将选中的文件作为库打开，如图 8.45 所示。

图 8.44　选择素材文件　　　　　　　　　图 8.45　打开外部库

此时，选定的文件库会在当前文档中打开，同时【库】面板顶部会显示该文件的名称，要在当前文档中使用选定文件的库项目，可以将项目拖曳到当前文档舞台上，这样就节省了重复创建库项目的时间。

3. 重命名项目

用户如果想要对【库】面板中的项目进行重命名，可以通过以下几种方法来实现。

(1) 在【库】面板中双击项目的名称，然后在弹出的文本框中输入相应的名称。

(2) 选择要更改名称的项目，在【库】面板中单击【属性】按钮，在弹出的对话框中即可更改该项目的名称，如图 8.46 所示。

(3) 在【库】面板中选择要重命名的项目并右击，在弹出的快捷菜单中选择【重命名】命令，如图 8.47 所示。

(4) 用户还可以在【库】面板中单击 按钮，在弹出的下拉菜单中选择【重命名】命令即可。

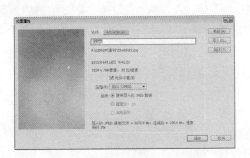

图 8.46　【位图属性】对话框

图 8.47　选择【重命名】命令

除此之外，用户还可以在【库】面板中进行其他操作，例如复制、剪切、删除、查看属性等。

8.3　时　间　轴

动画是随着时间展开的，时间轴是动画形成的原因，它控制动画的所有动作，管理不同动画元素及其叠放次序。时间轴被分为很多小格，连续的时间被分解，每一小格对应一个 Flash 执行的状态。小格被称为帧，帧包括关键帧、普通帧和空白关键帧 3 种。在关键帧中可以放置动画元素；而普通帧则不能放置动画元素；空白关键帧可以执行命令。Flash 根据关键帧的内容自动生成普通帧。

8.3.1　帧和帧频

影片的制作原理是改变连续帧的内容过程，不同的帧代表不同的时间，包括不同的对象，影片中的画面随着时间的变化逐个出现。帧是一个广义概念，它包含了 3 种类型，分别是空白关键帧(也可叫过渡帧)、关键帧和普通帧。

- 空白关键帧：以空心圆表示。空白关键帧是特殊的关键帧，当该层中没有任何对象时，在该层上创建关键帧将以空白关键帧显示，如图 8.48 所示。当为该图层添加对象后，关键帧的空白位置将以深灰色显示，如图 8.49 所示。

图 8.48　空白关键帧

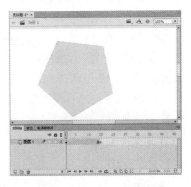

图 8.49　添加对象后的效果

- 关键帧：只有图形的位置、形状或属性不断变化才能显示出动画效果，关键帧就是定义这些变化的帧，也包括含有动作脚本的帧。关键帧在时间轴上以实心的圆点表示，所有参与动画的对象都必须而且只能插入在关键帧中，关键帧的内容可以编辑。在补间动画中，可以在动画的重要位置定义关键帧，Flash CC 会自动创建关键帧之间的内容，所以关键帧使创建影片更为容易。另外，Flash 通过在两个关键帧之间绘制一个浅蓝色或浅绿色(代表形状补间)的箭头显示补间动画的过渡帧。通过在时间轴中拖曳关键帧还可以更改补间动画的长度。由于 Flash 文档会保存每一个关键帧中的形状和过渡帧中的变化参数，所以如果要减少文件大小，应该尽可能地减少关键帧的使用，仅在实例变化显著的地方创建关键帧即可。

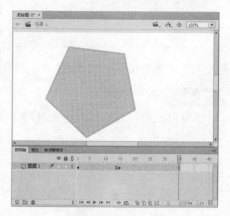

图 8.50　插入帧

- 普通帧：只是简单地延续前一关键帧中的内容，并且前一关键帧和此帧之间所有的帧共享相同的对象，如果改变帧列上任意帧中的对象，则帧列上其他所有帧上的对象都会随之改变，直到再插入下一个关键帧为止。如图 8.50 所示，在第 30 帧插入帧。

帧频在 Flash 动画中用来衡量动画播放的速度，通常以每秒播放的帧数为单位(fps，帧/秒)。由于网络传输速率不同，每个 Flash 的帧频设置也可能不同。但在 Internet 上，12 帧/秒的帧频通常会得到最佳的效果，QuickTime 和 AVI 影片通常的帧频就是 12 帧/秒。但是标准的运动图像速率是 24 帧/秒，如电视机。

由于动画的复杂程度和播放动画的计算机速度直接影响动画回放的流畅程度，所以一部动画需要在各种配置的计算机上进行测试，以确定最佳的帧频。

8.3.2　编辑帧

编辑帧是制作 Flash 动画时使用频率最高、最基本的操作，主要包括插入、删除、复制、移动、翻转帧，改变动画的长度以及清除关键帧等，这些操作都可以通过帧的菜单实现。其基本方法是选中需要的帧并右击，在弹出的快捷菜单中选择相应的命令，如图 8.51 所示。

- 插入帧：将光标放置在要插入帧的位置并右击，在弹出的快捷菜单中选择【插入帧】命令即可，例如将在【时间轴】面板中选择【图册 1】的第 50 帧并右击，在弹出的快捷菜单中选择【插入帧】命令，即可插入帧，如图 8.52 所示。
- 删除帧：该命令主要删除不需要的帧，如果要删除帧，首先在【时间轴】面板中选择要删除一个或多个帧并右击，在弹出的快捷菜单中选择【删除帧】命令。
- 复制帧：复制帧的操作可以将帧对应舞台上的对象全部复制，再用粘贴命令把帧对应的对象全部粘贴到新帧对应的舞台中。基本方法是拖曳鼠标选取要复制的帧或关键帧，右击，在弹出的菜单中选择【复制帧】命令。在需要粘贴帧的地方选取一帧或多帧，右击，在弹出的菜单中选择【粘贴帧】命令，将复制的帧粘贴上去或者覆盖选中的多个帧。

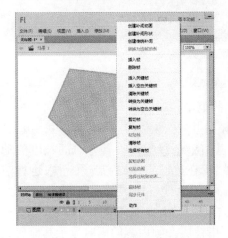

图 8.51　右击弹出的快捷菜单

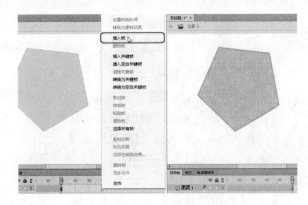

图 8.52　选择【插入帧】命令

- 移动帧：在时间轴中选取一帧或多帧，按住鼠标左键直接将其拖曳到需要的位置。
- 翻转帧：拖曳鼠标选取多个层上的多个帧，即选取一段动画并右击，在弹出的菜单中选择【翻转帧】命令，可以颠倒动画的播放顺序。
- 转换为空白关键帧：该命令可以将关键帧或帧转换为空白关键帧，如果要将关键帧或帧转换为空白关键帧，可在该关键帧或帧上右击，在弹出的快捷菜单中选择【转换为空白关键帧】命令，即可将选中的关键帧或帧转换为空白关键帧，效果如图 8.53 所示。

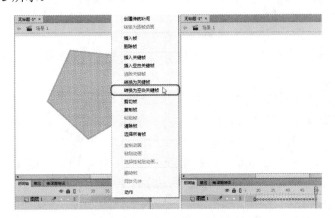

图 8.53　转换为空白关键帧后的效果

8.3.3　使用绘图纸

在制作连续性的动画时，如果前后两帧的画面内容没有完全对齐，就会出现抖动现象，绘图纸工具不但可以用不透明方式显示指定序列画面的内容，还可以提供同时编辑多个画面的功能，绘图工具如图 8.54 所示。

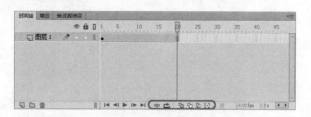

图 8.54　绘图工具

- 【时间输出】选项组用于确定所要渲染的帧的范围。
  ◆ 选中【单帧】单选按钮表示只渲染当前帧，并将结果以静态图像的形式输出。
  ◆ 选中【活动时间段】单选按钮表示可以渲染已经提前设置好时间长度的动画。系统默认的动画长度为 0～100 帧，在此时选中该单选按钮来进行渲染，就会渲染 100 帧的动画。这个时间的长度可以自己更改。
- 【帧居中】：单击该按钮可以将播放头所在的帧在时间轴中间显示。
- 【绘图纸外观】：单击此按钮将显示播放指针所在帧内容的同时显示其前后数帧的内容。播放头周围会出现方括号形状的标记，其中所包含的帧都会显示出来，这将有利于观察不同帧之间的图形变化过程。
- 【绘图纸外观轮廓】：单击此按钮，场景中将显示各帧内容的轮廓线，填充色消失，特别适合观察对象轮廓，另外可以节省系统资源，加快显示过程。
- 【编辑多个帧】：单击此按钮，显示全部帧内容，并且可以实现多帧同时编辑。
- 【修改标记】：用户可以通过单击该下拉列表修改图纸标记，在该下拉列表中包括了【始终显示标记】、【锚记标记】、【标记范围2】等命令。

  ◆ 【始终显示标记】：选择该命令后，无论绘图纸外观是否打开，都会在时间轴标题中显示绘图纸外观标记，如图 8.55 所示。
  ◆ 【锚记标记】：将绘图纸外观标记锁定在它们在时间轴标题中的当前位置。通常情况下，绘图纸外观范围是和当前帧指针以及绘图纸外观标记相关的。通过锚定绘图纸外观标记，可以防止它们随当前帧指针移动。

图 8.55　始终显示标记

  ◆ 【标记范围2】：显示当前帧两边各2帧的内容。
  ◆ 【标记范围5】：显示当前帧两边各5帧的内容。
  ◆ 【标记所有范围】：显示当前帧两边所有的内容。

8.4　输出和发布

在完成动画的设置和制作之后，需要将动画进行输出和发布，Flash 动画的输出有很多种输出格式，可以使 Flash 动画应用得更加广泛。本节将主要介绍动画作品的输出和发布等，减少影片的容量，以及提升影片的速度等。

8.4.1 测试 Flash 影片

在正式发布和输出动画之前，需要对动画进行测试，通过测试可以发现动画效果是否与设计思想之间存在偏差，一些想法是否得到了体现等。

测试不仅可以发现影片播放中的错误，而且可以检测影片中片段和场景的转换是否流畅自然等。测试时应该按照影片剧本分别对影片中的元件、场景、完成影片等分步测试，这样有助于发现问题。

测试 Flash 动画时应从以下 3 个方面考虑。

- Flash 动画的体积是否处于最小状态、能否更小一些。
- Flash 动画是否按照设计思路达到预期的效果。
- 在网络环境下，能否正常地下载和观看动画。

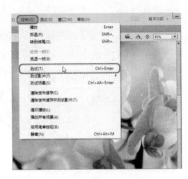

如果要测试 Flash 影片，可在菜单栏中单击【控制】按钮，在弹出的下拉菜单中选择【测试影片】|【测试】命令，如图 8.56 所示。或按 Ctrl+Enter 键测试影片，Flash 不仅可以测试影片的全部内容，也可以测试影片的一部分场景。测试场景可以按 Ctrl+Alt+Enter 组合键或在菜单栏中单击【控制】按钮，在弹出的下拉菜单中选择【测试场景】命令。

8.4.2 输出 Flash 作品

图 8.56 选择【测试】命令

Flash 影片制作完成后，就可以将其导出成影片、动画图像等格式的作品。下面将进行详细介绍。

1. 导出动画图像

在输出 Flash 作品时，为了更方便查看，用户可以将其导出为 GIF 图像，在菜单栏中单击【文件】按钮，在弹出的下拉菜单中选择【导出】|【导出影片】命令，在弹出的对话框中将【保存类型】设置为【GIF 序列(*.gif)】，如图 8.57 所示，单击【保存】按钮后，在弹出的对话框中设置导出文件的相关属性即可，如图 8.58 所示。

图 8.57 【导出影片】对话框　　　　图 8.58 【导出 GIF】对话框

【导出 GIF】对话框中各项参数介绍如下。

- 【宽/高】：该文本框用于设置动画文件的宽和高。
- 【分辨率】：设置与动画尺寸相应的屏幕分辨率。

- 【匹配屏幕】：单击该按钮后，可恢复电影中设置的尺寸。
- 【颜色】：可以在该下拉菜单中选择动画的颜色种类。

2．导出动画影片

导出影片与导出动画图像的方式基本相同，在【导出影片】对话框中设置不同的保存类型，设置的选项也会有所不同，用户可以根据需要自行设置，此处就不再赘述。

8.4.3　输出设置

Flash 影片可以导出成多种文件格式，为了方便设置每种可以导出的文件格式的属性，Flash 提供了一个【发布设置】对话框，在这个对话框中可以选择将要导出的文件类型及其导出的路径，并且还可以一次性地同时导出多个格式的文件。

使用【发布】命令可以创建 SWF 文件，并将其插入到浏览器窗口中的 HTML 文档中，也可以通过其他文件格式发布 FLA 文件。

在发布 Flash 动画前应进行发布设置，选择【文件】|【发布设置】命令，如图 8.59 所示。执行操作后，即可弹出【发布设置】对话框，如图 8.60 所示。

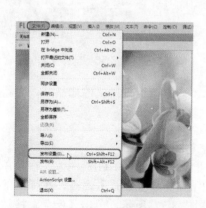

图 8.59　选择【发布设置】命令

图 8.60　【发布设置】对话框

1．发布 Flash

在【发布设置】对话框中选择 Flash 选项，这时会转到 Flash 影片文件的设置界面，如图 8.60 所示。

Flash 选项界面中的各项参数说明如下。

- 【目标】：用户可以在该下拉列表中选择播放器的版本。
- 【脚本】：该下拉菜单用于选择导出的影片所使用的动作脚本的版本号。
- 【输出文件】：该选项用于设置输出文件的名称及路径。
- 【JPEG 品质】：要控制位图压缩，可调整数值。图像品质越低，生成的文件就越小；图像品质越高，生成的文件就越大。
- 【启用 JPEG 解块】：选中该复选框可以减少低品质设置的失真。
- 【音频流/音频事件】：设定作品中音频素材的压缩格式和参数。

- 【覆盖声音设置】：选中该复选框后，即可覆盖声音。
- 【压缩影片】：可以压缩 Flash 影片，从而减少文件大小，缩短下载时间，用户可以在该下拉列表中选择压缩影片的类型。
- 【包括隐藏图层】：选中该复选框可以导出不可见的图层。
- 【生成大小报告】：在导出 Flash 作品的同时，将生成一个报告，按文件列出最终的 Flash 影片的数据量。
- 【允许调试】：激活调试器，并允许远程调试 Flash 影片。
- 【防止导入】：可防止其他人导入 Flash 影片，并将它转换为 Flash 文档。
- 【启用详细的遥测数据】：选中该复选框后，用户可以在其下方的文本框中编辑密码。
- 【本地播放安全性】：用户可以在该下拉列表中选择播放的安全性。
- 【硬件加速】：用户可以在该下拉列表中选择硬件加速的类型。

2. 发布 HTML 包装器

在【发布设置】对话框中选择【HTML 包装器】选项，如图 8.61 所示。

【HTML 包装器】选项界面中的各项参数说明如下。

- 【模板】：用于设置生成 HTML 文件时所用的模板，用户可以在其下拉列表中选择相应的选项，如图 8.62 所示，单击【信息】按钮可以查看关于模板的介绍，如图 8.63 所示。

图 8.61　【HTML 包装器】选项界面

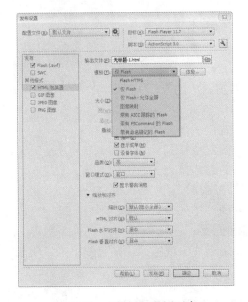

图 8.62　【模板】下拉列表

图 8.63　【HTML 模板信息】对话框

- 【大小】：设置 HTML 文件中的单位类型，用户可以通过其右侧的下拉菜单选择不同的单位类型。
  - ◆ 【匹配影片】：设定的尺寸和影片的尺寸大小相同。
  - ◆ 【像素】：选取后，可以在下面的【宽】和【高】文本框中输入像素数。
  - ◆ 【百分比】：选取后，可以在下面的【宽】和【高】文本框中输入百分比。
- 【播放】：包括以下几个选项。
  - ◆ 【开始时暂停】：动画在第 1 帧就暂停。
  - ◆ 【循环】：设置是否循环播放动画。
  - ◆ 【显示菜单】：选中后，在生成的动画页面上右击，会弹出控制影片播放的菜单。
  - ◆ 【设备字体】：使用经过消除锯齿处理的系统字体替换那些系统中未安装的字体。
- 【品质】：用户可以在其右侧的下拉列表中选择动画的图像质量。
- 【窗口模式】：选择影片的窗口模式。
  - ◆ 【窗口】：使 Flash 影片在网页中的矩形窗口内播放。
  - ◆ 【不透明无窗口】：如果要想在 Flash 影片背后移动元素，同时又不想让这些元素显露出来，就可以使用这个选项。
  - ◆ 【透明无窗口】：使网页的背景可以透过 Flash 影片的透明部分。
- 【缩放】：用户可以在其右侧的下拉列表中选择动画的缩放方式，如图 8.64 所示。
  - ◆ 【默认(显示全部)】：按比例大小显示 Flash 影片。
  - ◆ 【无边框】：使用原有比例显示影片，但是去除超出网页的部分。
  - ◆ 【精确匹配】：使影片大小按照网页的大小进行显示。
  - ◆ 【无缩放】：不按比例缩放影片。
- 【HTML 对齐】：用于确定影片在浏览器窗口中的位置。

图 8.64　【缩放】下拉列表

  - ◆ 【默认】：使用系统中默认的对齐方式。
  - ◆ 【左对齐】：将影片位于浏览器窗口的左边排列。
  - ◆ 【右对齐】：将影片位于浏览器窗口的右边排列。
  - ◆ 【顶部】：将影片位于浏览器窗口的顶端排列。
  - ◆ 【底部】：将影片位于浏览器窗口的底部排列。
- 【Flash 对齐】：设置动画在页面中的排列位置。
- 【显示警告信息】：选中该复选框后，如果影片出现错误，则会弹出警告信息。

3. 发布 GIF 图像

在【发布设置】对话框中选择【GIF 图像】选项，如图 8.65 所示。

【GIF 图像】选项界面中的部分参数说明如下。

- 　【大小】：以像素为单位输入导出图像的高度和宽度值。
- 　【播放】：确定 Flash 创建的是静止图像还是 GIF 动画。如果选中【动画】单选按钮，可选中【不断循环】单选按钮或输入重复次数。

4．发布 JPEG 图像

在【发布设置】对话框中选择【JPEG 图像】选项，如图 8.66 所示。

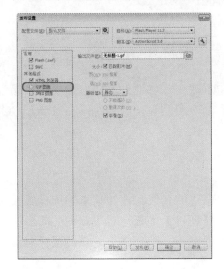

图 8.65　【GIF 图像】选项界面

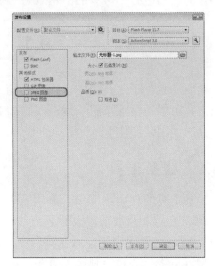

图 8.66　【JPEG 图像】选项界面

【JPEG 图像】选项界面中的部分参数说明如下。

- 　【大小】：以像素为单位输入导出图像的高度和宽度值。
- 　【品质】：图像品质越低，生成的文件越小，反之越大。
- 　【渐进】：选中此复选框，可以逐渐显示 JPEG 图像，在低速的网络中可以感觉下载速度很快。

8.4.4　发布预览

使用发布预览功能可以从【发布预览】菜单中选择一种文件输出的格式，并且在【发布预览】菜单中可以选择的文件格式都是在【发布设置】对话框中指定的输出格式。首先使用发布设置，指定可以导出的文件类型，然后在菜单栏中单击【文件】按钮，在弹出的下拉菜单中选择【发布预览】命令，然后再在弹出的子菜单中选择预览的文件格式。这样 Flash 便可以创建一个指定的文件类型，并将它放在 Flash 影片文件所在的文件夹中。

8.5　思　考　题

1．简述标尺工具的作用。

2．如何在【颜色】面板中设置渐变颜色？

3．测试 Flash 动画时应从哪几个方面考虑？

第9章　制作动画角色

在 Flash 中，创建和编辑矢量图形主要是通过工具箱中提供的绘图工具来实现的。通过这些工具能绘制出丰富的矢量图形，并能够对其进行编辑操作。因此，Flash 提供的工具是制作动画角色必不可少的。本章将对 Flash 的工具箱中的工具进行介绍。

9.1　绘 图 工 具

绘图工具位于工具箱中，而工具箱一般位于 Flash 工作界面的右边，如果工具箱没显示出来，可以通过菜单栏中选择【窗口】|【工具】命令将其调出。熟练掌握 Flash CC 绘图工具的使用是制作 Flash 动画的基础。

9.1.1　线条工具

线条工具的使用很简单，利用它可以绘制不同形式的直线，在工具箱中选择【线条工具】￼，在绘制直线前需要设置直线的属性，利用【属性】面板可以设置相关的属性，如图 9.1 所示。设置完属性后在舞台中单击确定直线的起点，然后拖曳并释放鼠标左键，即可在起点与终点之间绘制一条直线，如图 9.2 所示。

图 9.1　【属性】面板

图 9.2　绘制直线

- 【笔触颜色】：单击颜色块在打开的调色面板中可以选择作为绘制直线的颜色，如图 9.3 所示。
- 【笔触】：用于设置所绘制直线的粗细，如图 9.4 所示。

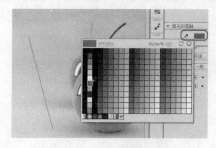

图 9.3　设置笔触颜色

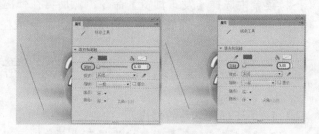

图 9.4　设置笔触粗细效果

- 【样式】：用于选择所绘制直线的类型。其中包括【极细线】、【实线】、【虚线】、【点状线】、【锯齿线】、【点刻线】和【斑马线】7 种样式。如图 9.5 所示将直线样式设为【实线】、【虚线】和【点状线】效果。

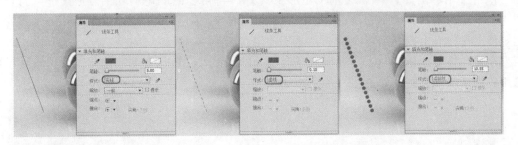

图 9.5　【实线】、【虚线】、【点状线】样式效果

- 【编辑笔触样式】：单击该按钮将打开【笔触样式】对话框，如图 9.6 所示。可以通过该对话框对笔触样式进行相应的设置。
- 【缩放】：在播放器中保持笔触缩放。其中包括【一般】、【水平】、【垂直】、【无】4 种。
- 【提示】：可以在全像素下调整直线锚点和曲线锚点，防止出现模糊的垂直或水平线。

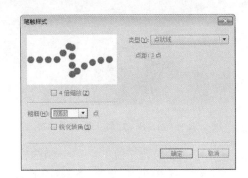

图 9.6　【笔触样式】对话框

- 【端点】：用于选择直线端点的 3 种状态。即【无】、【圆角】、【方形】，如图 9.7 所示。

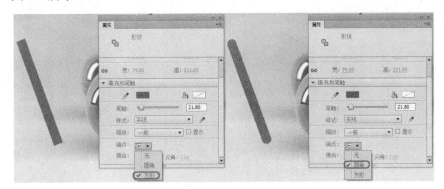

图 9.7　端点样式

- 【接合】：用于定义两个路径段的相接方式。包括【尖角】、【圆角】、【斜角】。

在使用【线条工具】绘制直线的过程中，按住 Shift 键的同时拖曳鼠标，可以绘制出垂直或水平的直线，或者 45°斜线，这给绘制特殊直线提供了方便。绘制完图形后按下 Ctrl 键可以暂时切换到选择工具，对舞台中的对象进行选取、移动等操作，当释放 Ctrl 键时，又会自动转换回线条工具。

9.1.2 矩形工具与基本矩形工具

使用【矩形工具】■和【基本矩形工具】■都可以绘制矩形或正方形图形，而且使用【基本矩形工具】绘制的是更易于控制的矩形对象，如图 9.8 所示。基本矩形工具绘制的矩形上包含 6 个控制点。

在【属性】面板中除了与绘制线条时相同的属性外，还包含绘制圆角矩形的设置。矩形工具的【属性】面板如图 9.9 所示。

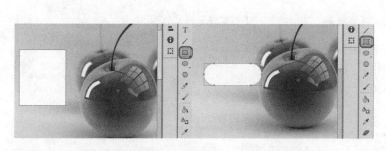

图 9.8　矩形工具和基本矩形工具绘制的矩形　　　　图 9.9　【属性】面板

- 【填充颜色】：单击颜色块在打开的调整板中可以为绘制的矩形选择填充颜色。
- 【矩形边角半径】：分别用于设置矩形四个边角的角度值。有效值范围为 –100～100，如图 9.10 所示。
- 【重置】：单击该按钮将恢复圆角矩形角度的初始值。

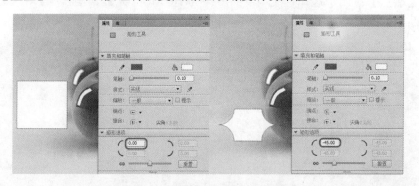

图 9.10　设置矩形边角半径的效果

在绘制矩形的过程中按住 Shift 键时，可以绘制一个正方形。按住 Alt 键时，将以鼠标第一次单击点的中心绘制矩形。绘制完图形后按 Ctrl 键可以暂时切换到选择工具，对舞台中的对象进行选取、移动等操作，当释放 Ctrl 键时，又会自动转换回矩形工具。

提　示

在使用矩形工具绘制形状时，在拖曳鼠标的过程中按键盘上的上、下方向键可以调整圆角的半径。

9.1.3　椭圆工具与基本椭圆工具

使用【椭圆】工具  和【基本椭圆】工具 都可以绘制椭圆或圆图形。使用基本椭圆工具绘制的图形上也具有控制点，更方便调整图形，如图 9.11 所示。

在【属性】面板中除了与绘制线条时相同的属性外，还包含绘制扇形的设置。椭圆工具的【属性】面板如图 9.12 所示。

图 9.11　椭圆工具与基本椭圆工具

图 9.12　【属性】面板

- 【开始角度】：设置扇形的开始角度，如图 9.13 所示。

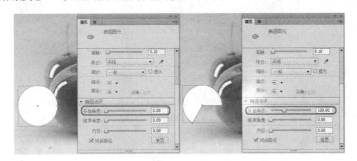

图 9.13　设置【开始角度】效果

- 【结束角度】：设置扇形的结束角度。
- 【内径】：设置扇形内角的半径，如图 9.14 所示。
- 【闭合路径】：选中该复选框将使绘制的扇形为闭合扇形。
- 【重置】：单击该按钮将恢复角度、内径的初始值。

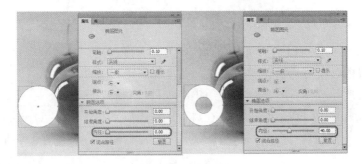

图 9.14　设置【内径】效果

9.1.4 多角星形工具

【多角星形】工具 可以绘制多边形或星形，用户可以在【工具设置】对话框中设置要绘制的是多边形或星形。【属性】面板如图 9.15 所示。绘制的多边形和星形效果如图 9.16 所示。

图 9.15 【属性】面板

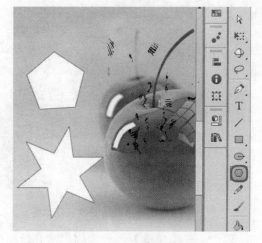

图 9.16 绘制多边形

在【属性】面板中单击【选项】按钮可以打开如图 9.17 所示的对话框，在该对话框中可以进行相应设置。

- 【样式】：用于选择绘制的是多边形还是星形。
- 【边数】：设置多边形或星形的边数。
- 【星形顶点大小】：设置绘制的星形顶点的大小，如图 9.18 所示。

图 9.17 【工具设置】对话框

图 9.18 设置星形顶点大小

9.1.5 钢笔工具

【钢笔】工具 也可以称为贝塞尔曲线工具，是使用最广泛的一种绘图工具。利用它可以创建直线或曲线段，然后调整直线段的角度和长度以及曲线段的斜率，是一种比较灵活的形状创建工具。如图 9.19 所示为使用钢笔工具绘制的效果。

选择工具箱中的【钢笔】工具 ，在舞台中单击确定第一个锚点，即起始点，再在其他地方单击即可绘制一条直线；单击并按住鼠标左键拖曳可以绘制一条曲线，如图 9.20 所示。

图 9.19 使用钢笔工具绘制线条

图 9.20 按住鼠标左键拖曳

在使用钢笔工具绘制曲线时，会看见许多控制点，每个控制点中又包含有曲率调节杆，如果要绘制闭合的图形时，可以将鼠标指针移至起始点上，此时鼠标指针右下角带有一个小圆圈，如图 9.21 所示。在起始点上单击即可将图形变为闭合的形状。

在工具箱中的【钢笔】工具 上按住鼠标左键，会弹出一个工具列表，其中每个工具的功能如下。

● 【添加锚点】工具 ：使用该工具可以在曲线上添加控制点。如图 9.22 所示鼠标指针的右下方带有一个"+"号，在曲线上单击即可添加控制点。

图 9.21 闭合曲线是鼠标的样式

图 9.22 添加锚点

● 【删除锚点工具】 ：使用该工具可以将曲线上的锚点删除。如图 9.23 所示鼠标指针的右下方带有一个"-"号，在曲线上的某个控制点上单击即可删除该控制点。

图 9.23 删除锚点效果

- 【转换锚点】工具：用于转换曲线上的控制点。使用钢笔工具绘制曲线时，曲线上的控制点一般有两种：一种是角控制点，该控制点两侧至少有一侧是直线段；另一种是曲线控制点，该控制点两侧都是曲线。

9.1.6 铅笔工具

使用【铅笔】工具也可以绘制线条和形状，它可以自由地绘制直线与曲线，其使用方法和真实铅笔的使用方法大致相同。铅笔工具与线条工具的区别在于，铅笔工具可以绘制出比较柔和的曲线，铅笔工具也可以绘制各种矢量线条，并且在绘制时更加灵活。

在工具箱中选择【铅笔】工具，单击工具箱中的【铅笔模式】按钮，在弹出的菜单中可以设置铅笔的模式，其中包括【伸直】、【平滑】和【墨水】3 个选项，如图 9.24 所示。

- 伸直模式：该模式具有线条形状识别能力，可以对绘制的线条进行自动更正，可以将绘制的近似直线取直、平滑曲线及简化波浪线、自动识别椭圆形、矩形等。如图 9.25 左图所示绘制的图形，右图为释放鼠标后的效果。

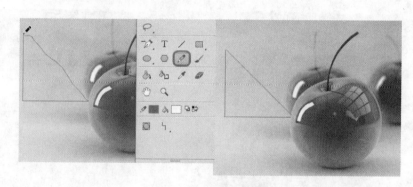

图 9.24　铅笔模式　　　　　图 9.25　伸直模式效果

- 平滑模式：使用该模式绘制线条时，可以自动平滑曲线，减少抖动造成的误差，从而明显地减少线条中的碎片，达到一种平滑线条的效果，如图 9.26 所示。

图 9.26　平滑模式效果

- 墨水模式：使用该模式绘制的线条就是绘制过程中鼠标所经过的实际轨迹，此模式可以在最大程度上保持实际绘出的线条形状，而只作轻微的平滑处理，如

图 9.27 所示。

9.1.7　刷子工具

【刷子】工具可以绘制出像毛笔作画的效果，通过它可以创建特效的效果，如书法效果。可以在刷子工具选项设置区域选择刷子的大小、形状及模式等。

- 【刷子大小】：设置刷子的大小。该选项下提供了 8 种不同的大小，如图 9.28 所示。

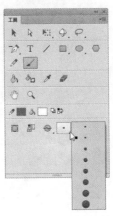

图 9.27　墨水模式效果　　　　　　图 9.28　刷子大小

- 【刷子形状】：设置刷子的形状。该选项下提供了 9 种刷子形状，如图 9.29 所示。
- 【标准绘画模式】：这是默认的模式，可对同一层的线条和填充涂色。选择此模式后，绘制后的颜色会覆盖在原有的图形上，如图 9.30 所示。

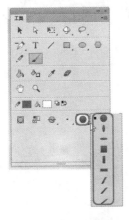

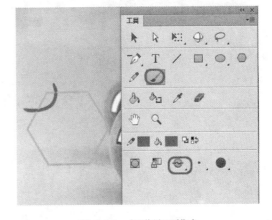

图 9.29　刷子形状　　　　　　　　图 9.30　标准绘画模式

- 【颜料填充模式】：涂改时只将已有图形的填充区域覆盖掉，而线条部分仍保留不被覆盖，如图 9.31 所示。
- 【后面绘画模式】：涂改时不会涂改对象本身，只涂改对象的背景，即在同层的空白区域涂色，将不影响线条和填充，如图 9.32 所示。

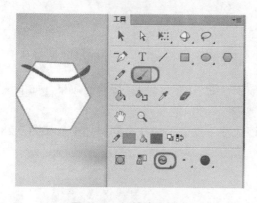

图 9.31　颜料填充模式

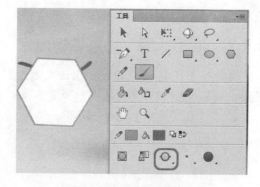

图 9.32　后面绘画模式

- 【颜料选择模式】 ：该模式下只能在选择的区域内进行涂改，如图 9.33 所示。
- 【内部绘画模式】 ：涂改时只涂改起点所在的区域。例如，如果起点在图形的外面，则只能在图形的外面进行涂改，而图形内部不受影响；如果起点在图形的内部，则只能在图形的内部进行涂改，而图形外面不受影响。如图 9.34 所示为起点在图形内部效果。

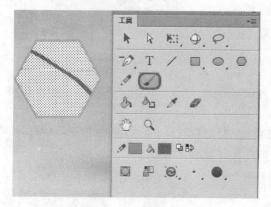

图 9.33　颜料选择模式

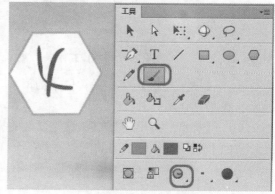

图 9.34　内部绘画模式

9.2　选择对象工具

如果需要对绘制的图形进行修改时，首先应将要修改的图形对象进行选择。在工具箱中的选择对象工具主要包括【选择】工具 和【部分选取】工具 。下面将介绍它们的使用方法。

9.2.1　选择工具

选择工具是工具箱中使用频率最高的工具之一。它的主要用途是对舞台中的对象进行选择和对一些线条进行修改。当某一图形对象被选中后，图像将会由实变虚，表示图形已被选中。

在工具箱中选择【选择】工具 ，此时在工具箱的最下面有一些附加选项按钮，如

图 9.35 所示。

- 【贴紧至对象】按钮 ⬜ ：自动将两个元素定位，其中一个元素是定位的基准，另一个元素是被定位元素。
- 【平滑】按钮 ⬜ ：能够柔化曲线并减少曲线整体方向上的凸起或不规则变化。它还可以减少曲线中的线段数目，生成更易整形的轻微弯曲。
- 【伸直】按钮 ⬜ ：对绘制的线条和曲线产生一定的拉直调整。

在舞台中使用【选择】工具 ⬜ 选择或编辑对象时，最常用的方法如下。

- 选择对象的一部分：如果要选择某个对象中的一部分，例如选择图形轮廓线的一部分，只需要使用【选择】工具 ⬜ 在要选择轮廓线位置单击即可。如图 9.36 所示选择的是图形轮廓线的一部分。

图 9.35　选择工具

图 9.36　选择对象中的一部分

- 选择整个对象：如果要选择整个轮廓线，只需要双击轮廓线的任意位置即可，如图 9.37 所示。如果在图形内容填充区域上双击，可以将图形的填充区域和轮廓线都选中。
- 选择多个对象：如果需要同时选择多个对象，则可以按住 Shift 键分别单击不同的对象，如图 9.38 所示。

图 9.37　选择整个轮廓线

图 9.38　选择多个对象

- 框选对象：选择【选择】工具 ⬜ ，在舞台中按住鼠标左键并拖曳鼠标，此时会出现一个矩形选框，当释放鼠标左键后，选框中的部分都将被选中，如图 9.39 所示。

图 9.39　框选对象

- 要移动对象中某一拐角点：将鼠标指针移到该拐角点的区域，当鼠标指针下方出现一个小直角样的标志时按住鼠标左键并拖曳鼠标，该拐角点将跟随鼠标指针移动。在适当位置处释放鼠标，Flash 会通过调整线段的曲度来适应移动点的新位置，如图 9.40 所示。

图 9.40　移动对象中的拐角点

- 更改某一线段的曲线形状：将鼠标指针移向该线段，当鼠标指针下方出现一个小曲线标志时，按住鼠标左键并拖曳鼠标，该线段将随着鼠标指针的移动而改变形状，当形状达到要求时，释放鼠标左键完成相应的操作，如图 9.41 所示。

图 9.41　更改曲线形状

- 增加一个拐角：将鼠标指针移到任一线段上，当箭头下方出现一个小曲线标志时，按住 Ctrl 键并拖曳鼠标，到适当位置后释放鼠标，即可增加一个拐角，如图 9.42 所示。

图 9.42　增加一个拐角

9.2.2　部分选取工具

使用【部分选取】工具 可以像选择工具一样选取并移动对象，除此之外，它还可以对图形进行变形等处理。

- 显示矢量对象的路径与锚点：使用【部分选取】工具 单击图形的边缘部分，图形的路径和所有锚点便会自动显示出来，如图 9.43 所示。
- 移动锚点：使用【部分选取】工具 选择任意锚点后，按住鼠标左键进行拖曳即可，如图 9.44 所示。

图 9.43　显示对象路径及锚点

图 9.44　移动锚点

- 编辑曲线形状：使用【部分选取】工具 单击需要编辑的锚点，此时锚点两侧将出现调节柄，调整调节柄即可对曲线的形状进行编辑，如图 9.45 所示。

图 9.45　编辑曲线形状

9.3 编辑工具

9.3.1 橡皮擦工具

Flash 中的【橡皮擦】工具可以用来擦除图形的外轮廓和内部颜色。橡皮擦工具有多种擦除模式，例如可以设定为只擦除图形的外轮廓和侧部颜色，也可以定义只擦除图形对象的某一部分的内容。用户可以在实际操作时根据具体情况设置不同的擦除模式。

在使用橡皮擦工具时，在工具箱的选项设置区中，有一些相应的附加选项，如图 9.46 所示。

- 橡皮擦模式：用于选择擦除区域，包括【标准擦除】、【擦除填色】、【擦除线条】、【擦除所选填充】和【内部擦除】5 个选项。
  - 【标准擦除】：擦除同一层上的笔触和填充区域，如图 9.47 所示。

图 9.46　橡皮擦工具

图 9.47　标准擦除模式效果

- 【擦除填色】：只擦除填充区域，不影响笔触，如图 9.48 所示。
- 【擦除线条】：只擦除笔触，不影响填充区域，如图 9.49 所示。

图 9.48　擦除填色模式效果

图 9.49　擦除线条模式效果

- 【擦除所选填充】：只擦除当前选中的填充区域，不影响笔触(不管笔触是否被选中)以及未选中的填充区域，如图 9.50 所示。

◆ 【内部擦除】：只擦除橡皮擦笔触
开始处的填充。如果从空白点开始擦
除，则不会擦除任何内容。在该模式
下使用橡皮擦不影响边框。

● 【水龙头】：可以直接清除所选取的区
域，使用时只需单击笔触或填充区域，就
可以擦除笔触或填充区域。

● 【橡皮擦形状】：用于选择橡皮擦的形
状和大小。

图 9.50　擦除所选填充模式效果

9.3.2　颜料桶工具

【颜料桶】工具可以为具有封闭区域的图形进行填充，它既能填充一个空白区域，
又能改变已着色区域的颜色；可以使用纯色、渐变和位图填充，甚至可以用颜料桶工具对
一个未完全封闭的区域进行填充。

在工具箱中选择【颜料桶】工具，单击工具箱中的【间隔大小】按钮，在打开
的列表中包括 4 个选项，如图 9.51 所示。

● 【不封闭空隙】：在使用颜料桶填充颜色前，Flash 将不会自行封闭所选区域
的任何空隙。也就是说，所选区域的所有未封闭的曲线内将不会被填充颜色。如
图 9.52 左图所示为原图，将填充色设为红色，使用颜料桶工具分别在矩形与带缺
口的圆形内部单击，填充后的效果为右图所示。

图 9.51　颜料桶工具间隔大小

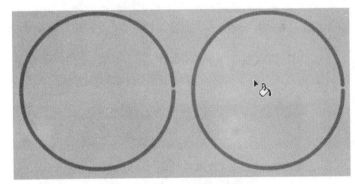

图 9.52　【不封闭空隙】效果

● 【封闭小空隙】：在使用颜料桶填充颜色前，会自行封闭所选区域的小空隙。
也就是说，如果所填充区域不是完全封闭的，但是空隙很小，则 Flash 会近似地
将其判断为完全封闭而进行填充。

● 【封闭中等空隙】：在使用颜料桶填充颜色前，会自行封闭所选区域的中等空
隙。也就是说，如果所填充区域不是完全封闭的，但是空隙大小中等，则 Flash
会近似地将其判断为完全封闭而进行填充。

● 【封闭大空隙】：在使用颜料桶填充颜色前，自行封闭所选区域的大空隙。也
就是说，如果所填充区域不是完全封闭的，而且空隙尺寸比较大，则 Flash 会近

似地将其判断为完全封闭而进行填充。如图 9.53 所示为选择【封闭大空隙】后填充的效果。

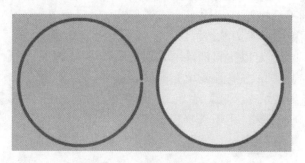

图 9.53　封闭大空隙效果

9.3.3　墨水瓶工具

【墨水瓶】工具 用来在绘图中更改线条和轮廓线的颜色和样式。它不仅能够在选定图形的轮廓线上加上规定的线条，还可以改变一条线段的粗细、颜色、线型等，并且可以给打散后的文字和图形加上轮廓线。墨水瓶工具本身不能在工作区中绘制线条，只能对已有线条进行修改。

选择工具箱中的【墨水瓶】工具 ，并设置笔触颜色，在需要使用墨水瓶工具来添加轮廓线的图形对象上单击即可，如图 9.54 所示。

> **提 示**
>
> 如果墨水瓶工具的作用对象是矢量图形，则可以直接给其加轮廓。如果将要作用的对象是文本或者位图，则需要先将其分离，然后才可以使用墨水瓶工具添加轮廓。

当选中墨水瓶工具时，Flash 界面中的【属性】面板上将出现与墨水瓶工具有关的属性，如图 9.55 所示。可以对线条进行相应的设置。

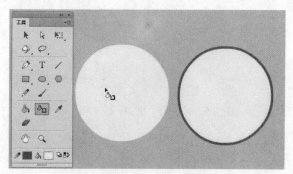

图 9.54　为图形添加轮廓线效果

图 9.55　【属性】面板

9.3.4　滴管工具

【滴管】工具 可以从一个对象中复制填充和笔触属性，然后将其应用到其他对象上。滴管工具还可以从位图上进行采样，并将其填充到其他区域中。

选择工具箱中的【滴管】工具 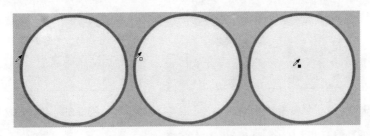，当将鼠标指针移至空白位置时，其为滴管形状，当将鼠标指针移至图形轮廓和填充区域时，其下端分别带有一个空心矩形和实心矩形形状，如图 9.56 所示。

图 9.56　滴管工具的 3 种形式

当使用滴管工具时，将鼠标指针先移动到需要采集色彩特征的区域上并单击，即可将滴管所在的那一点具有的颜色采集出来，若采集颜色区域为图形的填充区域，单击后鼠标指针将变为油漆桶形状；若采集颜色区域为轮廓线，单击后鼠标指针将变为墨水瓶形状。如图 9.57 左图所示为滴管工具形状，中图为在填充区域单击后形状，右图为其他图形填充后的效果。

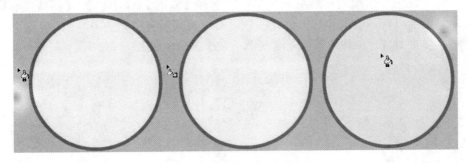

图 9.57　使用滴管工具填充的效果

> **提 示**
>
> 如果图形内部填充的是渐变效果，可以通过工具箱中的渐变变形工具进行调整。

9.4　修 饰 图 形

使用基本绘图工具创建图形对象后。Flash 还提供了几种对图形的修饰功能。其中包括优化曲线、将线条转换成填充、扩展填充以及柔化填充边缘等。

9.4.1　优化曲线

优化曲线通过减少用于定义这些元素的曲线数量来改进曲线和填充轮廓，这样可以减小 Flash 文件的尺寸。

选中要优化的对象，在菜单栏中选择【修改】|【形状】|【优化】命令，弹出【优化曲线】对话框，如图 9.58 所示，在对话框中进行相应的设置，单击【确定】按钮即可。如果

选中【显示总计消息】复选框，将显示总计消息提示对话框，指示平滑完成时优化的程度，如图 9.59 所示。

图 9.58　【优化曲线】对话框　　　　　　　　图 9.59　总计消息对话框

【优化曲线】对话框中的各个参数说明如下。

- 【优化强度】：设置优化程度。
- 【显示总计消息】：选中该复选框，可以在优化操作完成时显示一个指示优化程度的提示框。

9.4.2　将线条转换为填充

在舞台中选中一条线段，然后在菜单栏中选择【修改】|【形状】|【将线条转换为填充】命令，就可以将该线段转化为填充区域。可以为其设置填充效果。例如选择多边形边框线，将其转换为填充，并为其填充渐变色，效果如图 9.60 所示。

图 9.60　将线条转换为填充

9.4.3　扩展填充

通过扩展填充，可以扩展填充形状。例如上图所示转换为填充的线条，如果觉得太细，就可以利用扩展填充进行扩展(转换为填充的线条的【属性】面板中用于设置线条粗线的选项呈灰色显示，即不可用)。选择需要扩展填充的对象，在菜单栏中选择【修改】|【形状】|【扩展填充】命令，在弹出的【扩展填充】对话框进行设置，单击【确定】即可，如图 9.61 所示。

图 9.61　扩展填充

【扩展填充】 对话框中的各个参数说明如下。

- 【距离】：用于指定扩展或插入的尺寸。
- 【方向】：如果希望扩充一个形状，则选中【扩展】单选按钮；如果希望缩小形状，则选中【插入】单选按钮。

9.4.4 柔化填充边缘

柔化填充边缘可使选中的填充对象产生模糊的边缘效果，使填充边缘产生自然过渡的效果。选中要柔化边缘的对象，在菜单栏中选择【修改】|【形状】|【柔化填充边缘】命令，在弹出的【柔化填充边缘】对话框中进行设置，如图 9.62 所示。

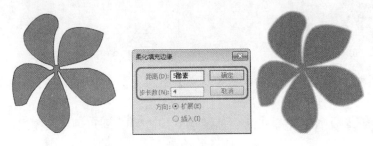

图 9.62 【柔化填充边缘】对话框

【柔化填充边缘】对话框中的各个参数说明如下。

- 【距离】：以像素为单位设置柔边的宽度。
- 【步长数】：控制用于柔边的曲线数。使用的步骤数越多，效果就越平滑，增大步骤数还会使文件变大，并降低绘画速度。
- 【扩展】和【插入】：控制柔化边缘时形状为放大和缩小。

9.5 上机练习——绘制卡通小动物

下面介绍如何绘制卡通小动物，完成后的效果如图 9.63 所示。

图 9.63 卡通小动物

(1) 启动软件后新建空白文件，在工具栏中打开【属性】面板，将大小设置为 1024 像素×768 像素，如图 9.64 所示。

(2) 在菜单栏中单击【文件】按钮，在弹出的下拉菜单中选择【导入】|【导入到舞

台】命令，在弹出的窗口中选择随书附带光盘中的"CDROM\素材\Cha09\020.jpg"文件，如图 9.65 所示。

图 9.64　设置舞台大小

图 9.65　打开素材文件

（3）将文件打开后在工具栏中单击【对齐】按钮 ，打开【对齐】面板，单击【水平中齐】按钮 和【垂直中齐】按钮 ，如图 9.66 所示。

（4）在【时间轴】面板中单击【新建图层】按钮 ，即可创建新图层，然后在工具栏中单击【钢笔】工具 ，开始在舞台中开始绘制卡通动物的触须，如图 9.67 所示。

图 9.66　设置图片的对齐

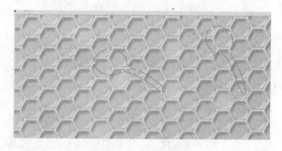

图 9.67　绘制路径

（5）在工具栏中单击颜料桶工具，在【属性】面板中将填充颜色的 RGB 值设置为 0、0、0，如图 9.68 所示。

（6）为绘制的路径填充颜色，并将笔触删除，效果如图 9.69 所示。

图 9.68　设置颜料桶颜色

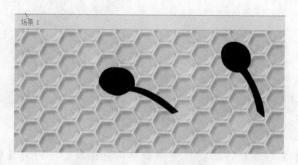

图 9.69　为路径填充颜色

（7）填充颜色后，在【时间轴】面板中新建图层，并将导入的背景图层隐藏显示，然后使用相同的方法绘制卡通动物的头部，如图 9.70 所示。

(8) 在工具栏中选择颜料桶工具，在【属性】面板中将 RGB 值设置为 0、0、0，为绘制的路径填充颜色，并将笔触删除，如图 9.71 所示。

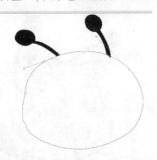

图 9.70　绘制卡通动物的头部

图 9.71　为头部路径填充颜色

(9) 在【时间轴】面板中单击【新建图层】按钮，创建新图层，然后在工具栏中选择【钢笔】工具，继续在舞台中绘制卡通动物的头部，如图 9.72 所示。

(10) 在工具栏中选择颜料桶工具，在【属性】面板中将 RGB 值设置为 102、51、0，为绘制的路径填充颜色，并将笔触删除，如图 9.73 所示。

图 9.72　绘制卡通动物的头部路径

图 9.73　为绘制的路径填充颜色

(11) 在【时间轴】面板中单击【新建图层】按钮，创建新图层，然后在工具栏中选择【钢笔】工具，继续在舞台中绘制卡通动物的脸部，如图 9.74 所示。

(12) 在工具栏中选择颜料桶工具，在【属性】面板中将 RGB 值设置为 178、0、5，为绘制的路径填充颜色，并将笔触删除，如图 9.75 所示。

图 9.74　绘制卡通动物的脸部

图 9.75　为绘制的路径填充颜色

(13) 在【时间轴】面板中单击【新建图层】按钮，创建新图层，然后在工具栏中选择【钢笔】工具 ✐，继续在舞台中绘制卡通动物的脸部，如图 9.76 所示。

(14) 在工具栏中选择颜料桶工具，在【属性】面板中将 RGB 值设置为 246、176、19，为绘制的路径填充颜色，并将笔触删除，如图 9.77 所示。

图 9.76　绘制路径

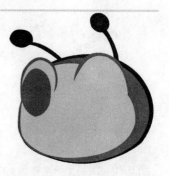

图 9.77　为路径填充颜色

(15) 在【时间轴】面板中单击【新建图层】按钮 ▣，创建新图层，然后在工具栏中选择【钢笔】工具 ✐，继续在舞台中绘制卡通动物的五官，如图 9.78 所示。

(16) 在工具栏中选择颜料桶工具，将眉毛路径填充为黑色，然后在【属性】面板中将 RGB 值设置为 255、103、204，为嘴巴路径填充颜色，并将笔触删除，如图 9.79 所示。

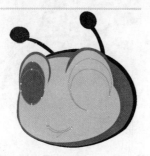

图 9.78　绘制五官路径

图 9.79　为五官填充颜色

(17) 在【时间轴】面板中单击【新建图层】按钮 ▣，创建新图层，然后在工具栏中选择【钢笔工具】 ✐，继续在舞台中绘制卡通动物的五官，如图 9.80 所示。

(18) 在工具栏中选择【颜料桶工具】，路径填充颜色，并将笔触删除，如图 9.81 所示。

图 9.80　绘制路径

图 9.81　为路径填充颜色

(19) 使用相同的方法绘制身体部分，并填充颜色，完成后的效果如图 9.82 所示。

(20) 选中绘制出的卡通动物，对其进行复制并调整位置，显示背景图片，最终效果如

图 9.83 所示。

图 9.82　绘制完成后的效果

图 9.83　最终效果

9.6　思　考　题

1. 如何使用钢笔工具绘制曲线？
2. 简述部分选取工具的使用方法。
3. 简述颜料桶工具的使用方法。

第10章　素材、元件和实例的应用

本章将介绍素材、元件和实例的应用，通过本章的学习，可以使读者对如何导入图像文件、音频文件以及如何创建元件、为实例命名等操作有个简单的了解，从而提高工作效率。

10.1　导　入　素　材

与其他软件相同，Flash 提供了强大的导入功能，几乎胜任了各种文件类型的导入，特别是对 Photoshop 图像格式的支持，使得 Flash 的素材的来源极大地拓宽，人们不再对那些精美的图片望而兴叹了。下面将对素材文件的导入进行简单的介绍。

10.1.1　导入的基本方法

用户可以使用两种方法将外部素材导入。

- 在菜单栏中单击【文件】按钮，在弹出的下拉菜单中选择【导入】|【导入到舞台】命令，或按 Ctrl+R 组合键，在对话框中选择要导入的文件，如图 10.1 所示。单击【打开】按钮，即可将其导入到舞台中，在舞台中调整其大小即可，效果如图 10.2 所示。

图 10.1　选择素材文件

图 10.2　在舞台中调整素材的大小

- 在菜单栏中单击【文件】按钮，在弹出的下拉菜单中选择【导入】|【导入到库】命令，弹出【导入到库】对话框，如图 10.3 所示，在对话框中选择要导入的文件，单击【打开】按钮，即可将其导入到【库】面板中，在【库】面板中选中导入的文件，将其拖曳到舞台中，如图 10.4 所示。

图 10.3　【导入到库】对话框

图 10.4　导入到【库】面板后的效果

10.1.2　导入 PNG 文件

PNG 是 Fireworks 的默认文件格式，由于 Fireworks 的绘图功能相对 Flash 而言要强大很多，因此经常在 Fireworks 中绘制需要的图像，然后将其导入到 Flash 中制作动画。用户可以将 Fireworks 的 PNG 文件作为平面化图像或可编辑对象导入 Flash。将 PNG 文件作为平面化图像导入时，整个文件(包括所有矢量插图)会栅格化或转换为位图图像。将 PNG 文件作为可编辑对象导入时，该文件中的矢量插图会保留为矢量格式。

为了使读者更好地查看导入 PNG 图像的效果，我们先导入一张 JPG 图像，导入 PNG 图像的具体操作步骤如下。

(1) 新建一个 Flash 文档，按 Ctrl+R 组合键，在弹出的对话框中选择随书附带光盘中的 "CDROM\素材\Cha10\003.jpg" 素材文件，如图 10.5 所示。

(2) 单击【打开】按钮，将选中的素材文件导入到舞台中，在舞台中调整其大小，调整后的效果如图 10.6 所示。

图 10.5　选择素材文件

图 10.6　导入素材文件并调整其大小

(3) 按 Ctrl+R 组合键，在弹出的对话框中选择随书附带光盘中的 "CDROM\素材\Cha10\004.png" 素材文件，如图 10.7 所示。

(4) 单击【打开】按钮，即可将选中的 PNG 图像导入到舞台中，在舞台中调整该素材文件的大小及角度，调整后的效果如图 10.8 所示。

图 10.7　选择 PNG 图像

图 10.8　导入 PNG 图像后的效果

10.1.3　导入视频

在 Flash 中支持动态影像的导入功能，根据导入视频文件的格式和方法不同，可以将含有视频的影片发布为 Flash 影片格式。在 Flash 中可以对导入的对象进行缩放、旋转和扭曲等处理，也可以通过编写脚本来创建视频对象的动画。导入视频的具体操作步骤如下。

(1) 在菜单栏中选择【文件】|【导入】|【导入视频】命令，如图 10.9 所示。

(2) 弹出【导入视频】对话框，在该对话框中单击【文件路径】右侧的【浏览】按钮，弹出【打开】对话框，选择视频文件 "005.flv"，如图 10.10 所示。

图 10.9　选择【导入视频】命令

图 10.10　选择视频文件

(3) 单击【打开】按钮，在【导入视频】对话框中单击【下一步】按钮，进入【设定外观】界面，如图 10.11 所示。

(4) 用户可以在该对话框中设置导入视频的外观，设置完成后，单击【下一步】按钮，进入【完成视频导入】界面，如图 10.12 所示。

(5) 单击【完成】按钮，弹出【获取元数据】对话框，当元数据获取完成后，在舞台中就会显示导入的视频，如图 10.13 所示。

(6) 按 Ctrl+Enter 组合键测试影片效果，效果如图 10.14 所示。

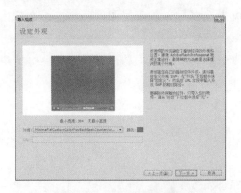

图 10.11　【设定外观】界面

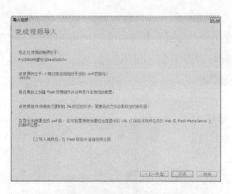

图 10.12　【完成视频导入】界面

图 10.13　导入的视频文件

图 10.14　测试影片

10.1.4　设置位图的属性

在 Flash 中导入的位图图像会增加 Flash 文件的大小，但用户可以在【图像属性】对话框中对图像进行压缩。下面将介绍如何设置位图图像的属性，其具体操作步骤如下。

(1) 新建一个 Flash 文档，选择【文件】|【导入】|【导入到舞台】命令，如图 10.15 所示。

(2) 在弹出的对话框中选择随书附带光盘中的“CDROM\素材\Cha10\006.jpg”素材文件，单击【打开】按钮，将其导入到舞台中，调整图像大小与舞台大小相同，如图 10.16 所示。

图 10.15　选择【导入到舞台】命令

图 10.16　导入的素材文件

（3）按 Ctrl+L 组合键，在弹出的【库】面板中选择导入的素材图像并右击，在弹出的快捷菜单中选择【属性】命令，如图 10.17 所示。

（4）弹出【位图属性】对话框，如图 10.18 所示，用户可以根据需要在该对话框中进行相应的设置。

图 10.17　选择【属性】命令

图 10.18　【位图属性】对话框

【位图属性】对话框中的各项参数说明如下。

- 【允许平滑】：选中该复选框可以平滑位图图像的边缘。
- 【压缩】：在其右侧的下拉列表中包括【照片】和【无损】两个命令，用户可以根据需要选择不同的命令。
  - 【照片(JPEG)】：表示用 JPEG 格式输出图像。
  - 【无损(PNG/GIF)】：表示以压缩的格式输出文件，但无损任何图像的数据。
- 【使用导入的 JPEG 数据】：选中此单选按钮，使用文件默认的质量。
- 【自定义】：用户可以选中该单选按钮，然后在其右侧的文本框中输入数值。
- 【启用解块】：选中该复选框可以减少低品质设置的失真。

（5）设置完成后，单击【确定】按钮即可。

10.2　在动画中使用声音

Flash 除了可以导入视频文件外，还可以单独地为 Flash 影片导入各种声音效果，用户可以给图形、按钮乃至整个动画配上合适的背景声音，这样能使整个作品更加精彩，起到画龙点睛的作用，给观众带来全方位的艺术享受。导入声音的方法与导入视频的方法基本相同，但有时由于导入的声音文件容量很大，会影响到最后 Flash 影片的播放，因此 Flash 还专门提供了音频的压缩功能。

10.2.1　导入音频文件

在 Flash 中，用户可以根据需要对 Flash 场景添加背景音乐。下面将介绍如何在 Flash

中导入声音，其具体操作步骤如下。

(1) 在菜单栏中选择【文件】|【导入】|【导入到库】命令，弹出【导入到库】对话框，在弹出的对话框中选择随书附带光盘中的"CDROM\素材\Cha10\007. mp3"素材文件，如图 10.19 所示。

(2) 单击【打开】按钮，即可将选择的声音文件导入，用户可以在【库】面板中进行查看，如图 10.20 所示。

图 10.19　选择音频文件　　　　　　　　图 10.20　导入的音频文件

用户可以在【库】面板中试听导入声音的效果，在【库】面板中的预览窗口中单击【播放】按钮，即可在【库】面板中听到播放的声音，声音文件被导入到 Flash 中之后，就会成为 Flash 文件中的一部分，也就是说，声音文件会使 Flash 文件的体积变大。

10.2.2　压缩声音

声音文件一般很大，Flash 影片添加音乐文件后也会变得很大。要使 Flash 影片压缩到合适的大小而不影响动画的效果，需要根据不同的要求设置。

在【库】面板中选中声音文件并右击，在弹出的快捷菜单中选择【属性】命令，弹出【声音属性】对话框，在该对话框中的【压缩】下拉列表中包括【默认】、ADPCM、MP3、Raw 和【语音】5 个选项，如图 10.21 所示。

1. 默认

该命令是 Flash 提供的一个通用的压缩方式，可以对整个文件中的声音用同一个压缩比例进行压缩，而不用分别对文件中不同的声音进行单独的属性设置，避免了不必要的麻烦。

2. ADPCM

该命令用于设置压缩事件声音、按钮音效等时间较短的声音，当选择该命令时，在其下方会出现如图 10.22 所示的选项。

- 【将立体声转换为单声道】：选中该复选框后，就可以自动将混合立体声转化为单声道的声音，从而减小文件的大小。
- 【采样率】：输入的声音的采样率，采样率越高，声音的保真效果就越好，文件就越大。

◆ 5kHz：最低的可接受标准，能够达到人说话的声音。

◆ 11kHz：是标准的 CD 比率的 1/4，是最低的建议声音质量。

◆ 22kHz：鉴于目前的网速，建议使用 22kHz 的采样率。

◆ 44kHz：采用标准的 CD 音质，可达到最佳的听觉效果。

● 【ADPCM 位】：设置编码时的比特率，该数值越大，生成的音质越好，而声音
文件的容量也就越大。

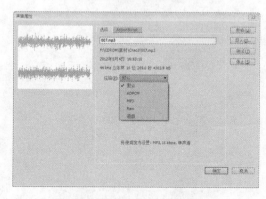

图 10.21 【压缩】下拉列表

图 10.22 将压缩设置为 ADPCM

3. MP3

MP3 最大的特点在于它能以较小的比特率、较大的压缩比率达到近乎完美的 CD 音质。例如 CD 需要以 1.44Mb/s 数据流量来表现其优异的音质，而 MP3 仅仅需要 112kb/s 或 128kb/s 就可以达到逼真的 CD 音质。所以，可以用 MP3 格式对 WAV 等格式的音乐文件进行压缩，这样既可以保证效果，又能有效减小数据量。在需要导出较长的流式声音时可使用该选项。当选择该命令时，可在其下方出现如图 10.23 所示的选项。

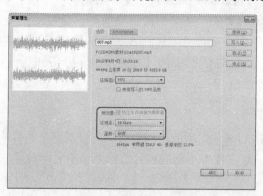

图 10.23 将【压缩】设置为 MP3

● 【比特率】：它决定由 MP3 编码器生成的音乐最大的比特率。在导出音乐时，将比特率设置为 16kb/s 或更高，会达到最佳的效果。

● 【品质】：允许用户在快速、中和最佳之间进行选择。

◆ 【快速】：压缩速度快，但是声音的质量很低。

◆ 【中等】：压缩速度较慢，但是声音的质量较高。

◆　【最佳】：压缩速度最慢，声音质量最高。

4. Raw

选择此选项将不进行任何加工，在导出声音的过程中将不进行压缩。

5. 语音

选择此选项，在导出声音过程中将不进行压缩，用户只能设置采样率。

10.2.3　编辑声音

为动画或按钮添加声音后，若直接播放，则经常出现一些问题。为了保证声音的准确播放，须对添加的声音进行编辑。编辑声音的具体操作步骤如下。

(1) 选中一个已经包含声音文件的帧，选择【窗口】|【属性】命令，打开【属性】面板，如图 10.24 所示。

(2) 在面板中单击【效果】右侧的【编辑声音封套】按钮，弹出【编辑封套】对话框，如图 10.25 所示。

图 10.24　【属性】面板

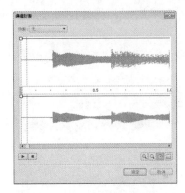

图 10.25　【编辑封套】对话框

【编辑封套】对话框中的各个参数说明如下。

- 【放大】：单击此按钮，可以使声音波形显示窗口内的声音波形在水平方向放大，这样可以更细致地查看声音的波形，从而对声音进行进一步调整，如图 10.26 为放大后的效果。

- 【缩小】：单击此按钮，可以使声音波形显示窗口内的声音波形在水平方向缩小，这样可以方便查看波形很长的声音文件，如图 10.27 所示为缩小声音波形后的效果。

- 【秒】：单击此按钮，可以使声音波形显示窗口内的水平轴按时间方式显示，刻度以秒为单位，这是 Flash 的默认显示状态。

- 【帧】：单击此按钮，可以使声音波形显示窗口内的水平轴按帧数显示，刻度以帧为单位。

拖曳时间开始点及时间结束点手柄可以改变声音的起始点及终止点。拖曳如图 10.28 所示的时间起始点，声音将从所拖曳的地方开始播放，而不是原默认播放点。同样，拖曳结束点，可以设置声音的结束点。

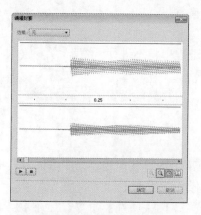

图 10.26　放大声音波形后的效果

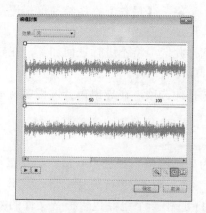

图 10.27　缩小声音波形后的效果

　　拖曳外观手柄可以改变声音在播放时的音量高低，如图 10.29 所示。若需要增加外观手柄(最多 8 个)，可以单击控制线，在单击的位置就会新增一个外观手柄。在外观控制线上单击外观手柄，并将其拖曳出编辑窗口即可将其删除，利用这些外观手柄可以控制音量的高低。

　　(3) 在对话框中进行相应的设置，单击【确定】按钮即可。

图 10.28　调整起始点

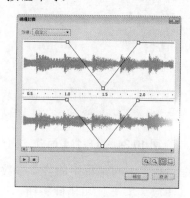

图 10.29　调整后的效果

10.3　元　　件

　　在文档中使用元件可以显著减小文件的大小；保存一个元件的几个实例比保存该元件内容的多个副本占用的存储空间小。例如，通过将诸如背景图像这样的静态图形转换为元件然后重新使用它们，可以减小文档的文件大小。使用元件还可以加快 SWF 文件的播放速度，因为元件只需下载到 Flash® Player 中一次。

　　元件可以包含从其他应用程序中导入的插图。元件一旦被创建，就会被自动添加到当前影片的库中，然后可以自始至终地在当前影片或其他影片中重复使用。用户创建的所有元件都会自动变为当前文件的库的一部分。

　　使用 Flash 制作动画影片的一般流程是先制作动画中所需的各种元件，然后在场景中引用元件实例，并对实例化的元件进行适当的组织和编排，最终完成影片的制作。合理地使用元件和库可以提高影片的制作和工作效率。

10.3.1　元件概述

元件是指在 Flash 中创建的图形、按钮或影片剪辑，可以自始至终在你选择的影片或其他影片中重复使用。元件可以包含从其他应用程序中导入的插画，任何创建的元件都会自动变成当前文档库的一部分。元件可以是任何静态的图形，也可以是连续动画，甚至还能将动作脚本添加到元件中，以便对元件进行更复杂的控制。

元件还简化了文档的编辑，当编辑元件时，该元件的所有实例都相应地更新以反映编辑。元件的另一好处是使用它们可以创建完善的交互性。元件可以像按钮或图形那样简单，也可以像影片剪辑那样复杂，创建元件后，必须将其存储到【库】面板中。实例其实只是对原始元件的引用，它通知 Flash 在该位置绘制指定元件的一个副本。通过使用元件和实例，可以使资源更易于组织，使 Flash 文件更小。

1．使用元件的优点

下边归纳了 3 个在动画中使用元件最显著的优点。

(1) 可以减小文件的大小。制作运动类型的过渡动画效果时，必须将图形转换成元件，否则将失去透明度等属性，而且不能制作补间动画。当在创建了元件之后，在以后的作品制作中，用户只需要引用该元件即可，即在场景中创建该元件的实例，所有的元件只需要在文件中保存一次，这样可以使文件大大减小，减少磁盘的空间。

(2) 可以简化动画的制作过程。在动画制作过程中，将频繁使用的设计元素做成元件，在多次使用时就不必每次都重新编辑该对象。使用元件的另一优点在于当库中的元件被修改后，在该场景中该元件的所有实例就会随之发生改变，因此大大节省了设计的时间。

(3) 方便了网络传输。当将 Flash 文件传输到网上时，虽然一个元件在影片中创建了多个实例，但是无论在影片中出现过多少次，该实例在浏览时只需下载一次，不用在每次遇到该实例时都下载，这样就可以加快影片的播放速度，避免了同一对象的重复下载。

2．元件的类型

在 Flash 中可以制作的元件类型有 3 种：图形元件、按钮元件及影片剪辑元件。每种元件都有其在影片中所特有的作用和特性。

1) 图形元件

在 Flash 中图形元件适用于静态图像的重复使用，或者创建与主时间轴相关联的动画。它不能提供实例名称，也不能在动作脚本中被引用。图形元件如图 10.30 所示。

2) 按钮元件

按钮元件实际上是四帧的交互影片剪辑，它只对鼠标动作做出反应，并转到所指向的帧，用于建立交互按钮。如图 10.31 所示为按钮元件。它与平常在网页中出现的按钮一样，可以通过对它的设置来触发某些特殊效果，如控制影片的播放、停止等。按钮的【时间轴】面板如图 10.32 所示。

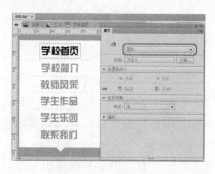

图 10.30　图形元件

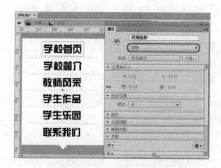

图 10.31　按钮元件

- 【弹起】：鼠标指针不在按钮上时的状态，即按钮的原始状态。
- 【指针经过】：鼠标指针移动到按钮上时的按钮状态。
- 【按下】：鼠标指针单击按钮时的按钮状态。
- 【点击】：用于设置对鼠标动作做出反应的区域，这个区域在 Flash 影片播放时是不会显示的。

3）影片剪辑元件

影片剪辑是 Flash 中最具有交互性、用途最多及功能最强的部分。它基本上是一个小的独立电影，可以包含交互式控件、声音，甚至其他影片剪辑实例。可以将影片剪辑实例放在按钮元件的时间轴内，以创建动画按钮。如果主场景中存在影片剪辑，即使主电影的时间轴已经停止，影片剪辑的时间轴仍可以继续播放，这里可以将影片剪辑设想为主电影中嵌套的小电影。

影片剪辑是包含在 Flash 影片中的影片片段，有自己的时间轴和属性。具有交互性，是用途最广、功能最多的部分。可以包含交互控制、声音以及其他影片剪辑的实例，也可以将其放置在按钮元件的时间轴中创建动画按钮，如图 10.33 所示。

图 10.32　按钮元件的【时间轴】面板

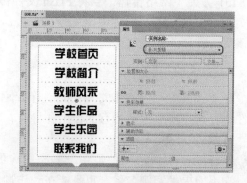

图 10.33　影片剪辑元件

10.3.2　创建元件

用户可以通过两种方式创建元件，下面将对其进行简单介绍。

1．新建元件

新建元件有以下几种方法。

(1) 用户可以在菜单栏中单击【插入】按钮，在弹出的下拉菜单中选择【新建元件】命令，用户可以在弹出的对话框中进行设置，如图 10.34 所示。

(2) 打开【库】面板，在该面板底部单击【新建元件】按钮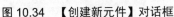，如图 10.35 所示。

图 10.34　【创建新元件】对话框

图 10.35　单击【新建元件】按钮

(3) 打开【库】面板，在该面板中单击按钮，在弹出的下拉菜单中选择【新建元件】命令，如图 10.36 所示。

2．转换为元件

用户可以在舞台中选择需要转换为元件的对象，在菜单栏中单击【修改】按钮，在弹出的下拉菜单中选择【转换为元件】命令，如图 10.37 所示，在弹出的对话框中选择要转换的元件类型即可，如图 10.38 所示。

图 10.36　选择【新建元件】命令

图 10.37　选择【转换为元件】命令

图 10.38　【转换为元件】对话框

10.3.3 编辑元件

复制某个元件使用户可以使用现有的元件作为创建新元件的起点，复制元件后，新元件将被添加到库中，用户可以根据需要进行修改。下面将介绍复制元件的具体操作步骤。

(1) 在【库】面板中选择一个要复制的元件，如图 10.39 所示。

(2) 在【库】面板中单击其右上角的 按钮，从弹出的下拉菜单中选择【直接复制】命令，如图 10.40 所示。

(3) 在打开的【直接复制元件】对话框中输入新元件的名称，如图 10.41 所示。

(4) 设置完成后单击【确定】按钮，即可完成对选中对象的复制，如图 10.42 所示。

图 10.39　选择要进行复制的元件

图 10.40　选择【直接复制】命令

图 10.41　设置元件名称

除此之外，用户也可以通过在菜单命令中选择相应的命令，通过执行操作而复制元件。其具体操作步骤如下。

(1) 在舞台上选择一个要复制的元件。

(2) 在菜单栏中选择【修改】|【元件】|【直接复制元件】命令，如图 10.43 所示，此时将弹出如图 10.44 所示的【直接复制元件】对话框，在该对话框中对其进行命名，设置完成后单击【确定】按钮即可。

如果用户需要从影片中彻底删除一个元件，可在【库】面板中选择需要删除的元件，单击其底部的【删除】按钮即可将其删除。如果用户只是在舞台删除某个元件，可在舞台中选择该元件，按 Delete 键将其在舞台中删除，则删除的只是元件的一个实例，真正的元件并没有从影片中删除。删除元件和复制元件一样，可以通过【库】面板右上角的面板菜单或者右键快捷菜单进行删除操作。

图 10.42　复制对象后的效果

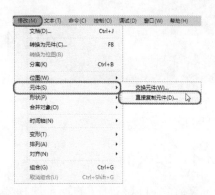

图 10.43　选择【直接复制元件】命令

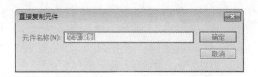

图 10.44　【直接复制元件】对话框

10.3.4　转换元件类型

一种元件被创建后，其类型并不是不可改变的，它可以在图形、按钮和影片剪辑这 3 种元件之间互相转换，同时保持原有特性不变。

要将一种元件转换为另一种元件，首先要在【库】面板中选取该元件，然后在其上右击，从弹出的快捷菜单中选取【属性】命令，如图 10.45 所示。用户可以在弹出的对话框中设置元件的类型，如图 10.46 所示，选择相应的类型后，单击【确定】按钮即可更改元件的类型。

除此之外，用户还可以在选择元件后按 Ctrl+F3 组合键，在弹出的【属性】面板中设置元件的类型，如图 10.47 所示。

图 10.45　选择【属性】命令

图 10.46　修改元件类型

图 10.47　在【属性】面板中设置元件类型

10.4 实 例

实例是指位于舞台上或嵌套在另一个元件内的元件副本。实例可以与其父元件在颜色、大小和功能方面有差别。编辑元件会更新它的所有实例，但对元件的一个实例应用效果则只更新该实例。

10.4.1 实例的编辑

创建实例可以在打开的场景选择要转换成元件的对象，按 F8 键即可将其转换为元件，转换后，库中就生成了一个元件，同时舞台中的图像也将转换为实例。由于实例的创建源于元件，因此只要元件被修改编辑，那么所关联的实例也将会被更新。应用各实例时需要注意，影片剪辑实例的创建和包含动画的图形实例的创建是不同的。电影片段是只需要一个帧就可以播放动画，而且编辑环境中不能演示动画效果；而包含动画的图形实例，则必须在与其元件同样长的帧中放置，才能显示完整的动画。

如果要创建元件的新实例，首先在时间轴上选择要放置此实例的图层。Flash 只可以将实例放在关键帧中，并且总是在当前图层上。如果没有选择关键帧，Flash 会将实例添加到当前帧左侧的第一个关键帧上。在菜单栏中单击【窗口】按钮，在弹出的下拉菜单中选择【库】命令，在打开的【库】面板中将该元件拖曳到舞台中即可，释放鼠标后，就会在舞台上创建元件的一个实例，然后就可以在影片中使用此实例或者对其进行编辑操作。

10.4.2 编辑实例的属性

每个元件实例都各有独立于该元件的属性。可以更改实例的色调、透明度和亮度；重新定义实例的行为(例如把按钮更改为图形)；并可以设置动画在图形实例内的播放形式。也可以倾斜、旋转或缩放实例，这并不会影响元件。

1. 设置实例名称

在 Flash CC 中除了使用实例默认的名称外，用户还可以根据需要自定义实例的名称，例如在场景中选择要更改名称的实例，打开【属性】面板，在其右侧的【实例名称】文本框中输入该实例的名称即可，如图 10.48 所示。

在 Flash 中只有按钮元件实例和影片剪辑元件实例可以设置其实例名称，而图形元件无法设置实例名称，如图 10.49 所示。

图 10.48　设置实例名称

图 10.49　图形元件无法设置实例名称

在创建了元件的实例后，使用【属性】面板还可以指定此实例的颜色效果和动作，设置图形显示模式或更改实例的行为。除非用户另外指定，否则实例的行为与元件行为相同。对实例所做的任何更改都只影响该实例，并不影响元件。

2．为实例添加样式

在 Flash 中，每个元件实例都可以有自己的色彩效果，要设置实例的颜色和透明度选项，用户可以使用【属性】面板对其进行调整。【属性】面板中的设置也会影响放置在元件内的位图。

当在特定帧中改变一个实例的颜色和透明度时，Flash 会在显示该帧时立即进行这些更改。要改变实例的颜色样式可以从【属性】面板中的【样式】下拉列表框中选择，如图 10.50 所示。

- 【无】：不设置颜色效果，此项为默认设置。
- 【亮度】：调节图像的相对亮度或暗度，度量范围是从黑(-100%)到白(100%)。用户可以通过拖曳滑块调整亮度，或者在框中输入一个值，其默认值为 0。
- 【色调】：用相同的色相为实例着色。用户可以通过拖曳滑块调整色调，或者在框中输入一个值。如果要选择颜色，可以在红、绿和蓝色文本框输入相应的数值；或者单击【样式】右侧的颜色框，在弹出的列表中设置其颜色，如图 10.51 所示。
- 【高级】：分别用于调节实例的红色、绿色、蓝色和透明度值。左侧的控制选项可以使用户按指定的百分比降低颜色或透明度的值。右侧的控制选项使用户按常数值降低或增大颜色或透明度的值。
- 【Alpha(不透明度)】：用于调节实例的透明度，调节范围是从透明(0)到完全饱和(100%)。用户可以通过拖曳滑块来改变 Alpha 值，或者在框中输入一个值。

在此对话框中，可以单独调整实例元件的红、绿、蓝三原色和 Alpha(透明度)。这在制作颜色变化非常精细的动画时最有用。每一项都通过左右两个文本框调整，左边的文本框用来输入减少相应颜色分量或透明度的比例，右边的文本框通过具体数值来增加或减小相应颜色或透明度的值。

图 10.50　【样式】下拉列表

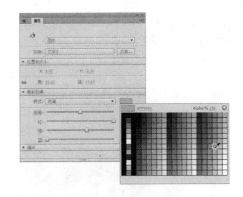

图 10.51　设置色调颜色

将当前的红、绿、蓝和 Alpha(透明度)的值都乘以百分比值，然后加上右列中的常数值，就会产生新的颜色值。例如，如果当前红色值是 100，把左侧的滑块设置到 50%，并把右侧滑块设置到 100，就会产生一个新的红色值 150((100×0.5)+100=150)。

3．交换实例

要在舞台上显示不同的实例，并保留所有的原始实例属性(如色彩效果或按钮动作)，用户可以为实例分配不同的元件。具体操作步骤如下。

(1) 在舞台中选择要交换的实例，在【属性】面板中单击【交换】按钮，如图 10.52 所示的对话框。

(2) 在弹出的对话框中选择要进行交换的元件，如图 10.53 所示，选择完成后，单击【确定】按钮即可。

图 10.52　单击【交换】按钮

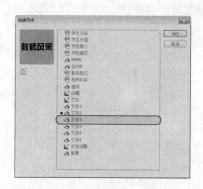

图 10.53　选择要进行交换的元件

如果要复制选定的元件，可单击对话框底部的【复制元件】按钮。如果制作的是几个具有细微差别的元件，那么复制操作使用户可以在库中现有元件的基础上建立一个新元件，并将复制工作减到最少。

10.5　上 机 练 习

10.5.1　制作网站导航栏

下面将介绍如何在 Flash 中制作网站导航栏，效果如图 10.54 所示。该案例主要根据本章介绍的知识来制作。其具体操作步骤如下。

图 10.54　网站导航栏

(1) 在菜单栏中选择【文件】|【新建】命令，弹出【新建文档】对话框，在【类型】列表框中选择 ActionScript 3.0 选项，然后在右侧的设置区域中将【宽】设置为 813 像素，

将【高】设置为 400 像素，如图 10.55 所示。

　　(2) 单击【确定】按钮，即可新建一个空白文档，然后在菜单栏中选择【文件】|【导入】|【导入到舞台】命令，如图 10.56 所示。

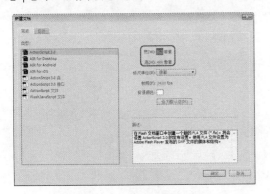

图 10.55　【新建文档】对话框　　　　　　图 10.56　选择【导入到舞台】命令

　　(3) 在弹出的【导入】对话框中选择随书附带光盘的 "CDROM\素材\Cha10\背景.jpg" 素材，如图 10.57 所示，单击【打开】按钮。

　　(4) 单击【打开】按钮，即可将选择的素材文件导入到舞台中，然后按 Ctrl+K 组合键弹出【对齐】面板，在该面板中选中【与舞台对齐】复选框，然后单击【水平中齐】按钮和【底对齐】按钮，如图 10.58 所示。

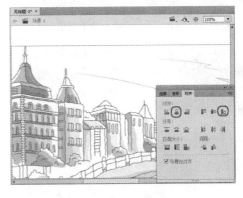

图 10.57　选择素材图片　　　　　　　　图 10.58　对齐对象

　　(5) 调整完成后，在【时间轴】面板中单击【新建图层】按钮，新建【图层 2】，如图 10.59 所示。

　　(6) 按 Ctrl+R 组合键，在弹出的【导入】对话框中选择随书附带光盘中的 "CDROM\素材\Cha10\导航条背景.jpg" 素材，如图 10.60 所示。

　　(7) 单击【打开】按钮，在【对齐】面板中单击【水平中齐】按钮和【顶对齐】按钮，如图 10.61 所示。

　　(8) 确认该对象处于选中状态，按 F8 键，在弹出的对话框中将【名称】设置为"导航栏动画"，将【类型】设置为【影片剪辑】，并调整其对齐方式，如图 10.62 所示。

　　(9) 设置完成后，单击【确定】按钮，在工作区中单击，在【属性】面板中将【舞台】颜色设置为#336600，按 Ctrl+F8 组合键，在弹出的对话框中将【名称】设置为"按钮

1"，将【类型】设置为【按钮】，如图 10.63 所示。

图 10.59　新建图层

图 10.60　选择素材文件

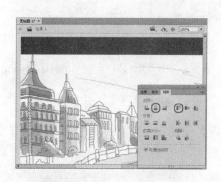

图 10.61　对齐导入的素材文件

图 10.62　【转换为元件】对话框

(10) 设置完成后，单击【确定】按钮，在工具箱中选择文本工具，在舞台中单击，在弹出的文本框中输入文字，选中输入的文字，在【属性】面板中将【系列】设置为【长城特圆体】，将【大小】设置为 15，将【字母间距】设置为 21，将【颜色】设置为白色，在舞台中调整其位置，效果如图 10.64 所示。

图 10.63　【创建新元件】对话框

图 10.64　输入文字并设置其属性

(11) 在工具箱中选择文本工具，在舞台中单击，在弹出的文本框中输入文字，选中输入的文字，在【属性】面板中将【系列】设置为【华文宋体】，将【大小】设置为 11，将【字母间距】设置为 0，将【颜色】设置为白色，在舞台中调整其位置，如图 10.65 所示。

(12) 在舞台中按住 Shift 键选中两个文字对象，按 F8 键，在弹出的对话框中将【名称】设置为"文字 1"，将【类型】设置为【图形】，如图 10.66 所示。

图 10.65 输入文字并进行设置

图 10.66 转换为图形元件

(13) 设置完成后，单击【确定】按钮，在【库】面板中选择【文字 1】并右击，在弹出的快捷菜单中选择【直接复制】命令，如图 10.67 所示。

(14) 在弹出的对话框中将【名称】设置为"文字 1 副本"，如图 10.68 所示。

图 10.67 选择【直接复制】命令

图 10.68 设置元件名称

(15) 在【时间轴】面板中选择【图层 1】的【鼠标经过】帧，按 F7 键插入一个空白关键帧，在【库】面板中选择【文字 1 副本】图形元件，按住鼠标左键将其拖曳至舞台中，并对其进行相应的调整，如图 10.69 所示。

(16) 返回至【场景 1】中，并使用同样的方法创建其他按钮，在【库】面板中双击【导航栏动画】影片剪辑元件，新建【图层 2】，将制作完成的按钮元件拖曳至舞台中，并调整其位置，效果如图 10.70 所示。

图 10.69 调整元件的位置

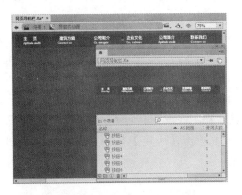

图 10.70 添加按钮元件后的效果

10.5.2 制作按钮动画

下面将介绍如何在 Flash 中制作按钮动画，效果如图 10.71 所示。其具体操作步骤如下。

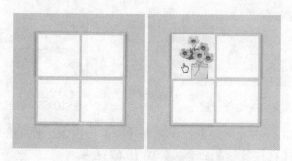

图 10.71 按钮动画

(1) 在菜单栏中选择【文件】|【新建】命令，弹出【新建文档】对话框，在【类型】列表框中选择 ActionScript 3.0 选项，然后在右侧的设置区域中将【宽】、【高】都设置为300 像素，将【背景颜色】设置为#FFCC00，如图 10.72 所示。

(2) 单击【确定】按钮，即可新建一个空白文档，然后在菜单栏中选择【插入】|【新建元件】命令，如图 10.73 所示。

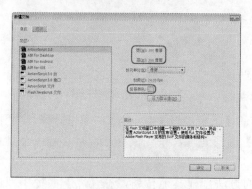

图 10.72 【新建文档】对话框

图 10.73 选择【新建元件】命令

(3) 在弹出的对话框中将【名称】设置为"01"，将【类型】设置为【影片剪辑】，如图 10.74 所示。

(4) 设置完成后，单击【确定】按钮，按 Ctrl+R 组合键，在弹出的【导入】对话框中选择随书附带光盘中的"CDROM\素材\Cha10\花 01.jpg"素材文件，如图 10.75 所示。

(5) 单击【打开】按钮，在【属性】面板中将 X、Y 都设置为 59，如图 10.76 所示。

(6) 按 F8 键，在弹出的对话框中将【名称】设置为"花 01"，将【类型】设置为【图形】，并设置其对齐方式，如图 10.77 所示。

(7) 单击【确定】按钮，在【属性】面板中将 X、Y 分别设置为 281、134，如图 10.78所示。

图 10.74　新建元件

图 10.75　选择素材文件

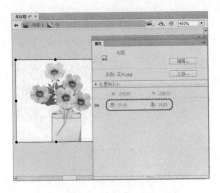

图 10.76　设置文件的属性

图 10.77　将素材转换为元件

（8）在【时间轴】面板中选择该图层的第 5 帧，按 F6 键插入关键帧，在【属性】面板中将【宽】和【高】都设置为 102，如图 10.79 所示。

图 10.78　设置元件的位置

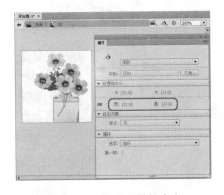

图 10.79　设置元件的大小

（9）设置完成后，在【时间轴】面板中选择第 3 帧并右击，在弹出的快捷菜单中选择【创建传统补间】命令，如图 10.80 所示。

（10）在【时间轴】面板中新建【图层 2】，在第 5 帧处插入关键帧，按 F9 键，在弹出的面板中输入代码"stop();"，如图 10.81 所示。

（11）返回至【场景 1】中，在工具箱中选择矩形工具，在舞台中绘制一个长、宽都为 98 的矩形，将【笔触颜色】设置为#FFCC00，将【填充颜色】设置为白色，将【笔触】设置为 5，如图 10.82 所示。

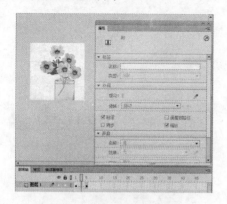

图 10.80　创建传统补间

图 10.81　输入代码

(12) 确认该图形处于选中状态，按 F8 键，在弹出的对话框中将【名称】设置为"按钮 01"，将【类型】设置为【按钮】，调整其对齐方式，如图 10.83 所示。

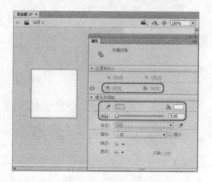

图 10.82　设置对象属性

图 10.83　将绘制的图形转换为元件

(13) 设置完成后，单击【确定】按钮，在【库】面板中选择【按钮 01】，双击进入其编辑模式，选择【指针经过】帧，按 F7 键插入空白关键帧，在【库】面板中选择 01 影片剪辑元件，按住鼠标左键将其拖曳至舞台中并调整其位置，如图 10.84 所示。

(14) 返回至【场景 1】中，在舞台中调整该按钮元件的位置，在【属性】面板中单击【滤镜】选项组中的【添加滤镜】按钮，在弹出的下拉列表中选择【投影】命令，如图 10.85 所示。

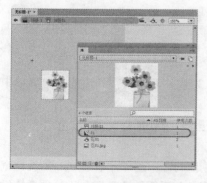

图 10.84　添加影片剪辑元件

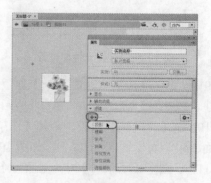

图 10.85　选择【投影】命令

(15) 在【属性】面板中将【强度】设置为 32，将【品质】设置为【高】，将【角度】设置为 193，如图 10.86 所示。

(16) 使用同样的方法制作其他按钮动画，制作完成后的效果如图 10.87 所示，对完成后的场景进行保存即可。

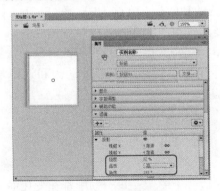

图 10.86　设置投影参数

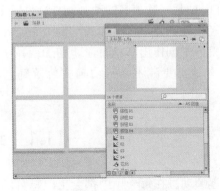

图 10.87　制作其他按钮动画后的效果

10.6 思 考 题

1. 简述导入素材的基本方法。
2. 简述 Flash 元件的概念及作用。
3. 简述实例的概念。

第 11 章　制作简单动画

Flash 是一款著名的动画制作软件，其制作动画的功能是非常强大的。在 Flash CC 中可以轻松地创建丰富多彩的动画效果，并且只需要通过更改时间轴每一帧中的内容，就可以在舞台中创作出移动对象、增加或减小对象大小、旋转、更改颜色、更改对象形状等效果。本章主要讲述逐帧动画、传统补间动画、补间形状动画、引导层动画和遮罩层动画等。

11.1　逐 帧 动 画

逐帧动画在每一帧中都会更改舞台内容，它最适合于图像在每一帧中都在变化而不仅是在舞台上移动的复杂动画。 逐帧动画增加文件大小的速度比补间动画快得多。

在 Flash 中创建动画序列的基本方法有两种：逐帧动画和补间动画。逐帧动画也叫帧帧动画，顾名思义，它需要具体定义每一帧的内容，以完成动画的创建。补间动画包含了运动渐变动画和形状渐变动画两大类动画效果，也包含了引导动画和遮罩动画这两种特殊的动画效果。在补间动画中，用户只需要创建起始帧和结束帧的内容，而让 Flash 自动创建中间帧的内容。Flash 甚至可以通过更改起始帧和结束帧之间的对象大小、旋转方式、颜色和其他属性来创建运动的效果。

逐帧动画需要用户更改影片每一帧中的舞台内容。简单的逐帧动画并不需要用户定义过多的参数，只需要设置好每一帧，动画即可播放。

逐帧动画最适合于每一帧中的图像都在更改，而不仅仅是简单地在舞台中移动的复杂动画。逐帧动画增加文件大小的速度比补间动画快得多，所以逐帧动画的体积一般会比普通动画的体积要大。在逐帧动画中，Flash 会保存每个完整帧的值，如图 11.1 所示为逐帧动画制作的原理。

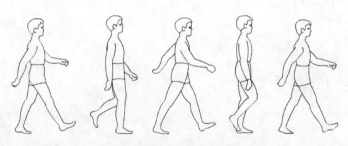

图 11.1　逐帧动画制作的原理

11.2　传统补间动画

补间动画是通过为不同帧中的对象属性指定不同的值而创建的动画。Flash Pro 计算这两个帧之间该属性的值。术语"补间"(tween) 来源于词"中间"(in between)。

　　例如，将舞台左侧的一个元件放在第 1 帧中，然后将其移至舞台右侧的第 20 帧中。当创建补间时，Flash Pro 将计算影片剪辑在此中间的所有位置。结果将得到从左到右(即从第 1 帧移至第 20 帧)的元件动画。在中间的每个帧中，Flash Pro 将影片剪辑在舞台上移动 1/20 的距离。

　　Flash 能生成两种类型的补间动画，一种是传统补间，另一种是补间形状。传统补间需要在一个点定义实例的位置、大小及旋转角度等属性，然后才可以在其他的位置改变这些属性，从而由这些变化产生动画。

11.2.1　了解传统补间动画

　　利用传统补间方式可以制作出多种类型的动画效果，如位置移动、大小变化、旋转移动、逐渐消失等。只要能够熟练地掌握并运用这些简单的传统补间效果，就能通过对它们相互组合而制作出样式更加丰富、效果更加吸引人的复杂动画。

　　使用传统补间，需要具备以下两个前提条件。

* 起始关键帧与结束关键帧缺一不可。
* 应用于传统补间的对象必须具有元件或者群组的属性。

　　为时间轴设置了补间效果后，【属性】面板将有所变化，如图 11.2 所示。

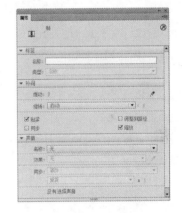

图 11.2　传统补间【属性】面板

* 【标签】选项区域。
  * 【名称】：设置补间的名称。
  * 【类型】：设置名称以什么类型出现，这里可以选择【名称】、【注释】和【锚记】。
* 【补间】选项区域。
  * 【缓动】：应用于有速度变化的动画效果。当移动滑块在 0 值以上时，实现的是由快到慢的效果；当移动滑块在 0 值以下时，实现的是由慢到快的效果。
  * 【旋转】：设置对象的旋转效果。
  * 【贴紧】：选中该复选框可以使对象附着在引导线上。
  * 【调整到路径】：在路径动画效果中，选中该复选框，对象能够沿着引导线的路径移动。
  * 【同步】：设置元件动画的同步性。
  * 【缩放】：应用于有大小变化的动画效果。
* 【声音】选项区域。
  * 【名称】：如果该补间中添加了声音，则在这里显示声音的名称。
  * 【效果】：从中可以选择声音的效果，如【左声道】、【右声道】、【向左淡出】、【向右淡出】等。

11.2.2 创建传统补间动画

下面将介绍如何创建传统补间动画，效果如图 11.3 所示。其具体操作步骤如下。

(1) 启用 Flash CC 软件，按 Ctrl+N 组合键，在打开的界面中单击【新建】选项下的 ActionScript 3.0 按钮，将【宽】和【高】分别设置为 800、500 像素，将【帧频】设置为 45fps，如图 11.4 所示。

图 11.3　传统补间动画

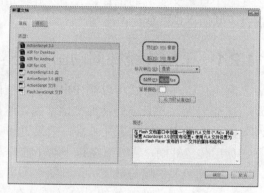

图 11.4　【新建文档】对话框

(2) 在工具箱中选择矩形工具，在舞台中按住鼠标绘制一个 800 像素×500 像素的矩形，如图 11.5 所示。

(3) 使用选择工具选中该矩形，按 Alt+Shift+F9 组合键，打开【颜色】面板，在该面板中将【笔触颜色】设置为无，将【填充颜色】的【颜色类型】设置为【线性渐变】，选择左侧的色标，在其下方的文本框中输入"094699"，再选择右侧的色标，在其下方的文本框中输入"1A6BBB"，如图 11.6 所示。

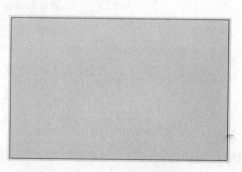

图 11.5　绘制矩形

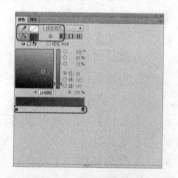

图 11.6　设置渐变颜色

(4) 设置完成后，即可为该矩形填充所设置的渐变颜色，填充渐变颜色后的效果如图 11.7 所示。

(5) 在工具箱中选择渐变变形工具，在舞台中选择绘制的矩形，将鼠标指针移至如图 11.8 所示的位置，按住鼠标左键并将鼠标顺时针旋转 90°。

(6) 将鼠标指针移至⊡图标上，按住鼠标左键调整渐变的大小，调整后的效果如图 11.9 所示。

图 11.7　填充渐变颜色后的效果　　　　　图 11.8　移动鼠标的位置

(7) 在【时间轴】面板中选择【图层 1】的第 115 帧并右击，在弹出的快捷菜单中选择【插入帧】命令，如图 11.10 所示。

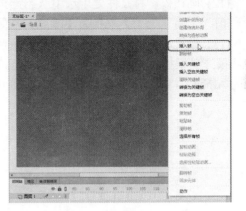

图 11.9　调整渐变颜色后的效果　　　　　图 11.10　选择【插入帧】命令

(8) 在【时间轴】面板中单击【新建图层】按钮，新建【图层 2】，如图 11.11 所示。

(9) 在菜单栏中选择【文件】|【导入】|【导入到舞台】命令，如图 11.12 所示。

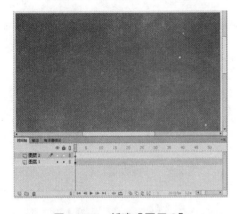

图 11.11　新建【图层 2】　　　　　图 11.12　选择【导入到舞台】命令

(10) 在弹出的【导入】对话框中选择随书附带光盘中的"CDROM\素材\Cha11\云1.png"文件，如图 11.13 所示。

(11) 选择完成后，单击【打开】按钮，即可将选中的素材文件导入到舞台中，在舞台中调整该素材的位置及大小，效果如图 11.14 所示。

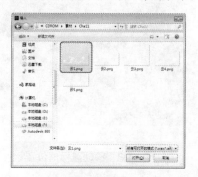

图 11.13　选择素材文件

图 11.14　调整素材文件的大小及位置

(12) 确认该素材文件处于选中状态，按 F8 键，在弹出的对话框中将【名称】设置为"云 01"，将【类型】设置为【图形】，如图 11.15 所示。

(13) 设置完成后，单击【确定】按钮，在【时间轴】面板中选择【图层 2】的第 115 帧，按 F6 键插入关键帧，在舞台中调整该元件的位置，在【属性】面板中将【样式】设置为 Alpha，将 Alpha 设置为 42，如图 11.16 所示。

图 11.15　【转换为元件】对话框

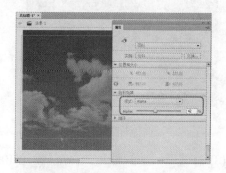

图 11.16　添加 Alpha 样式

(14) 设置完成后，选择【图层 2】的第 90 帧并右击，在弹出的快捷菜单中选择【创建传统补间】命令，如图 11.17 所示。

(15) 执行该操作后，即可为【图层 2】创建传统补间，效果如图 11.18 所示。

图 11.17　选择【创建传统补间】命令

图 11.18　创建传统补间后的效果

(16) 在【时间轴】面板中单击【新建图层】按钮，新建【图层 3】，如图 11.19 所示。

(17) 按 Ctrl+R 组合键，在弹出的对话框中选择随书附带光盘中的 "CDROM\素材\Cha11\云 2.png" 文件，如图 11.20 所示。

图 11.19　新建【图层 3】

图 11.20　选择素材文件

(18) 单击【打开】按钮，在舞台中选中该素材文件，按 F8 键，在弹出的对话框中将【名称】设置为 "云 02"，将【类型】设置为【图形】，调整其对齐方式，如图 11.21 所示。

(19) 设置完成后，单击【确定】按钮，在舞台中调整其位置，调整后的效果如图 11.22 所示。

图 11.21　将素材文件转换为元件

图 11.22　调整元件的位置

(20) 在【时间轴】面板中选择【图层 3】的第 90 帧，按 F6 键插入关键帧，在舞台中调整其位置，将【样式】设置为 Alpha，将 Alpha 设置为 0，如图 11.23 所示。

(21) 选择【图层 3】的第 50 帧并右击，在弹出的快捷菜单中选择【创建传统补间】命令，即可创建传统补间，效果如图 11.24 所示。

图 11.23　添加 Alpha 样式

图 11.24　创建传统补间

197

(22) 使用同样的方法创建其他传统补间动画，创建后的效果如图 11.25 所示。

(23) 在【时间轴】面板中单击【新建图层】按钮，新建【图层 7】，选择第 115 帧，按 F6 键插入关键帧，按 F9 键，在弹出的面板中输入代码"stop();"，如图 11.26 所示，输入完成后，将该面板关闭即可。

图 11.25　创建其他传统补间动画

图 11.26　输入代码

11.3　补间形状动画

补间形状动画适用于图形对象。在两个关键帧之间可以制作出图形变形效果，让一种形状可以随时间变化成另一个形状；还可以使形状的位置、大小和颜色进行渐变。

11.3.1　补间形状动画基础

补间形状动画是在某一帧中绘制对象，再在另一帧中修改对象或者重新绘制其他对象，然后由 Flash 计算两个帧之间的差异插入变形帧，这样，当连续播放时会出现形状补间的动画效果。对于补间形状动画，要为一个关键帧中的形状指定属性，然后在后续关键帧中修改形状或者绘制另一个形状。

如果想取得一些特殊的效果，需要在【属性】面板中进行相应的设置。当将某一帧设置为补间形状后，【属性】面板如图 11.27 所示。

- 【缓动】：输入一个-100～100 之间的数，或者通过右边的滑块来调整。如果要慢慢地开始补间形状动画，并朝着动画的结束方向加速补间过程，可以向下拖曳滑块或输入一个-1～-100 之间的负值。如果要快速地开始补间形状动画，并朝着动画的结束方向减速补间过程，可以向上拖曳滑块或输入一个1～100 之间的正值。在默认情况下，补间帧之间的变化速率是不变的，通过调节此项可以调整变化速率，从而创建更加自然的变形

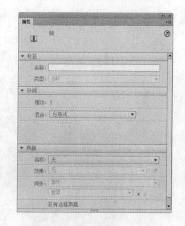

图 11.27　【属性】面板

效果。

- 【混合】：通过【分布式】选项创建的动画，形状比较平滑和不规则。通过【角形】选项创建的动画，形状会保有明显的角和直线。【角形】只适合于具有锐化转角和直线的混合形状。如果选择的形状没有角，Flash 会还原到【分布式】补间形状。

11.3.2 创建补间形状动画

下面通过一个实例来介绍一下补间形状动画的制作，效果如图 11.28 所示。其具体操作步骤如下。

图 11.28 创建补间形状动画

(1) 在菜单栏中选择【文件】|【新建】命令，弹出【新建文档】对话框，在【类型】列表框中选择 ActionScript 3.0 选项，然后在右侧的设置区域中将【宽】设置为 719 像素，将【高】设置为 525 像素，如图 11.29 所示。

(2) 单击【确定】按钮，即可新建一个空白文档，然后在菜单栏中选择【文件】|【导入】|【导入到舞台】命令，如图 11.30 所示。

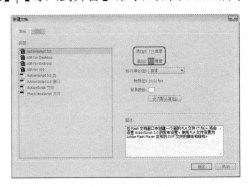

图 11.29 【新建文档】对话框

图 11.30 选择【导入到舞台】命令

(3) 在弹出的【导入】对话框中选择随书附带光盘中的"CDROM\素材\Cha11\背景01.jpg"素材文件，如图 11.31 所示。

(4) 单击【打开】按钮，即可将选择的素材文件导入到舞台中，然后按 Ctrl+K 组合键弹出【对齐】面板，在该面板中选中【与舞台对齐】复选框，然后单击【水平中齐】按钮和【垂直中齐】按钮，单击【匹配宽和高】按钮，如图 11.32 所示。

图 11.31 选择素材图片

图 11.32 对齐对象

(5) 确定导入的素材文件处于选择状态，按 F8 键弹出【转换为元件】对话框，在该对话框中输入【名称】为"背景"，将【类型】设置为【图形】，如图 11.33 所示。

(6) 单击【确定】按钮，即可将素材文件转换为元件，在【时间轴】面板中选择【图层 1】的第 75 帧，按 F5 键插入帧，如图 11.34 所示。

图 11.33 将素材转换为元件

图 11.34 插入帧

(7) 在【时间轴】面板中单击【新建图层】按钮，新建【图层 2】，如图 11.35 所示。

(8) 按 Ctrl+R 组合键，在弹出的对话框中选择随书附带光盘中的"CDROM\素材\Cha11\花.png"素材文件，如图 11.36 所示。

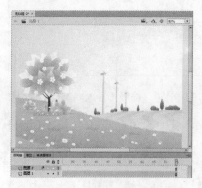

图 11.35 新建【图层 2】

图 11.36 选择素材文件

(9) 单击【打开】按钮，选中该素材文件，按 F8 键，在弹出的对话框中将【名称】设置为"花"，将【类型】设置为【图形】，并设置对齐方式，如图 11.37 所示。

(10) 设置完成后，单击【确定】按钮，在【属性】面板中将 X、Y 分别设置为 88、195，将【宽】和【高】都设置为 30，如图 11.38 所示。

图 11.37　将素材文件转换为元件

图 11.38　调整元件的大小和位置

(11) 在【时间轴】面板中选择【图层 2】的第 40 帧，按 F6 键插入关键帧，在【属性】面板中将 X、Y 分别设置为 412、142，如图 11.39 所示。

(12) 选择【图层 2】的第 20 帧并右击，在弹出的快捷菜单中选择【创建传统补间】命令，即可创建传统补间，如图 11.40 所示，选择【图层 2】的第 1 帧，在【属性】面板中将【旋转】设置为【顺时针】。

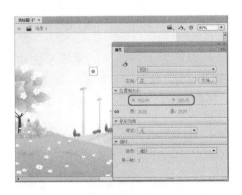

图 11.39　设置 X/Y 值

图 11.40　创建传统补间

(13) 在【时间轴】面板中选择【图层 2】的第 42 帧并右击，在弹出的快捷菜单中选择【插入空白关键帧】命令，插入空白关键帧，如图 11.41 所示。

(14) 按 Ctrl+L 组合键，在弹出的【库】面板中选择【花.png】，按住鼠标左键将其拖曳至舞台中，并调整其大小和位置，如图 11.42 所示。

(15) 在菜单栏中选择【修改】|【位图】|【转换位图为矢量图】命令，如图 11.43 所示。

(16) 在弹出的对话框中将【颜色阈值】设置为 50，将【最小区域】设置为 10，如图 11.44 所示。

图 11.41　插入空白关键帧　　　　　　　　图 11.42　将素材文件拖曳至舞台中

图 11.43　选择【转换位图为矢量图】命令　　　图 11.44　【转换位图为矢量图】对话框

(17) 设置完成后，单击【确定】按钮，选择【图层 2】的第 75 帧，按 F7 键插入空白关键帧，如图 11.45 所示。

(18) 在工具箱中选择【文本】工具 T，在舞台中单击，在弹出的文本框中输入文字，选中输入的文字，在【属性】面板中将【系列】设置为【汉仪行楷简】，将【大小】设置为 65，将【颜色】设置为#FFCC00，设置完成后，在舞台中调整其位置，如图 11.46 所示。

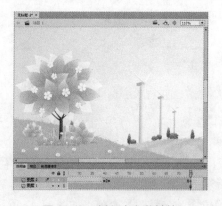

图 11.45　插入空白关键帧　　　　　　　　图 11.46　输入文字并进行设置

(19) 确认该文字处于选中状态，按 Ctrl+B 组合键，将其打散，效果如图 11.47 所示。

(20) 选择第 60 帧并右击，在弹出的快捷菜单中选择【创建补间形状】命令，效果如图 11.48 所示。

图 11.47 打散文字

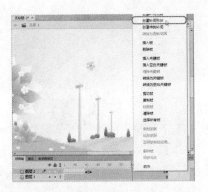

图 11.48 选择【创建补间形状】命令

(21) 执行该操作后，即可创建补间形状动画，效果如图 11.49 所示。

(22) 使用同样的方法创建其他补间形状动画，效果如图 11.50 所示。

图 11.49 创建补间形状后的效果

图 11.50 创建其他补间形状后的效果

(23) 在【时间轴】面板中单击【新建图层】按钮，新建图层，如图 11.51 所示。

(24) 选择新建图层的第 75 帧，按 F6 键插入关键帧，按 F9 键插入关键帧，在【动作】面板中输入代码 "stop();"，如图 11.52 所示，输入完成后，将该面板关闭，并对完成后的场景进行保存即可。

图 11.51 新建图层

图 11.52 输入代码

11.4 引导层动画

创建传统补间(动作补间动画)的制作流程一般是：先在一个关键帧中定义实例的大小、颜色、位置、透明度等参数，然后创建出另一个关键帧并修改这些参数，最后创建补间，让 Flash 自动生成过渡状态。

使用运动引导层可以创建特定路径的补间动画效果，实例、组或文本块均可沿着这些路径运动。在影片中也可以将多个图层链接到一个运动引导层，从而使多个对象沿同一条路径运动，链接到运动引导层的常规层相应地就成为引导层。

11.4.1 引导层动画基础

引导层是不显示的，主要起到辅助图层的作用，它可以分为普通引导层和运动引导层两种。下面分别介绍普通引导层和运动引导层的功能。

1. 普通引导层

普通引导层以图标 表示，起到辅助静态对象定位的作用，它无须使用被引导层，可以单独使用。创建普通引导层的操作步骤很简单，只需选中要作为引导层的图层，右击并在弹出的快捷菜单中选择【引导层】命令，如图 11.53 所示，即可创建引导层，效果如图 11.54 所示。

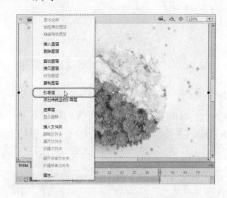

图 11.53　选择【引导层】命令　　　　图 11.54　设置为引导层后的效果

若要将普通引导层更改为普通图层，只需再次在引导图层上右击，从弹出的快捷菜单中选择【引导层】命令即可。引导层有着与普通图层相似的图层属性，因此，可以在普通引导层上进行图层锁定、隐藏等操作。

2. 运动引导层

创建运动引导层的过程也很简单，选中被引导层，单击 添加运动引导层按钮或右击并在弹出的快捷菜单中选择【添加传统运动引导层】命令即可，如图 11.55 所示。

运动引导层的默认命名规则为【引导层：被引导图层名】。建立运动引导层的同时也建立了两者之间的关联，从图 11.56 中【图层 1】的标签向内缩进可以看出两者之间的关系，具有缩进的图层为被引导层，上方无缩进的图层为运动引导层。如果在运动引导层上绘制一条路径，任何同该层建立关联的层上的过渡元件都将沿这条路径运动。以后可以将任意多的标准图层关联到运动引导层，这样，所有被关联的图层上的过渡元件都共享同一条运动路径。要使更多图层同运动引导层建立关联，只需将其拖曳到引导层下即可。设置引导层和引导路径以后，与之相连的下一层里面的物件就会按照引导层里面的引导路径来运动。

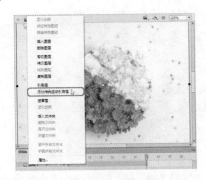

图 11.55　选择【添加传统运动引导层】命令

图 11.56　传统运动引导层

在运动引导层的名称旁边有一个图标 ，表示当前图层的状态是运动引导，运动引导层总是与至少一个图层相关联(如果需要，它可以与任意多个图层相关联，也就是说一个引导层可以引导多个普通图层)，这些被关联的图层被称为被引导层。将层与运动引导层关联起来可以使被引导图层上的任意对象沿着运动引导层上的路径运动。创建运动引导层时，已被选择的层都会自动与该运动引导层建立关联。也可以在创建运动引导层之后，将其他任意多的标准层与运动层相关联或者取消它们之间的关联。任何被引导层的名称栏都将被嵌在运动引导层的名称栏下面，表明一种层次关系。

引导层就是起到引导作用的图层，分别为普通引导层和运动引导层两种。普通引导层在绘制图形时起到辅助作用，用于帮助对象定位；运动引导层中绘制的图形均被视为路径，使其他图层中的对象可以按照特定的路径运动。

11.4.2　创建引导层动画

下面将介绍如何利用引导层制作动画，效果如图 11.57 所示。其具体操作步骤如下。

图 11.57　引导层动画

(1) 在菜单栏中选择【文件】|【新建】命令，弹出【新建文档】对话框，在【类型】列表框中选择 ActionScript 3.0 选项，然后在右侧的设置区域中将【宽】设置为 857 像素，将【高】设置为 333 像素，将【帧频】设置为 10，如图 11.58 所示。

(2) 单击【确定】按钮，即可新建一个空白文档，然后在菜单栏中选择【文件】|【导入】|【导入到舞台】命令，如图 11.59 所示。

图 11.58　【新建文档】对话框　　　　　　　图 11.59　选择【导入到舞台】命令

(3) 在弹出的【导入】对话框中选择随书附带光盘中的 CDROM\素材\Cha11\背景02.jpg 素材文件，如图 11.60 所示。

(4) 单击【打开】按钮，即可将选择的素材文件导入到舞台中，然后按 Ctrl+K 组合键打开【对齐】面板，在该面板中选中【与舞台对齐】复选框，然后单击【水平中齐】按钮和【垂直中齐】按钮，单击【匹配宽和高】按钮，如图 11.61 所示。

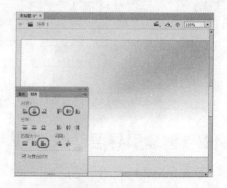

图 11.60　选择素材图片　　　　　　　　　图 11.61　对齐对象

(5) 在【时间轴】面板中选择【图层 1】的第 80 帧并右击，在弹出的快捷菜单中选择【插入帧】命令，插入帧，如图 11.62 所示。

(6) 在【时间轴】面板中单击【新建图层】按钮，新建【图层 2】，如图 11.63 所示。

(7) 按 Ctrl+R 组合键，在弹出的对话框中选择随书附带光盘中的"CDROM\素材\Cha11\飞机.png"素材文件，如图 11.64 所示。

(8) 单击【打开】按钮，选中该素材文件，按 F8 键，在弹出的对话框中将【名称】设置为"飞机"，将【类型】设置为【图形】，并设置对齐方式，如图 11.65 所示。

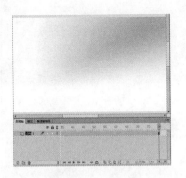

图 11.62　插入帧

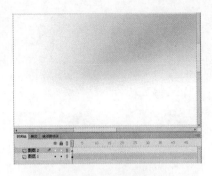

图 11.63　新建图层

图 11.64　选择素材文件

图 11.65　将素材文件转换为元件

(9) 单击【确定】按钮，在工具箱中选择任意变形工具，在舞台中调整该元件的中心点，调整完成后的效果如图 11.66 所示。

(10) 在舞台中调整其大小和位置，调整后的效果如图 11.67 所示。

图 11.66　调整中心点的位置

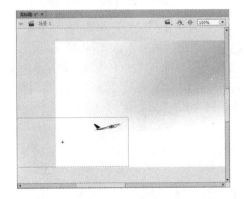

图 11.67　调整元件的大小和位置

(11) 选择【图层 2】并右击，在弹出的快捷菜单中选择【添加传统运动引导层】命令，如图 11.68 所示。

(12) 在工具箱中选择钢笔工具，在舞台中绘制一个运动路径，绘制后的效果如图 11.69 所示。

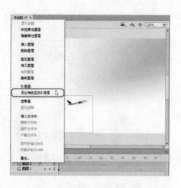

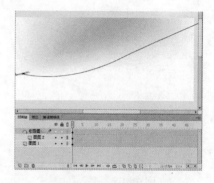

图 11.68　选择【添加传统运动引导层】命令　　　　图 11.69　绘制运动路径

(13) 选择【图层 2】第 1 帧上的元件，按住鼠标左键将其拖曳至路径的起始位置，如图 11.70 所示。

(14) 选择【图层 2】的第 80 帧，按 F6 键插入关键帧，将该帧上的元件拖曳至路径的结束位置，在【属性】面板中将【样式】设置为 Alpha，将 Alpha 设置为 12，如图 11.71 所示。

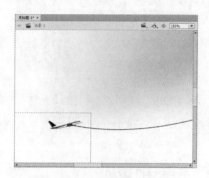

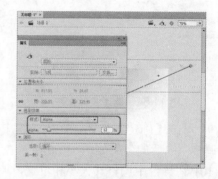

图 11.70　调整元件的位置　　　　图 11.71　为元件添加样式

(15) 选择【图层 2】的第 50 帧并右击，在弹出的快捷菜单中选择【创建传统补间】命令，即可创建传统补间，如图 11.72 所示。

(16) 在时间轴面板中选择【引导层】，单击【新建图层】按钮，新建图层，将"建筑.png"素材文件导入到舞台中，并调整其大小和位置，如图 11.73 所示。对完成后的场景进行保存即可。

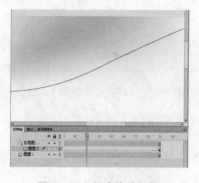

图 11.72　创建传统补间　　　　图 11.73　导入素材文件

11.5　遮 罩 动 画

遮罩动画就是将某个图层作为遮罩，遮罩层的下一层是被遮罩层，而只有遮罩层上填充色块下面的内容可以看见，色块本身是看不见的。遮罩层动画是 Flash 动画中很重要的动画类型，很多效果丰富的动画都是通过在图层中添加遮罩命令而实现的。

Flash 中的遮罩是和遮罩层紧密联系在一起的。在遮罩层中的任何填充区域都是完全透明的；而任何非填充区域都是不透明的。也就是说，遮罩层中如果什么也没有，被遮层中的所有内容都不会显示出来；如果遮罩层全部填满，被遮层的所有内容都能够显示出来；如果只有部分区域有内容，那么只有在有内容的部分才会显示被遮层的内容。

遮罩层中的内容可以是包括图形、文字、实例、影片剪辑在内的各种对象，但是 Flash 会忽略遮罩层中内容的具体细节，只与它们占据的位置有关联。每个遮罩层可以有多个被遮罩层，这样我们可以将多个图层组织在一个遮罩层之下创建非常复杂的遮盖效果。

遮罩动画主要分为两大类：一是遮罩层在运动；二是被遮对象在运动。

11.5.1　遮罩层动画基础

创建遮罩层，可以将遮罩放在作用的层上。与填充不同的是，遮罩就像个窗口，透过它可以看到位于其下面链接层的区域内容。除了显示的内容之外，其余的所有内容都会被遮罩隐藏起来。

就像运动引导层一样，遮罩层起初与一个单独的被遮罩层关联，被遮罩层位于遮罩层的下面。遮罩层也可以与任意多个被遮罩的图层关联，仅那些与遮罩层相关联的图层会受其影响，其他所有图层(包括组成遮罩的图层下面的那些图层及与遮罩层相关联的层)将显示出来。

11.5.2　制作遮罩层动画

本例将介绍遮罩层动画的制作过程，完成后的效果如图 11.74 所示。

图 11.74　遮罩层动画

(1) 在菜单栏中选择【文件】|【新建】命令，弹出【新建文档】对话框，在【类型】列表框中选择 ActionScript 3.0 选项，然后在右侧的设置区域中将【宽】设置为 666 像素，将【高】设置为 536 像素，将【背景颜色】设置为#FFCC00，如图 11.75 所示。

(2) 单击【确定】按钮，即可新建一个空白文档，然后在菜单栏中选择【文件】|【导入】|【导入到舞台】命令，如图 11.76 所示。

图 11.75 【新建文档】对话框

图 11.76 选择【导入到舞台】命令

(3) 在弹出的【导入】对话框中选择随书附带光盘中的"CDROM\素材\Cha11\背景03.jpg"素材文件，如图 11.77 所示。

(4) 单击【打开】按钮，即可将选择的素材文件导入到舞台中，然后按 Ctrl+K 组合键打开【对齐】面板，在该面板中选中【与舞台对齐】复选框，然后单击【水平中齐】按钮和【垂直中齐】按钮，如图 11.78 所示。

图 11.77 选择素材图片

图 11.78 对齐对象

(5) 选中该素材文件，按 F8 键，在弹出的对话框中将【名称】设置为"背景"，将【类型】设置为【影片剪辑】元件，并调整对齐方式，如图 11.79 所示。

(6) 设置完成后，单击【确定】按钮，在【属性】面板中单击【滤镜】选项组中的【添加滤镜】按钮，在弹出的下拉菜单中选择【投影】命令，如图 11.80 所示。

图 11.79 将素材文件转换为元件

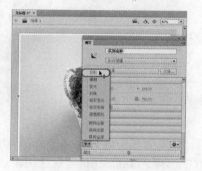

图 11.80 选择【投影】命令

(7) 在【属性】面板中将【模糊 X】和【模糊 Y】都设置为 5 像素，将【强度】设置为 50，将【品质】设置为【高】，将【角度】设置为 45，将【距离】设置为 5，如图 11.81 所示。

(8) 选择【图层 1】的第 85 帧，按 F5 键插入帧，效果如图 11.82 所示。

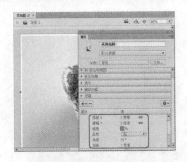
图 11.81 设置元件属性

图 11.82 插入帧

(9) 在【时间轴】面板中单击【新建图层】按钮，新建【图层 2】，如图 11.83 所示。

(10) 在工具箱中选择矩形工具，在舞台中绘制一个宽 18、高 867 的矩形，并取消其描边，如图 11.84 所示。

图 11.83 新建图层

图 11.84 设置图形属性

(11) 确认该对象处于选中状态，按 F8 键，在弹出的对话框中将【名称】设置为"矩形"，将【类型】设置为【图形】，如图 11.85 所示。

(12) 设置完成后，单击【确定】按钮，在工具箱中选择任意变形工具，在舞台中调整中心点的位置，调整后的效果如图 11.86 所示。

图 11.85 将矩形转换为元件

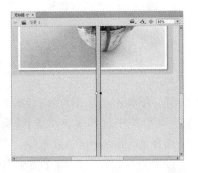
图 11.86 调整元件中心点的位置

(13) 调整完成后，在舞台中调整该元件的位置及角度，调整后的效果如图 11.87 所示。

(14) 在【时间轴】面板中选择【图层 2】的第 85 帧，按 F6 键插入关键帧，并在舞台中调整图形元件的大小，调整后的效果如图 11.88 所示。

图 11.87　调整图形元件的位置及角度

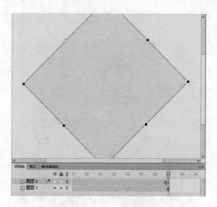

图 11.88　调整元件的大小

(15) 在【时间轴】面板中选择【图层 2】的第 60 帧并右击，在弹出的快捷菜单中选择【创建传统补间】命令，创建后的效果如图 11.89 所示。

(16) 选中【图层 2】并右击，在弹出的快捷菜单中选择【遮罩层】命令，如图 11.90 所示。执行该操作后，即可添加遮罩效果，新建【图层 3】，在第 85 帧插入关键帧，并输入代码"stop();"，然后对完成后的场景进行保存即可。

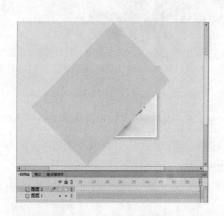

图 11.89　创建传统补间

图 11.90　选择【遮罩层】命令

11.6　上机练习——制作图片欣赏

下面将介绍如何制作图片欣赏动画效果，效果如图 11.91 所示。其具体操作步骤如下。

(1) 在菜单栏中选择【文件】|【新建】命令，弹出【新建文档】对话框，在【类型】列表框中选择 ActionScript 3.0 选项，然后在右侧的设置区域中将【宽】设置为 983 像素，将【高】设置为 600 像素，将【帧频】设置为 20，如图 11.92 所示。

(2) 单击【确定】按钮，即可新建一个空白文档，然后在菜单栏中选择【文件】|【导

入】|【导入到舞台】命令，如图 11.93 所示。

图 11.91　图片欣赏

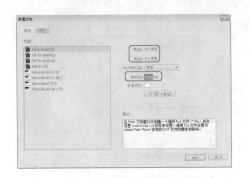

图 11.92　【新建文档】对话框

图 11.93　选择【导入到舞台】命令

(3) 在弹出的【导入】对话框中选择随书附带光盘中的"CDROM\素材\Cha11\图片
1.jpg"素材，如图 11.94 所示。

(4) 单击【打开】按钮，即可将选择的素材文件导入到舞台中，在舞台中调整该素材
文件的大小及位置，调整后的效果如图 11.95 所示。

图 11.94　选择素材文件

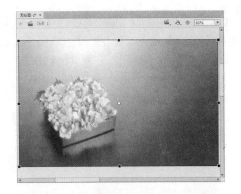

图 11.95　调整素材文件的大小及位置

(5) 确定导入的素材文件处于选中状态，选择【修改】|【变形】|【水平翻转】命令，
如图 11.96 所示。

(6) 执行该操作后，即可将选中的素材文件进行水平翻转，如图 11.97 所示。

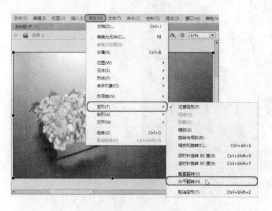

图 11.96　选择【水平翻转】命令

图 11.97　水平翻转后的效果

(7) 确定导入的素材文件处于选中状态，按 F8 键弹出【转换为元件】对话框，在该对话框中输入【名称】为"图片 01"，将【类型】设置为【图形】，并调整其对齐方式，如图 11.98 所示。

(8) 设置完成后，单击【确定】按钮，即可将素材文件转换为元件，然后在【属性】面板中将【样式】设置为 Alpha，将 Alpha 值设置为 5，如图 11.99 所示。

图 11.98　将选中的素材转换为元件

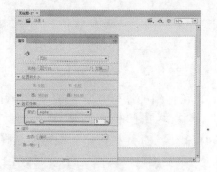

图 11.99　设置 Alpha 参数

(9) 在【时间轴】面板中选择【图层 1】的第 75 帧，右击并在弹出的快捷菜单中选择【插入关键帧】命令，如图 11.100 所示。

(10) 插入关键帧后，选中该帧上的元件，在【属性】面板中将【样式】设置为【无】，如图 11.101 所示。

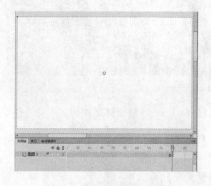

图 11.100　插入关键帧

图 11.101　设置元件的样式

(11) 选择【图层 1】第 50 帧并右击，在弹出的快捷菜单中选择【创建传统补间】命令，即可创建传统补间，如图 11.102 所示。

(12) 选择【图层 1】第 210 帧，按 F6 键插入关键帧，然后选择第 235 帧，按 F6 键插入关键帧，如图 11.103 所示。

图 11.102　创建传统补间　　　　　　　　图 11.103　插入关键帧

(13) 选择第 235 帧，然后在【属性】面板中将图形元件的【样式】设置为 Alpha，将 Alpha 值设置为 0，如图 11.104 所示。

(14) 选择【图层 1】第 225 帧并右击，在弹出的快捷菜单中选择【创建传统补间】命令，即可创建传统补间，效果如图 11.105 所示。

图 11.104　添加 Alpha 样式　　　　　　　图 11.105　创建传统补间

(15) 在【时间轴】面板中单击【新建图层】按钮，新建【图层 2】，如图 11.106 所示。

(16) 选择【图层 2】第 35 帧并右击，在弹出的快捷菜单中选择【插入空白关键帧】命令，如图 11.107 所示。

(17) 在工具箱中选择【文本】工具，然后在舞台中输入文字，并在【属性】面板中将字体设置为【华文行楷】，将【大小】设置为 60，将【字母间距】设置为 5，将字体颜色设置为白色，如图 11.108 所示。

(18) 选中该文字对象，按 F8 键弹出【转换为元件】对话框，在该对话框中设置【名称】为"文字 1"，将【类型】设置为【图形】，如图 11.109 所示。

(19) 单击【确定】按钮，即可将文字转换为图形元件，然后在舞台中调整图形元件的位置，并在【属性】面板中将 X、Y 分别设置为 86.05、-85，将【样式】设置为 Alpha，将 Alpha 值设置为 0，如图 11.110 所示。

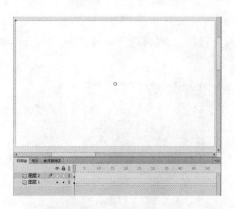

图 11.106　新建【图层 2】

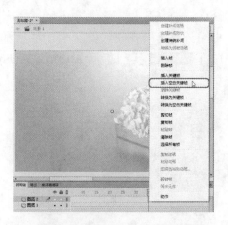

图 11.107　选择【插入空白关键帧】命令

图 11.108　输入文字并进行设置

图 11.109　将文字转换为元件

(20) 选择【图层 2】第 100 帧，按 F6 键插入关键帧，在【属性】面板中将 X、Y 分别设置为 86.05、139，将【样式】设置为【无】，如图 11.111 所示。

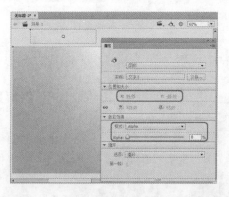

图 11.110　调整元件的位置并添加 Alpha 样式

图 11.111　调整图形元件位置并设置样式

(21) 选择【图层 2】第 80 帧并右击，在弹出的快捷菜单中选择【创建传统补间】命令，即可创建传统补间，效果如图 11.112 所示。

(22) 选择【图层 2】的第 210 帧并右击，在弹出的快捷菜单中选择【插入空白关键帧】命令，如图 11.113 所示。

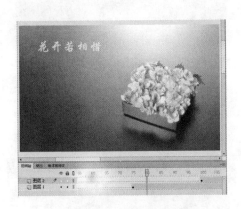
图 11.112　创建传统补间

图 11.113　选择【插入空白关键帧】命令

(23) 在【时间轴】面板中单击【新建图层】按钮，新建【图层 3】，然后选择第 35 帧，按 F6 键插入关键帧，如图 11.114 所示。

(24) 在工具箱中选择【文本】工具，然后在舞台中输入文字，并在【属性】面板中将字体设置为【汉仪中楷简】，将【大小】设置为 20，将【字母间距】设置为 3，将字体颜色设置为白色，如图 11.115 所示。

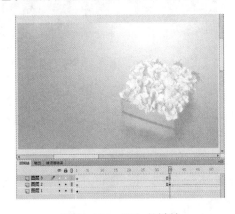
图 11.114　插入关键帧

图 11.115　输入文字并设置其属性

(25) 完成设置后，选中该文字，按 F8 键弹出【转换为元件】对话框，在该对话框中设置【名称】为"文字 2"，将【类型】设置为【图形】，如图 11.116 所示。

(26) 单击【确定】按钮，即可将文字转换为图形元件，在【属性】面板中将 X、Y 分别设置为 95.65、402，将【样式】设置为 Alpha，将 Alpha 值设置为 0，如图 11.117 所示。

(27) 选择【图层 3】第 100 帧，按 F6 键插入关键帧，在【属性】面板中将 X、Y 分别设置为 95.65、201.4，将【样式】设置为【无】，如图 11.118 所示。

(28) 选择【图层 3】第 80 帧并右击，在弹出的快捷菜单中选择【创建传统补间】命令，即可创建传统补间，效果如图 11.119 所示，创建完传统补间后，选择该图层的第 210 帧，按 F7 键插入空白关键帧。

图 11.116　将文字转换为元件

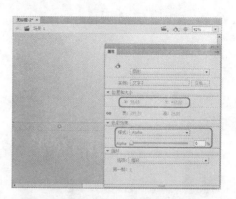

图 11.117　调整元件的位置和样式

图 11.118　调整元件的位置并将样式设置为【无】

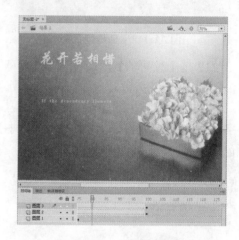

图 11.119　创建传统补间

　　(29) 在【时间轴】面板中单击【新建图层】按钮，新建【图层 4】，然后选择第 135 帧，按 F6 键插入关键帧，如图 11.120 所示。

　　(30) 在舞台中按 Shift 键选择舞台中的两个文字，按 Ctrl+C 组合键进行复制，选择【图层 4】的第 135 帧，按 Ctrl+V 组合键进行粘贴，按 Ctrl+B 组合键将其打散，并对复制后的文字进行修改，如图 11.121 所示。

图 11.120　新建图层并插入关键帧

图 11.121　粘贴对象并进行调整

(31) 在舞台中调整该文字的位置，在【时间轴】面板中选择【图层 4】的第 210 帧，按 F7 键插入空白关键帧，如图 11.122 所示。

(32) 在【时间轴】面板中单击【新建图层】按钮，新建【图层 5】，然后选择第 135 帧，按 F6 键插入关键帧，如图 11.123 所示。

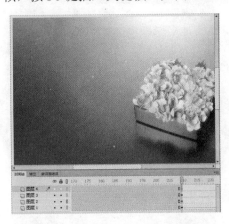

图 11.122　插入空白关键帧

图 11.123　新建图层并插入关键帧

(33) 在工具箱中选择矩形工具，在舞台中绘制一个矩形，如图 11.124 所示。

(34) 选中所绘制的矩形，将【描边】设置为【无】，按 F8 键，在弹出的对话框中将【名称】设置为"矩形"，将【类型】设置为【图形】，并调整其对齐方式，如图 11.125 所示。

图 11.124　绘制矩形

图 11.125　将矩形转换为元件

(35) 设置完成后，单击【确定】按钮，在工具箱中选择任意变形工具，在舞台中调整矩形的中心点，调整后的效果如图 11.126 所示。

(36) 在【时间轴】面板中选择【图层 5】的第 170 帧，按 F6 键插入关键帧，并在舞台中调整矩形元件的大小，效果如图 11.127 所示。

(37) 选择该图层的第 150 帧并右击，在弹出的快捷菜单中选择【创建传统补间】命令，如图 11.128 所示。

(38) 在【时间轴】面板中选择【图层 5】并右击，在弹出的快捷菜单中选择【遮罩层】命令，如图 11.129 所示。

图 11.126　调整中心点的位置

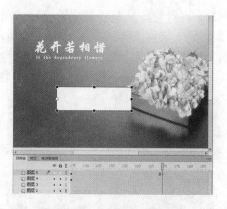

图 11.127　调整元件的大小

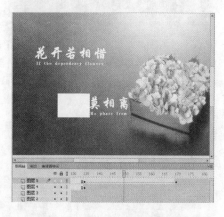

图 11.128　创建传统补间

图 11.129　选择【遮罩层】命令

(39) 使用同样的方法将其他素材文件导入到【库】面板中，并根据上面所介绍的方法创建其他动画效果，如图 11.130 所示。

(40) 在【时间轴】面板中单击【新建图层】按钮，新建【图层 7】，按 Ctrl+R 组合键，在弹出的对话框中选择随书附带光盘中的"CDROM\素材\Cha11\背景音乐.mp3"文件，如图 11.131 所示。

图 11.130　创建其他动画效果

图 11.131　选择音频文件

(41) 单击【打开】按钮，按 Ctrl+L 组合键，在弹出的【库】面板中选择导入的音频文件，按住鼠标左键将其拖曳至舞台中，为【图层 7】添加音频文件，如图 11.132 所示。

(42) 在【时间轴】面板中单击【新建图层】按钮，新建【图层 8】，然后选择第 393 帧，按 F6 键插入关键帧，按 F9 键，在弹出的面板中输入代码"stop();"，如图 11.133 所示。输入完成后，将该面板关闭，并对完成后的场景进行保存。

图 11.132　添加音频文件

图 11.133　输入代码

11.7　思　考　题

1. 简述传统补间和补间动画的区别。
2. 简述遮罩层动画的原理。
3. 简述引导层动画的作用。

第 12 章　认识 Photoshop CC

本章主要介绍 Photoshop CC 基本操作，比如：打开文档、关闭文档等，还介绍了使用形状工具绘制形状以及可以对图像进行修饰处理的工具。通过本章的学习，可以对 Photoshop CC 有一个初步的认识，为后面章节的学习奠定坚实的基础。

12.1　初识 Photoshop CC

Photoshop 是 Adobe 公司的推出的图像处理软件，被人们称作图像处理大师。在历经了近 20 年的发展之后，它已经成为目前应用最为广泛的图形图像软件之一，集图像扫描、编辑修改、图像制作、广告创意，图像输入与输出于一体的图形图像处理软件，深受广大平面设计人员和电脑美术爱好者的喜爱。Photoshop CC 是 Photoshop 的最新版本，它新增的许多创造性的功能，在很大程度上提升了工作效率。

Photoshop CC 中的新增功能包括：相机防抖动功能、Camera RAW 修复功能改进、Camera Raw 径向滤镜、Camera Raw 自动垂直功能、保留细节重采样模式、改进的智能锐化、为形状图层改进的属性面板、隔离层、同步设置以及在 Behance 上分享等功能，使用户能够方便快捷地对图片进行处理。

12.2　Photoshop CC 的基本操作

Photoshop CC 的基本操作包括新建空白文档、打开及保存文档等。

12.2.1　新建空白文档

新建 Photoshop 空白文档的具体操作步骤如下。

(1) 在菜单栏中选择【文件】|【新建】命令，打开【新建】对话框，在对话框中对新建空白文档的【宽度】、【高度】以及【分辨率】进行设置，如图 12.1 所示。

(2) 设置完成后，单击【确定】按钮，即可新建空白文档，如图 12.2 所示。

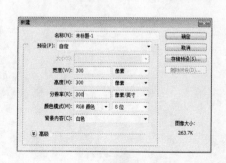

图 12.1　【新建】对话框

图 12.2　新建的空白文档

提示

除此之外用户还可以按 Ctrl+N 组合键打开【新建】对话框。

12.2.2 打开文档

下面将介绍打开文档的具体操作步骤。

(1) 按 Ctrl+O 组合键，在弹出的【打开】对话框中选择要打开的图像，在对话框的下侧可以对要打开的图片进行预览，如图 12.3 所示。

(2) 单击【打开】按钮，或按 Enter 键，或双击鼠标，即可打开选择的素材图像，如图 12.4 所示。

图 12.3 【打开】对话框 　　　　　　图 12.4 打开后的对象

提示

在菜单栏中选择【文件】|【打开】命令，在工作区域内双击也可以打开【打开】对话框。按住 Ctrl 键单击需要打开的文件，可以打开多个不相邻的文件，按住 Shift 键单击需要打开的文件，可以打开多个相邻的文件。

12.2.3 保存文档

保存文档的具体操作步骤如下。

(1) 如果需要保存编辑后的图像，可以在菜单栏中选择【文件】|【存储】命令，如图 12.5 所示。

(2) 在弹出的【另存为】对话框中设置保存路径、文件名以及文件类型，如图 12.6 所示，单击【保存】按钮即可保存图像。

图 12.5 选择【存储】命令

图 12.6 【另存为】对话框

> **提 示**
>
> 如果用户不希望在原图像上进行保存，可在单击【文件】按钮后弹出的下拉菜单中选择【存储为】选项，或按 Shift+Ctrl+S 组合键打开【存储为】对话框。

12.2.4 关闭文档

关闭文档的方法有以下 3 种。

(1) 在菜单栏中选择【文件】|【关闭】命令。

(2) 使用快捷键：Ctrl+W 组合键。

(3) 单击图像窗口右上角的⊠按钮，如果当前图像是一个新建的或没有保存过的文件，则会弹出一个信息提示对话框，如图 12.7 所示，单击【是】按钮，打开【存储为】对话框；单击【否】按钮，可以关闭文件，但不保存修改结果；单击【取消】按钮，可以关闭该对话框，并取消关闭操作。

图 12.7 信息提示对话框

12.3 认识色彩模式

颜色模式决定显示和打印电子图像的色彩模型(简单地说，色彩模型是用于表现颜色的一种数学算法)，即一幅电子图像用什么样的方式在计算机中显示或打印输出。

常见的颜色模式包括位图模式、灰度模式、双色调模式、HSB(表示色相、饱和度、亮度)模式、RGB(表示红、绿、蓝)模式、CMYK(表示青、洋红、黄、黑)模式、Lab 模式、索引色模式、多通道模式以及 8 位/16 位模式，每种模式的图像描述、重现色彩的原理及所能显示的颜色数量是不同的。Photoshop 的颜色模式基于色彩模型，而色彩模型对于印刷中使用的图像非常有用，可以从以下模式中选取：RGB(红色、绿色、蓝色)、CMYK(青色、洋红、黄色、黑色)、Lab(基于 CIE L*a*b)和灰度。

在菜单栏中选择【图像】|【模式】命令，打开其子菜单，如图 12.8 所示。其中包含了各种颜色模式命令，如常见的灰度模式、RGB 颜色模式、CMYK 颜色模式及 Lab 颜色模式等，Photoshop 也包含了用于特殊颜色输出的索引颜色模式和双色调模式。

图 12.8　图像模式

12.3.1　RGB 颜色模式

RGB 颜色模式就是常说的三原色，R 代表 Red(红色)，G 代表 Green(绿色)，B 代表 Blue(蓝色)。之所以称它们为三原色，是因为在自然界中肉眼所能看到的任何色彩都可以由这三种色彩混合叠加而成，RGB 模式又称 RGB 色空间。它广泛用于我们的生活中，如电视机、计算机显示屏、幻灯片等都是利用光来呈色。印刷出版中常需扫描图像，扫描仪在扫描时首先提取的就是原稿图像上的 RGB 色光信息。RGB 模式是一种加色法模式，通过 R、G、B 的辐射量，可描述出任一颜色。Photoshop 定义颜色时 R、G、B 三种成分的取值范围是 0～255，0 表示没有刺激量，255 表示刺激量达最大值。R、G、B 均为 0 时就形成了黑色，如图 12.9 所示；R、G、B 均为 255 时就形成了白色，如图 12.10 所示。

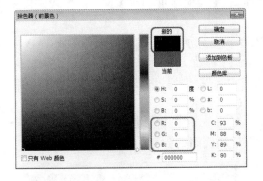

图 12.9　R、G、B 均为 0 时为黑色

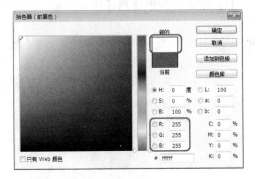

图 12.10　R、G、B 均为 255 时为白色

RGB 图像使用 3 种颜色或 3 个通道在屏幕上重现颜色，如图 12.11 所示。这 3 个通道将每个像素转换为 24 位(8 位×3 通道)色信息。对于 24 位图像，可重现多达 1670 万种颜色；对于 48 位图像(每个通道 16 位)，可重现更多的颜色。新建的 Photoshop 图像的默认模式为 RGB，这意味着在使用非 RGB 颜色模式(如 CMYK)时，Photoshop 会将 CMYK 图像插值处理为 RGB，以便在屏幕上显示。

12.3.2　CMYK 颜色模式

当阳光照射到一个物体上时，这个物体将吸收一部分光线，并将剩下的光线进行反射，反射的光线就是我们所看见的物体颜色。这是一种减色色彩模式，同时也是与 RGB

模式的根本不同之处。不但我们看物体的颜色时用到了这种减色模式，而且在纸上印刷时应用的也是这种减色模式。按照这种减色模式，就衍变出了适合印刷的 CMYK 色彩模式。Photoshop 中的 CMYK 通道如图 12.12 所示。

图 12.11　RGB 通道面板　　　　　　　　图 12.12　CMYK 通道面板

CMYK 代表印刷上用的 4 种颜色，C 代表青色，M 代表洋红色，Y 代表黄色，K 代表黑色。因为在实际引用中，青色、洋红色和黄色很难叠加形成真正的黑色，最多不过是褐色而已。因此才引入了 K——黑色。黑色的作用是强化暗调，加深暗部色彩。

CMYK 模式是最佳的打印模式，RGB 模式尽管色彩多，但不能完全打印出来。那么是不是在编辑时就采用 CMYK 模式呢？其实不是，用 CMYK 模式编辑虽然能够避免色彩的损失，但运算速度很慢。主要的原因如下。

(1) 即使在 CMYK 模式下工作，Photoshop 也必须将 CMYK 模式转变为显示器所使用的 RGB 模式。

(2) 对于同样的图像，RGB 模式只需要处理 3 个通道即可，而 CMYK 模式则需要处理 4 个。

由于用户所使用的扫描仪和显示器都是 RGB 设备，所以无论什么时候使用 CMYK 模式工作都要把 RGB 模式转换为 CMYK 模式这样一个过程。

RGB 通道灰度图较白表示亮度较高，较黑表示亮度较低，纯白表示亮度最高，纯黑表示亮度为零。RGB 模式下通道明暗的含义如图 12.13 所示。

CMYK 通道灰度图较白表示油墨含量较低，较黑表示油墨含量较高，纯白表示完全没有油墨，纯黑表示油墨浓度最高。CMYK 模式下通道明暗的含义如图 12.14 所示。

图 12.13　RGB 模式下通道明暗的含义　　　图 12.14　CMYK 模式下通道明暗的含义

12.3.3　Lab 颜色模式

Lab 颜色模式是在 1931 年国际照明委员会(CIE)制定的颜色度量国际标准模型的基础上建立的，1976 年，该模型经过重新修订后被命名为 CIE L*a*b。

Lab 颜色模式与设备无关，无论使用何种设备(如显示器、打印机、计算机或扫描仪等)创建或输出图像，这种模式都能生成一致的颜色。

Lab 颜色模式是 Photoshop 在不同颜色模式之间转换时使用的中间颜色模式。

Lab 颜色模式将亮度通道从彩色通道中分离出来，成为一个独立的通道。将图像转换为 Lab 颜色模式，然后去掉色彩通道中的 a、b 通道而保留亮度通道，就能获得 100%逼真的图像亮度信息，得到 100%准确的黑白效果。

12.3.4　灰度模式

所谓灰度图像，就是指纯白、纯黑以及两者中的一系列从黑到白的过渡色，大家平常所说的黑白照片、黑白电视实际上都应该称为灰度色才确切。灰度色中不包含任何色相，即不存在红色、黄色这样的颜色。灰度的通常表示方法是百分比，范围从 0～100%。在 Photoshop 中只能输入整数，百分比越高，颜色越偏黑，百分比越低，颜色越偏白。灰度最高相当于最高的黑，就是纯黑，灰度为 100%时为黑色，如图 12.15 所示。

灰度最低相当于最低的黑，也就是没有黑色，那就是纯白，灰度为 0 时为白色，如图 12.16 所示。

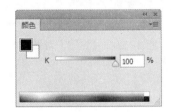

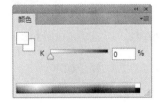

图 12.15　灰度为 100%时呈黑色　　　　图 12.16　灰度为 0 时呈白色

当灰度图像是从彩色图像模式转换而来时，灰度图像反映的是原彩色图像的亮度关系，即每个像素的灰阶对应着原像素的亮度，如图 12.17 所示。

图 12.17　RGB 图像与灰度图像

在灰度图像模式下，只有一个描述亮度信息的通道，即灰色通道，如图 12.18 所示。

12.3.5　位图模式

在位图模式下，图像的颜色容量是 1 位，即每个像素的颜色只能在两种深度的颜色中选择，不是黑就是白，其相应的图像也就是由许多个小黑块和小白块组成。

确认当前图像处于灰度的图像模式下，在菜单栏中选择【图像】|【模式】|【位图】命令，如图 12.19 所示。执行完该命令，即可打开【位图】对话框，如图 12.20 所示，在该对话框中可以设定转换过程中的减色处理方法。

图 12.18　灰度模式下的通道

图 12.19　选择【位图】命令

图 12.20　【位图】对话框

> **提 示**
>
> 只有在灰度模式下图像才能转换为位图模式，其他颜色模式的图像必须先转换为灰度图像，然后才能转换为位图模式。

该对话框中各选项的功能介绍如下。

- 【分辨率】设置区：用于在输出中设定转换后图像的分辨率。
- 【方法】设置区：在转换的过程中，可以使用 5 种减色处理方法。【50%阈值】会将灰度级别大于 50%的像素全部转换为黑色，将灰度级别小于 50%的像素转换为白色；【图案仿色】会在图像中产生明显的较暗或较亮的区域；【扩散仿色】会产生一种颗粒效果；【半调网屏】是商业中经常使用的一种输出模式；【自定图案】可以根据定义的图案来减色，使得转换更为灵活、自由。

在位图图像模式下，图像只有一个图层和一个通道，滤镜全部被禁用。

12.3.6　索引颜色模式

索引颜色模式用最多 256 种颜色生成 8 位图像文件。当图像转换为索引颜色模式时，Photoshop 将构建一个 256 种颜色查找表，用以存放索引图像中的颜色。如果原图像中的某种颜色没有出现在该表中，程序将选取最接近的一种或使用仿色来模拟该颜色。

索引颜色模式的优点是它的文件可以做得非常小，同时保持视觉品质不单一，非常适于用来做多媒体动画和 Web 页面。在索引颜色模式下只能进行有限的编辑，若要进一步进行编辑，则应临时转换为 RGB 颜色模式。索引颜色文件可以存储为 Photoshop、BMP、GIF、Photoshop EPS、大型文档格式(PSB)、PCX、Photoshop PDF、Photoshop Raw、Photoshop 2.0、PICT、PNG、Targa 或 TIFF 等格式。

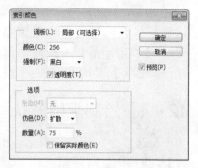

在菜单栏中选择【图像】|【模式】|【索引颜色】命令，即可弹出【索引颜色】对话框，如图 12.21 所示。

图 12.21　【索引颜色】对话框

- 【调板】下拉列表框：用于选择在转换为索引颜色时使用的调色板，例如需要制作 Web 网页，则可选择 Web 调色板。还可以设置强制选项，将某些颜色强制加入到颜色列表中，例如选择黑白，就可以将纯黑和纯白强制添加到颜色列表中。
- 【选项】设置区：在【杂边】下拉列表框中，可指定用于消除图像锯齿边缘的背景色。

在索引颜色模式下，图像只有一个图层和一个通道，滤镜全部被禁用。

12.3.7　双色调模式

双色调模式可以弥补灰度图像的不足，灰度图像虽然拥有 256 种灰度级别，但是在印刷输出时，印刷机的每滴油墨最多只能表现出 50 种左右的灰度，这意味着如果只用一种黑色油墨打印灰度图像，图像将非常粗糙。

如果混合另一种、两种或三种彩色油墨，因为每种油墨都能产生 50 种左右的灰度级别，所以理论上至少可以表现出 5050 种灰度级别，这样打印出来的双色调、三色调或四色调图像就能表现得非常流畅了。这种靠几盒油墨混合打印的方法被称为套印。

一般情况下，双色调套印应用较深的黑色油墨和较浅的灰色油墨进行印刷。黑色油墨用于表现阴影，灰色油墨用于表现中间色调和高光，但更多的情况是将一种黑色油墨与一种彩色油墨配合，用彩色油墨来表现高光区。利用这一技术能给灰度图像轻微上色。

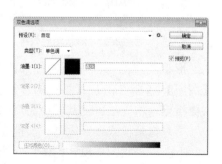

由于双色调使用不同的彩色油墨重新生成不同的灰阶，因此在 Photoshop 中将双色调视为单通道、8位的灰度图像。在双色调模式中，不能像在 RGB、CMYK 和 Lab 模式中那样直接访问单个的图像通道，而是通过【双色调选项】对话框中的曲线来控制通道，如图 12.22 所示。

图 12.22　【双色调选项】对话框

- 【类型】下拉列表框：用于从单色调、双色调、三色调和四色调中选择一种套印类型。
- 【油墨】设置项：选择了套印类型后，即可在各色通道中用曲线工具调节套印效果。

12.4　使用形状工具

使用形状工具可以方便地绘制出许多特定的形状，还可以通过形状的运算及自定义形状让形状更加丰富。形状工具是创意的基础和源泉，绘制形状的工具有【矩形】工具 📷、【圆角矩形】工具 📷、【椭圆】工具 ◯、【多边形】工具 ◯、【直线】工具 ╱ 及【自定形状】工具 🐾，如图 12.23 所示。

12.4.1　绘制规则形状

在选择一种形状工具后，有 3 种模式可供选择，分别是【形状】、【路径】和【像素】，如图 12.24 所示。

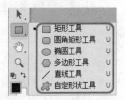

图 12.23　形状工具　　　　　　　　　　　　图 12.24　形状的三种模式

形状图层是一种特殊的图层，它与分辨率无关，创建时会自动地生成新的图层，效果如图 12.25 所示。形状图层模式的选项栏如图 12.26 所示。

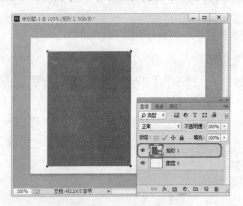

图 12.25　形状图层效果　　　　　　　　　图 12.26　形状图层模式的选项栏

形状图层的形状可以通过修改路径的工具修改，例如钢笔工具等。在菜单栏中选择【图层】|【栅格化】|【填充内容】命令，可以将形状图层转换为一般图层。一旦将形状图层栅格化，将无法再使其转换为形状图层，它也不再具有形状图层的特性。

填充像素模式就好比是一次性完成【建立选区】和【用前景色填充】这两个命令。

下面以形状图层模式为例，介绍形状图形的绘制方法。

1. 绘制矩形

在工具箱中选择【矩形】工具 📷，然后在画布上单击并拖曳光标，即可绘制出所需要的矩形，若在拖曳时按住 Shift 键，则可绘制出正方形。

在工具箱中选择【矩形】工具 ，在画布上单击并拖曳鼠标即可绘制矩形，释放鼠标后即可打开【属性】面板，如图 12.27 所示。在该面板中设置矩形的位置和大小。在工具选项栏中单击【设置】 右侧的下三角按钮，弹出如图 12.28 所示的下拉菜单，其中包括【不受约束】、【方形】、【固定大小】、【比例】及【从中心】等选项，分别说明如下。

图 12.27　【矩形工具】的【属性】面板　　　图 12.28　设置右侧的下拉菜单

- 【不受约束】单选按钮：选中此单选按钮，矩形的形状完全由光标的拖曳来决定。
- 【方形】单选按钮：选中此单选按钮，绘制的矩形为正方形。
- 【固定大小】单选按钮：选中此单选按钮，可以在 W 和 H 文本框中输入所需的宽度和高度的值，默认的单位为像素。
- 【比例】单选按钮：选中此单选按钮，可以在 W 和 H 参数框中输入所需的宽度和高度的整数比。
- 【从中心】复选框：选中该复选框，可在绘制图形时以鼠标的起点为矩形的中心进行绘制。
- 【对齐像素】复选框：选中该复选框，可使矩形边缘自动地与像素边缘重合。

2. 绘制圆角矩形

使用【圆角矩形】工具 可以绘制具有平滑边缘的矩形，其使用方法与【矩形】工具 相同，只需用光标在画布上拖曳即可。

【圆角矩形】工具 的选项栏大体上与【矩形】工具 的选项栏相同，只是多了一项【半径】参数框。

- 【半径】参数框：用于控制圆角矩形的平滑程度，输入的数值越大越平滑。输入 0 时为矩形，有一定数值时则为圆角矩形。

3. 绘制椭圆

在工具箱中选择【椭圆】工具 ，然后在画布上单击并拖曳光标，即可绘制出所需要的椭圆，如图 12.29 所示。若在拖曳时按住 Shift 键，则可绘制出正圆。【椭圆】工具 的【属性】面板如图 12.30 所示。

图 12.29　绘制椭圆　　　　　　　　　图 12.30　椭圆工具的【属性】面板

4. 绘制多边形

使用【多边形】工具 可以绘制出所需的正多边形。下面将简单介绍【多边形】工具 选项栏中各工具的功能。

- 【边】文本框：用于设置所绘制多边形的边数。例如在该文本框中输入 8，即可在工作区中绘制八边形，如图 12.31 所示。
- 在【多边形选项】中包括【半径】、【平滑拐角】、【星形】、【缩进边依据】和【平滑缩进】等选项，如图 12.32 所示。

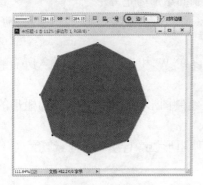

图 12.31　绘制八边形　　　　　　　　　图 12.32　多边形选项

- ◆ 【半径】参数框：用于输入多边形的半径长度，单位为像素。
- ◆ 【平滑拐角】复选框：选中此复选框，可使多边形具有平滑的顶角。多边形的边数越多越接近圆形。
- ◆ 【星形】复选框：选中此复选框，可使多边形的边向中心缩进呈星状。
- ◆ 【缩进边依据】文本框：该文本框只有在选中【星形】复选框时才可用，用于设定边缩进的程度。
- ◆ 【平滑缩进】复选框：只有选中【星形】复选框时此复选框才可选。选中【平滑缩进】复选框，可使多边形的边平滑地向中心缩进。

5. 绘制直线

使用【直线】工具 可以绘制直线或带箭头的线段。

光标拖曳的起始点为线段起点，拖曳的终点为线段的终点。按住 Shift 键可以将直线的方向控制在 0°、45° 或 90° 方向。

【直线】工具  的选项栏与其他工具的选项栏基本相同，其中【粗细】参数框用于设定直线的宽度。

单击选项栏中的黑色下三角按钮，可弹出如图 12.33 所示的【箭头】设置区，包括【起点】、【终点】、【宽度】、【长度】和【凹度】等选项。

- 【起点】和【终点】复选框：二者可选择一个，也可以都选，用来决定箭头在线段的哪一方，例如选中【起点】复选框，即可在工作区中绘制如图 12.34 所示的箭头。

图 12.33　【箭头】设置区　　　　　图 12.34　选中【起点】复选框

- 【宽度】文本框：用于设置箭头宽度和线段宽度的比值，可输入 10%～1000% 之间的数值，在该文本框中输入 500% 时的效果和输入 1000% 时的效果如图 12.35 所示。
- 【长度】文本框：用于设置箭头长度和线段宽度的比值，可输入 10%～5000% 之间的数值。
- 【凹度】文本框：用于设置箭头中央凹陷的程度，可输入 -50%～50% 之间的数值。如图 12.36 所示为输入 50%(左)时的效果与输入 -50%(右)时的效果。

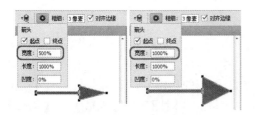 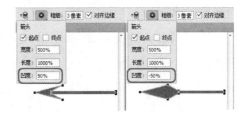

图 12.35　设置不同宽度参数时的不同效果　　　图 12.36　设置不同凹度参数时的不同效果

12.4.2　绘制不规则形状

使用【自定形状】工具 可以绘制出一些不规则的图形或是自定义的图形。

【形状】选项用于选择需要绘制的形状。单击【形状】选项右侧的下三角按钮，在弹出的面板中单击右上角的 按钮，弹出如图 12.37 所示的下拉菜单，选择【载入形状】命令，可以载入文件，其文件类型为 *.CSH。

选择要绘制的不规则形状后，单击选项栏中【自定形状】工具 右侧的下三角按钮，在该面板中可以对图形的绘制方式进行设置，如图 12.38 所示。

图 12.37　下拉菜单

图 12.38　【自定形状工具】面板

12.5　对图像进行修饰处理

用户可以通过 Photoshop CC 所提供的命令和工具对不完美的图像进行修饰，使之符合工作的要求或审美情趣，这些工具包括有图章工具、修补工具、修复工具、红眼工具、模糊工具、锐化工具、涂抹工具、加深工具、减淡工具及海绵工具等。

12.5.1　变换图形

在设计工作中，有很多图片或图像的大小和形状不符合要求，这时可以利用变换命令对图像进行调整。

1. 利用【自由变换】命令对图形进行变换

随意打开一个图片，选择要变换的图层，在菜单栏中选择【编辑】|【自由变换】命令或按快捷键 Ctrl+T，即可进入自由变换状态，此时图形的周围会出现具有 8 个定界点的裁切选框。如图 12.39 所示，在自由变换状态下，可以完成对图形的【缩放】、【旋转】、【斜切】、【扭曲】、【透视】和【变形】等操作。

- 【缩放】：如果对处于自由变换状态下的对象进行缩放，将光标移至定界点上，此时光标会变为双箭头形状，拖曳鼠标可以实现对图像的水平、垂直缩放。对图形等比缩放，可将光标移到 4 个角的任意一个定界点上，然后按住 Shift 键拖曳鼠标即可。
- 中心等比缩放，可将光标移到 4 个角的任意一个定界点上，然后按住 Shift+Alt 组合键拖曳鼠标即可。变换完毕后，在图像上双击、按 Enter 键或者在选项栏中单击【进行变换】按钮☑，即可应用变换效果。
- 【旋转】：如果想要对处于自由变换状态下的对象进行旋转，将光标移至定界点附近，此时光标会变为↻形状，拖曳鼠标即可对图像进行旋转，如图 12.40 所示。

图 12.39　图像的自由变换状态　　　　　图 12.40　旋转图像

如果旋转时按住 Shift 键，可以每次按 15°进行旋转。

- 　【斜切】：在自由变换状态下，按住 Ctrl+Shift 组合键将光标移至 4 个角的任意一个定界点上，按住鼠标左键在水平或垂直方向上拖曳，图形将出现斜切效果。
- 　【扭曲】：在自由变换状态下，按住 Ctrl 键将光标移至 4 个角的任意一个定界点上，按住鼠标左键向任意方向上拖曳可以扭曲图形，如图 12.41 所示。
- 　【透视】：在自由变换状态下，按住 Ctrl+Shift+Alt 组合键将光标移至 4 个角的任意一个定界点上，按住鼠标左键在水平或垂直方向上拖曳，图形将出现透视效果，如图 12.42 所示。

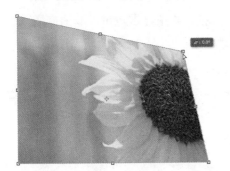

图 12.41　扭曲图像　　　　　　图 12.42　图形透视效果

也可以利用关联菜单实现变换效果。在自由变换状态下在图像中右击，弹出如图 12.43 所示的快捷菜单。

图 12.43　自由变换的快捷菜单

在该菜单中，可以完成【自由变换】、【缩放】、【旋转】、【斜切】、【扭曲】、【透视】、【旋转 180°】、【旋转 90° (顺时针)】、【旋转 90° (逆时针)】、【水平翻转】和【垂直翻转】等操作。

2. 利用选项栏作精确变换

自由变换状态下的选项栏如图 12.44 所示。

图 12.44 自由变换状态下的选项栏

- ⊞：图标上的方块可更改参考点，在选项栏的 X 和 Y 参数框中，也可以输入参考点的新位置的值。
- 【使用参考点相关定位】按钮△：单击该按钮，可以相对于当前位置指定新位置；W 和 H 参数框分别表示水平和垂直缩放比例，在参数框中可以输入 0～100%的数值进行精确的缩放。
- 【保持长宽比】按钮⊠：单击该按钮，可以保持长宽比不变。
- 【旋转】参数框△：在该参数框中可以指定旋转角度；H 和 V 参数框分别表示【水平斜切】和【垂直斜切】的角度。
- 【在自由变换和变形模式之间切换】按钮⊠：该按钮表示在自由变换和变形模式之间进行切换。
- 【取消变换】按钮⊘：该按钮表示取消变换，按 Esc 键也可以取消变换。
- 【进行变换】按钮✓：单击该按钮表示应用变换。

3. 利用菜单中的【变换】命令对图形进行变换

选择要变换的图形或图层，然后在菜单栏中选择【编辑】|【变换】命令，弹出如图 12.45 所示的子菜单，从中同样可以完成所有的变换操作，但是每次只能完成一种变换，例如选择【扭曲】选项，然后对图形进行操作，如图 12.46 所示。

图 12.45 【变换】子菜单

图 12.46 扭曲图像

如果想再次执行上次的变换命令，可以使用快捷键 Ctrl+Shift+T 来实现。如果要再次使用上次的变换效果并同时复制图层的话，可以使用快捷键 Ctrl+Shift+Alt+T 来实现，效果如图 12.47 所示。

图 12.47 再次执行扭曲后的效果

12.5.2 变形效果应用

下面介绍变形效果的应用。其具体操作步骤如下。

(1) 按 Ctrl+O 组合键，打开【打开】对话框，在该对话框中打开随书附带光盘中的"CDROM\原始文件\Cha12\002.jpg"素材文件，如图 12.48 所示。

图 12.48 打开的素材对象

(2) 按 F7 键打开【图形】面板，在该面板中双击【背景】图层，在弹出的【新建图层】对话框中使用默认设置，单击【确定】按钮即可，解锁【背景】图层，如图 12.49 所示。

(3) 按 Ctrl+T 组合键对图像进行自由变换，在该图形上右击，在弹出的快捷菜单中选择【变形】命令，如图 12.50 所示。

(4) 确认图像处于自由变换的状态下，在选项栏中单击【变形】右侧的下拉三角，在弹出的下拉列表中选择【鱼眼】选项，如图 12.51 所示。

(5) 将【变形】定义为【鱼眼】后按 Enter 键确认操作，效果如图 12.52 所示。

本例是通过应用 Photoshop 中自带的变形样式来制作的，也可以根据自己的需要调整对象。

图 12.49 【新建图层】对话框

图 12.50 选择【变形】命令

图 12.51 选择【鱼眼】选项

图 12.52 完成后的效果

12.5.3 图章工具

图章工具包括【仿制图章】工具  和【图案图章】工具 两种，它们的基本功能都是复制图像，但复制的方式不同。

1. 【仿制图章】工具

【仿制图章】工具 是一种复制图像的工具，利用它也可以做一些图像的修复工作。

【仿制图章】工具 的选项栏如图 12.53 所示，该选项栏包括：【画笔】设置项、【模式】下拉列表、【不透明度】设置框、【流量】设置框、【对齐】复选框和【样本】下拉列表等。

图 12.53 【仿制图章】工具 的选项栏

其中在选中【对齐】复选框后，不管停笔后再画多少次，最终都可以将整个取样图像复制完毕并且有完整的边缘。使用这种功能可以在修复图像时随时调整仿制图章参数，它常用于多种画笔复制同一个图像。如果取消选中此复选框，则每次停笔再画时，都将使用取样点的像素对图像进行修复。

使用【仿制图章】工具的具体操作步骤如下。

(1) 按 Ctrl+O 组合键，弹出【打开】对话框，在该对话框中打开选择随书附带光盘中的 "CDROM\原始文件\Cha12\003.jpg" 文件，如图 12.54 所示。

(2) 在工具箱中选择【仿制图章】工具，在工作区中按住 Alt 键选取第三个柠檬的中心，然后在空白位置进行涂抹，涂抹后的效果如图 12.55 所示。

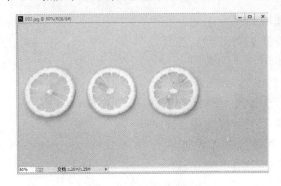

图 12.54　打开的素材文件　　　　　　　图 12.55　涂抹完成后的效果

2.【图案图章】工具

使用【图案图章】工具可以利用图案进行绘画，可以从图案库中选择图案或者自己创建图案。

【图案图章】工具的选项栏如图 12.56 所示，其中包括：【画笔】设置项、【模式】下拉列表、【不透明度】设置框、【流量】设置框和【印象派效果】复选框等。

图 12.56　图案图章工具的选项栏

其中【图案】设置框可以选择所要复制的图案。单击右侧的下三角按钮，即可弹出【图案】拾色器，里面存储着所有的预设图案。单击【图案】拾色器右上角的按钮，会弹出一个如图 12.57 所示的下拉菜单，在这里可以选择不同种类的图案。

如果选中【印象派效果】复选框，那么复制出来的图像会有一种印象派绘画的效果。

12.5.4　污点修复画笔工具

【污点修复画笔】工具可以快速移除照片中的污点和其他不理想的部分。【污点修复画笔】工具的工作方式与【修复画笔】工具类似：它使用图像或图案中的样本像素进行

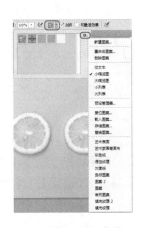

图 12.57　下拉菜单

绘画，不要求用户指定样本点，它将自动从所修饰区域的周围取样。

与修复画笔不同，污点修复画笔不要求用户指定样本点，它将自动从所修饰区域的周围取样。

选择【污点修复画笔】工具  后，其工具选项栏如图 12.58 所示。

图 12.58　污点修复画笔工具的选项栏

* 【画笔】：在选项栏中单击 按钮，可以在打开的【画笔】选取器中对画笔进行设置，如图 12.59 所示。
* 【模式】：用来设置修复图像时使用的混合模式，包括【正常】、【替换】和【正片叠底】等选项。选择【替换】选项，可保留画笔描边的边缘处的杂色、胶片颗粒和纹理。
* 【类型】：用来设置修复的方法。选中【近似匹配】单选按钮可使用选区边缘周围的像素来查找要用作选定区域修补的图像区域；选中【创建纹理】单选按钮，可使用选区中的所有像素创建一个用于修复该区域的纹理。选中【内容识别】单选按钮可以比较附近的图像内容，不留痕迹地填充选区，同时保留让图像栩栩如生的关键细节，如阴影和对象边缘。

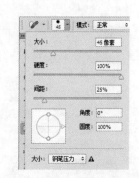

图 12.59　【画笔】选取器

* 【对所有图层取样】：选中该复选框，可从所有可见图层中对数据进行取样；取消选中该复选框，则只从当前图层中进行取样。

12.5.5　修复画笔工具

【修复画笔】工具 可用于校正瑕疵，使它们消失在周围的图像环境中。与【仿制图章】工具 一样，使用【修复画笔】工具 可以利用图像或图案中的样本像素来绘画，但是【修复画笔】工具 可将样本像素的纹理、光照、透明度和阴影等与源像素进行匹配，从而使修复后的像素不留痕迹地融入图像的其余部分。

【修复画笔】工具 的选项栏如图 12.60 所示，其中包括：【画笔】设置项、【模式】下拉列表、【源】选项区和【对齐】复选框等。

图 12.60　修复画笔工具的选项栏

选择图案的目的是为了使用图案的纹理来修复图像。

【画笔】设置项和【对齐】复选框的使用方法与图章工具相同，此处不再赘述。

* 【模式】下拉列表：其中包括【正常】、【替换】、【正片叠底】、【滤色】、【变暗】、【变亮】、【颜色】和【明度】选项，这些模式的作用在后面将做详细的讲解。

● 【源】选项区：可以选中【取样】或者【图案】单选按钮。按住 Alt 键定义取样点，然后才能使用【源】选项区。选中【图案】单选按钮后，要先选择一个具体的图案，然后使用才会有效果。

12.5.6　修补工具

【修补】工具 可以说是对【修复画笔】工具 的一个补充。【修复画笔】工具 使用画笔来进行图像的修复，而【修补】工具 则是通过选区来进行图像修复的。像【修复画笔】工具 一样，【修补】工具 会将样本像素的纹理、光照和阴影等与源像素进行匹配，还可以使用【修补】工具 来仿制图像的隔离区域。

【修补】工具 的选项栏如图 12.61 所示，其中包括：【修补】选项区、【透明】复选框和【使用图案】设置框等。

图 12.61　修补工具的选项栏

● 【源】/【目标】单选按钮：选中【源】单选按钮时，将选区拖曳至要修补的区域，该区域的图像会修补原来的选区；如果选中【目标】单选按钮，将选区拖曳至其他区域时，可以将原区域内的图像复制到该区域。

● 【透明】复选框：选中该复选框后，可以使修补的图像与原图像产生透明的叠加效果。

● 【使用图案】设置框：在【图案】拾色器中选择一个图案后，单击该按钮，可以使用选择的图案修补选区内的图像。

使用【修补】工具 的具体操作步骤如下。

(1) 按 Ctrl+O 组合键，弹出【打开】对话框，在该对话框中打开选择随书附带光盘中的 "CDROM\原始文件\Cha12\004.jpg" 文件，如图 12.62 所示。

(2) 在工具箱中选择【修补】工具 ，在打开的素材上绘制区域，如图 12.63 所示。

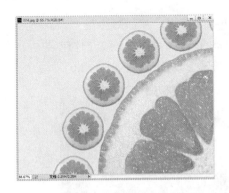

图 12.62　打开的素材文件

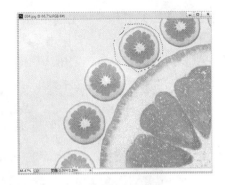

图 12.63　绘制区域

(3) 确认文档中的光标处于 的状态下，向左进行拖曳，如图 12.64 所示。

(4) 至合适的位置后释放鼠标，修复完成后单击 Ctrl+D 组合键，效果如图 12.65 所示。

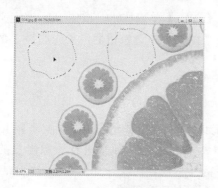
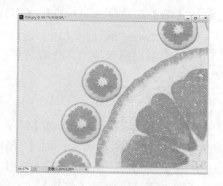

图 12.64　拖曳选区　　　　　　　　　　图 12.65　修复完成后的效果

12.5.7　红眼工具

【红眼】工具 可移去用闪光灯拍摄的人物照片中的红眼，也可以移去用闪光灯拍摄的动物照片中的白色或绿色反光。

【红眼】工具 的选项栏如图 12.66 所示。

图 12.66　红眼工具选项栏

- 【瞳孔大小】：设置瞳孔(眼睛暗色的中心)的大小。
- 【变暗量】：设置瞳孔的暗度。

红眼是由于相机闪光灯在主体视网膜上反光引起的。在光线暗淡的房间里照相时，由于主体的虹膜张开得很宽，因此将会更加频繁地看到红眼。为了避免红眼，应使用相机的红眼消除功能，或者最好使用可安装在相机上远离相机镜头位置的独立闪光装置。

12.5.8　模糊工具

使用【模糊】工具 可以柔化图像中的硬边缘或区域，从而减少细节。

【模糊】工具 的主要作用是进行像素之间的对比，比如在做立体包装时，可以用它来实现近实后虚的效果。使用【模糊】工具 前后的对比效果如图 12.67 所示。

图 12.67　使用模糊工具前后的对比效果

【模糊】工具 的选项栏如图 12.68 所示，其中包括：【画笔】设置项、【模式】下拉列表、【强度】设置框以及【对所有图层取样】复选框等。

图 12.68 模糊工具的选项栏

- 【画笔】设置项：用于选择画笔的形状。
- 【模式】下拉列表：用于选择色彩的混合方式。
- 【强度】设置框：用于设置画笔的强度。
- 【对所有图层取样】复选框：选中此复选框，可以使【模糊】工具 作用于所有图层的可见部分。

12.5.9 锐化工具

使用【锐化】工具 可以聚焦软边缘，以提高清晰度或聚焦的程度，也就是增大像素之间的对比度。使用【锐化】工具 前后的对比效果如图 12.69 所示。

图 12.69 使用锐化工具前后的对比效果

【锐化】工具 的工具选项栏和【模糊】工具 的工具选项栏基本相同。值得注意的是，在使用【锐化】工具 时不能在某个区域反复涂抹，否则画面会失真。

12.5.10 涂抹工具

使用【涂抹】工具 产生的效果好像是用干画笔在未干的油墨上擦过一样，也就是说，笔角周围的像素将随着笔触一起移动。

【涂抹】工具 的选项栏如图 12.70 所示，其中包括：【画笔】设置项、【模式】下拉列表、【强度】设置框、【对所有图层取样】复选框和【手指绘画】复选框等。

图 12.70 涂抹工具的选项栏

【画笔】设置项、【模式】下拉列表、【强度】设置框和【对所有图层取样】复选框等的使用方法在前面已有介绍，这里不再赘述。

- 【手指绘画】复选框：选中此复选框，可以设定涂痕的色彩，就好像用蘸上色彩的手指在未干的油墨上绘画一样。

12.5.11 减淡工具

使用【减淡】工具  可以使图像变亮，其使用方法也很简单，在画面中拖曳鼠标即可。如图 12.71 所示为使用【减淡】工具 前后的对比效果。

图 12.71 使用减淡工具前后的对比效果

【减淡】工具 的选项栏如图 12.72 所示，其中包括：【画笔】设置项、【范围】下拉列表、【曝光度】设置框和【保护色调】复选框等。

图 12.72 减淡工具的选项栏

有关【画笔】设置项的内容在前面已有介绍，这里不再赘述。

- 【范围】下拉列表：用于选择要修改的色调，默认选择【中间调】选项。当选择【阴影】选项时，可处理图像的暗色调；选择【高光】选项时，可处理图像的亮色调。
- 【曝光度】设置框：用于设置曝光程度，该值越高，效果越明显。
- 【保护色调】复选框：选中该复选框，可以保护图像的色调不受影响。

12.5.12 加深工具

【加深】工具 的效果与【减淡】工具 的效果正好相反，【加深】工具 可以使图像变暗，其使用方法和工具选项栏与【减淡】工具 的相同，使用【加深】工具 前后的对比效果，如图 12.73 所示。

图 12.73 使用加深工具前后的对比效果

> **提 示**
>
> 在使用【减淡】工具时，如果同时按住 Alt 键，可暂时切换为加深工具。同样，在使用【加深】工具时，如果同时按住 Alt 键，则可暂时切换为减淡工具。

12.5.13　海绵工具

使用【海绵】工具可以精确地更改区域的色彩饱和度。在灰度模式下，该工具通过使灰阶远离或靠近中间灰色来增加或降低对比度。

【海绵】工具的选项栏如图 12.74 所示，其中包括【画笔】设置项、【模式】下拉列表、【流量】设置框和【自然饱和度】复选框等。

图 12.74　海绵工具的选项栏

【画笔】设置项和【流量】设置框在前面已经介绍过了，这里不再赘述。

- 【模式】下拉列表：可以选择更改颜色色彩的方式。选择【降低饱和度】选项，可以降低饱和度；选择【饱和】选项，可以增加饱和度。
- 【自然饱和度】复选框：选中该复选框，可以在增加饱和度时，防止颜色过度饱和。

12.6　上 机 练 习

12.6.1　为人物衣服替换颜色

本例将介绍通过通道以及调整曲线为人物衣服替换颜色的方法，制作前后的效果对比如图 12.75 所示。其具体操作步骤如下。

图 12.75　为人物衣服替换颜色

(1) 在菜单栏中选择【文件】|【打开】命令，弹出【打开】对话框，选择随书附带光盘中的 "CDROM\素材\Cha12\12.7\为人物衣服替换颜色.jpg" 文件，然后单击【打开】按钮，如图 12.76 所示。

(2) 在工具箱中选择【磁性套索】工具 ，在选项栏中使用默认设置，然后在图像中选取人物的衣服，如图 12.77 所示。

图 12.76　打开的素材文件　　　　　　　　　　　图 12.77　选取衣服

(3) 打开【通道】面板，在【通道】面板中单击面板底端的【创建新通道】按钮 ，新建一个 Alpha1 通道，如图 12.78 所示。

(4) 确定选区处于选择状态，在工具箱中选择【油漆桶】工具 ，将前景色设置为白色，然后将选区填充为白色，如图 12.79 所示。

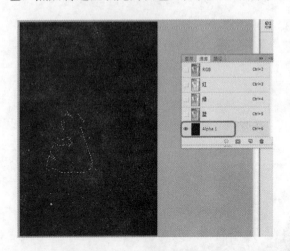

图 12.78　新建通道　　　　　　　　　　　　　　图 12.79　填充选区

(5) 单击 RGB 通道前的 图标，显示该通道；然后单击 Alpha1 通道前的 图标，将 Alpha1 通道隐藏，如图 12.80 所示。

(6) 选择【蓝】通道，然后在菜单栏中选择【图像】|【调整】|【曲线】命令，如图 12.81 所示。

(7) 弹出【曲线】对话框，在该对话框中向上调整曲线，调整完成后单击【确定】按钮，如图 12.82 所示。

(8) 调整完曲线后的效果如图 12.83 所示。

图 12.80　设置通道

图 12.81　选择【曲线】命令

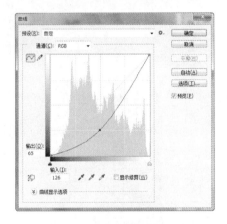

图 12.82　调整曲线

图 12.83　调整曲线后的效果

(9) 确定选区处于选择状态,在菜单栏中选择【选择】|【修改】|【边界】命令,如图 12.84 所示。

(10) 在弹出的【边界选区】对话框中将【宽度】设置为 2,然后单击【确定】按钮,如图 12.85 所示。

图 12.84　选择【边界】命令

图 12.85　【边界选区】对话框

(11) 设置边界后的效果如图 12.86 所示(为了方便观察,在这里我们可以将图片放大显示)。在菜单栏中选择【滤镜】|【模糊】|【高斯模糊】命令,如图 12.87 所示。

图 12.86　设置边界后的效果

图 12.87　选择【高斯模糊】命令

(12) 弹出【高斯模糊】对话框,在该对话框中将【半径】设置为 2,设置完成后单击【确定】按钮,如图 12.88 所示。

(13) 按 Ctrl+D 组合键取消选择,制作完成后的效果如图 12.89 所示。

图 12.88　设置高斯模糊参数

图 12.89　完成后的效果

12.6.2　制作按钮

本例将介绍通过使用椭圆选框工具的方法制作按钮,完成后的效果如图 12.90 所示。

图 12.90　按钮

(1) 按 Ctrl+N 组合键打开【新建】对话框，输入文件名称，将【宽度】设置为 454 像素，【高度】设置为 340 像素，将【背景内容】设置为白色，其他使用默认设置，然后单击【确定】按钮，如图 12.91 所示。

(2) 在工具栏中选择矩形选框工具，在场景中绘制一个矩形选区，如图 12.92 所示。

图 12.91　【新建】对话框

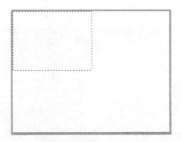

图 12.92　绘制选区

(3) 在工具栏中选择【渐变】工具 ，然后在工具选项栏中单击渐变色块，如图 12.93 所示。

(4) 在打开的对话框中，将下方渐变色条的左侧色标颜色设置为橘红色，右侧色标设置为白色，并将右侧色标的不透明度设置为 0，然后单击【确定】按钮，如图 12.94 所示。

图 12.93　选择并设置渐变工具

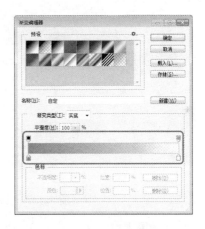

图 12.94　设置渐变颜色

(5) 在场景中的选区中单击并拖曳绘制选区，如图 12.95 所示。

(6) 使用同样的方法绘制其他渐变颜色，完成后的效果如图 12.96 所示。

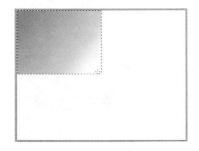

图 12.95　绘制渐变色

图 12.96　绘制完成后的效果

(7) 打开【图层】面板，单击【新建图层】按钮 ，使用【椭圆选框】工具 ，按住 Shift 键绘制一个正圆，并填充白色，如图 12.97 所示。

(8) 在【图层】面板中双击白色正圆图层，即可打开【图层样式】对话框，如图 12.98 所示。

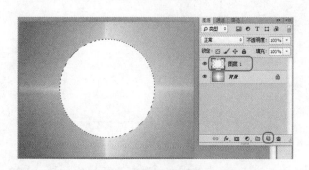
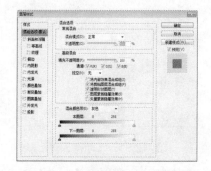

图 12.97　在新图层上绘制正圆并填充颜色　　图 12.98　【图层样式】对话框

(9) 在【图层样式】对话框中选择左侧的【斜面和浮雕】选项，在右侧对其进行设置，如图 12.99 所示。

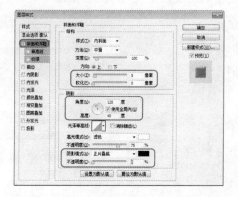

图 12.99　【斜面和浮雕】选项界面

(10) 选择【渐变叠加】选项，在右侧设置其参数，将渐变色左侧色标的 RGB 值设置为 107、154、174，将右侧色标的 RGB 值设置为 153、193、209，如图 12.100 所示。

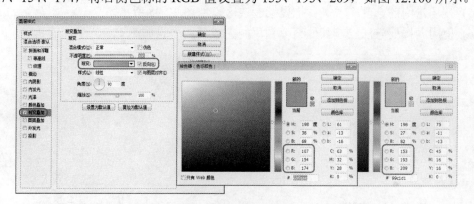

图 12.100　【渐变叠加】选项界面

(11) 设置完成后单击【确定】按钮，在图层面板中新建图层，创建一个比之前图层中要小一些的椭圆选区，并填充黑色，如图 12.101 所示。

图 12.101 在新建图层中绘制椭圆选区并填充颜色

(12) 在【图层】面板中双击该图层，打开【图层样式】对话框后，选择【内发光】选项，在右侧设置其参数，将渐变色左侧色标的 RGB 值设置为 0、126、255，右侧色标设置为透明色，如图 12.102 所示。

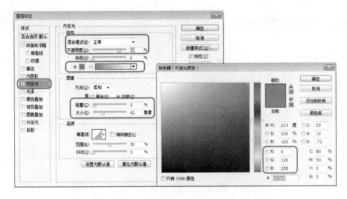

图 12.102 【内发光】选项界面

(13) 在【图层样式】对话框中选择【渐变叠加】选项，在右侧设置其参数，将渐变色左侧色标的 RGB 值设置为 0、101、205，右侧色标的 RGB 值设置为 165、231、255，设置完成后单击【确定】按钮，如图 12.103 所示。

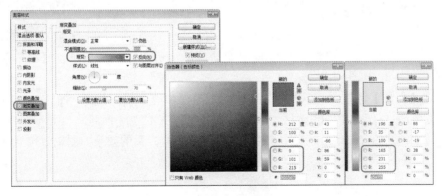

图 12.103 【渐变叠加】选项界面

(14) 执行以上操作后，完成的效果如图 12.104 所示。

(15) 在工具箱中选择【形状】工具 ，在工具选项栏中将【填充】颜色设置为白色，将【描边】设置为无，然后选择一种形状，如图 12.105 所示。

图 12.104　完成后的效果

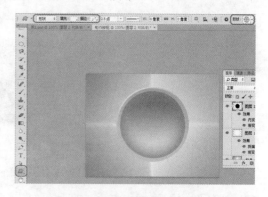

图 12.105　设置形状工具

(16) 在场景中绘制形状，打开【图层】面板确认选中该图层，将【填充】设置为70%，如图 12.106 所示。

(17) 新建图层，在工具箱中选择【钢笔】工具 ，在场景中绘制一个路径，如图 12.107 所示。

(18) 绘制完成后在键盘上按 Ctrl+Enter 组合键，将路径转换为选区，并为其填充白色，如图 12.108 所示。

图 12.106　绘制形状并
设置填充

图 12.107　绘制路径

图 12.108　将路径转换为选区
并填充颜色

(19) 在【图层】面板中双击该图层，打开【图层样式】对话框，选择【渐变叠加】选项，在右侧设置其参数，将渐变颜色设置为从白色至透明色，然后单击【确定】按钮，如图 12.109 所示。

(20) 在【图层】面板中确认选中该图层，将其【填充】设置为 0，如图 12.110 所示。

(21) 按 Ctrl+D 组合键取消选区，完成后的效果如图 12.111 所示。

(22) 使用相同的方法，绘制另一个渐变叠加图层，完成后的效果如图 12.112 所示。

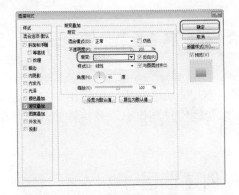

图 12.109　【渐变叠加】选项界面

图 12.110　设置图层的填充

图 12.111　设置填充后的效果

图 12.112　最终效果

12.7　思　考　题

1. Photoshop 所保存的文件格式是什么格式？此格式有什么好处？
2. 保存文件的快捷键有哪些？
3. 色彩模式有多少种？分别是什么？

第 13 章　选区的创建及通道使用

在 Photoshop 中可以使用工具创建几何选区、不规则选区，也可以使用命令创建随意选区，灵活巧妙地应用这些创建选区的方法，可以帮助用户制作出许多特殊的效果。在本章的最后还介绍了通道的类型与应用。

13.1　使用工具创建选区

在 Photoshop 中有很多创建选区的工具，其中包括有【矩形选框】工具 、【椭圆选框】工具 、【单行选框】工具 和【单列选框】工具 。

13.1.1　利用工具创建选区

1. 矩形选框工具

使用【矩形选框】工具 可以创建矩形选区和正方形选区。创建选区的具体操作步骤如下。

(1) 在菜单栏中选择【文件】|【打开】命令，弹出【打开】对话框，选择随书附带光盘中的"CDROM\素材\Cha14\图 0001.jpg"文件，然后单击【打开】按钮，如图 13.1 所示。

(2) 在工具箱中选择【矩形选框】工具 ，在图像上按住鼠标左键并拖曳，拖曳到适当的位置释放鼠标即可创建矩形选区，如图 13.2 所示。

图 13.1　打开素材文件　　　　　　　　图 13.2　创建选区

(3) 按 Ctrl+D 组合键取消选择，使用【矩形选框】工具 ，在按住 Shift 键的同时在图像上按住鼠标左键并拖曳，拖曳到适当的位置释放鼠标即可创建正方形选区，如图 13.3 所示。

> 提　示
>
> 在创建选区时按住 Alt 键可以绘制以光标所在位置为中心的矩形选区，按住 Alt+Shift 组合键可以绘制以光标所在位置为中心的正方形选区。

(4) 在工具选项栏中单击【添加到选区】按钮 ，然后在图像上选择其他区域，即可将选择的区域添加到选区，如图 13.4 所示。

图 13.3　创建正方形选区　　　　　　　　图 13.4　添加到选区

(5) 在工具选项栏中单击【从选区减去】按钮，然后在图像上选择选区内的区域，即可将选择的区域从选区中减去，如图 13.5 所示。

> **提示**
>
> 在选取范围之后，按住 Shift 键并选择其他区域，可以将选择的区域添加到选区；在选取范围之后，按住 Alt 键并选择选区内的区域，可以将选择的区域从选区中减去。

在工具选项栏中单击【与选区交叉】按钮，然后在图像上选择如图 13.6 所示的区域，释放鼠标后即可选择与选区交叉的区域，如图 13.7 所示。

图 13.5　从选区中减去　　　　　　　　　图 13.6　选择区域

2. 椭圆选框工具

【椭圆选框】工具用于创建椭圆形选区和圆形选区，该工具的使用方法与【矩形选框】工具完全相同，创建选区的具体操作步骤如下。

(1) 在菜单栏中选择【文件】|【打开】命令，弹出【打开】对话框，选择随书附带光盘中的 "CDROM\ Cha14\图 0002.jpg" 文件，然后单击【打开】按钮，如图 13.8 所示。

(2) 选择工具箱中的【椭圆选框】工具，在图像上按住鼠标左键并拖曳，拖曳到适当的位置释放鼠标即可创建椭圆形选区，如图 13.9 所示。

图 13.7　选择选区交叉区域

> **提示**
>
> 在绘制椭圆选区时，按住 Shift 键的同时拖曳鼠标可以创建圆形选区；按住 Alt 键的同时拖曳鼠标会以光标所在位置为中心创建选区，按住 Alt+Shift 组合键的同时拖曳鼠标，会以光标所在位置为中心绘制圆形选区。

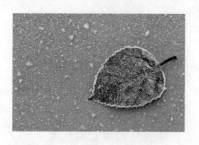

图 13.8　打开素材文件　　　　　　　　　图 13.9　创建椭圆形选区

【椭圆选框】工具 选项栏与【矩形选框】工具 选项栏的选项相同，但是该工具增加了【消除锯齿】功能，由于像素为正方形并且是构成图像的最小元素，所以当创建圆形或者多边形等不规则图形选区时很容易出现锯齿效果，此时我们选中该复选框，会自动在选区边缘 1 个像素的范围内添加于周围相近的颜色，这样就可以使产生锯齿的选区变得平滑。

3. 单行选框工具

【单行选框】工具 只能创建高度为 1 像素的行选区。创建选区的具体操作步骤如下。

(1) 在菜单栏中选择【文件】|【打开】命令，弹出【打开】对话框，选择随书附带光盘中的 "CDROM\素材\Cha13\图 0002.jpg" 文件，然后单击【打开】按钮，如图 13.10 所示。

(2) 选择工具箱中的【单行选框】工具 ，在图像中单击，即可创建选区，如图 13.11 所示。

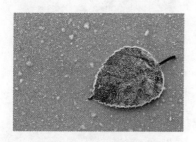

图 13.10　打开素材文件　　　　　　　　　图 13.11　创建单行选区

4. 单列选框工具

【单列选框】工具 和【单行选框】工具 的用法一样，可以精确地绘制一列像素，填充选区后能够得到一条垂直线，其通常用来制作网格，在版式设计和网页设计中经常使用该工具绘制直线。使用该工具创建选区的具体操作步骤如下。

(1) 继续上面的操作，按 Ctrl+D 组合键取消选择，如图 13.12 所示。

(2) 选择工具箱中的【单列选框】工具 ，在图像中单击，即可创建选区，如图 13.13 所示。

图 13.12　取消选择　　　　　　　　图 13.13　创建单列选择

13.1.2　套索工具组

本节来介绍不规则选区的创建，其中主要用到的工具包括：【套索】工具、【多边形套索】工具、【磁性套索】工具。

1. 套索工具

【套索】工具用来徒手绘制选区，因此，创建的选区具有很强的随意性，无法使用它来准确地选择对象，但它可以用来处理蒙版，或者选择大面积区域内的漏选对象。使用【套索】工具创建选区的操作方法如下。

(1) 在菜单栏中选择【文件】|【打开】命令，弹出【打开】对话框，选择随书附带光盘中的 "CDROM\Cha13\图 0003.jpg" 文件，然后单击【打开】按钮，如图 13.14 所示。

(2) 选择工具箱中的【套索】工具，然后在图片中单击并进行绘制，绘制完成后释放鼠标即可创建选区，如图 13.15 所示。

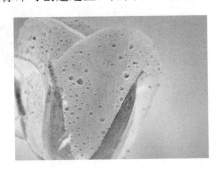

图 13.14　打开素材文件　　　　　　图 13.15　绘制选区

> **提　示**
>
> 如果没有移动到起点处就释放鼠标，则 Photoshop 会在起点与终点处连接一条直线来封闭选区。

2. 多边形套索工具

使用【多边形套索】工具可以在图像中选取不规则的多边形区域，使用【多边形套索】工具的具体操作步骤如下。

(1) 在菜单栏中选择【文件】|【打开】命令，弹出【打开】对话框，选择随书附带光

盘中的"CDROM\Cha13\图0003.jpg"文件，然后单击【打开】按钮，如图13.16所示。

(2) 选择工具箱中的【多边形套索】工具，在图像上单击并拖曳，拖曳过程中可以单击，更改路径方向，当光标移动到起点处，并在指针旁出现小圆圈后单击，即可创建选区，如图13.17所示。

> **提示**
>
> 如果在操作时绘制的直线不够准确，连续按 Delete 键可依次向前删除，如果要删除所有直线段，可以按住 Delete 键不放或者按 Esc 键。

图 13.16　打开素材文件

图 13.17　创建选区

3. 磁性套索工具

【磁性套索】工具是 Photoshop 提供的具有选取复杂功能的套索工具。此工具常用于选取图像与背景反差较大、形状较复杂的图片。使用【磁性套索】工具的具体操作步骤如下。

(1) 在菜单栏中选择【文件】|【打开】命令，弹出【打开】对话框，选择随书附带光盘中的"CDROM\Cha13\图0005.jpg"文件，然后单击【打开】按钮，如图13.18所示。

(2) 选择工具箱中的【磁性套索】工具后，会显示出如图13.19所示的工具选项栏。

图 13.18　打开素材文件

图 13.19　【磁性套索】工具的工具选项栏

- 【宽度】：宽度值决定了以光标为基准，周围有多少个像素能够被工具检测到，如果对象的边界清晰可以选择较大的宽度值，如果边界不清晰，则选择较小的宽度值。
- 【对比度】：用来检测设置工具的灵敏度，较高的数值只检测与它们的环境对比鲜明的边缘；较低的数值则检测低对比度边缘。
- 【频率】：在使用【磁性套索】工具创建选区时，会跟随产生很多锚点，频率值就决定了锚点的数量，该值越大，设置的锚点数越多。
- 【使用绘图板压力以更改钢笔宽度】按钮：如果电脑配置有手绘板和压感笔，可以激活该按钮，增大压力将会导致边缘宽度减小。

在工具选项栏中使用默认设置,在图像上单击指定起点,顺着需要选取的图形边缘移动鼠标,如果想要在某一位置放置一个锚点,可以在该处单击,回到起点,并在指针右下角出现一个小圆圈时单击,即可创建选区,如图 13.20 所示。

图 13.20　创建选区

> **提　示**
>
> 在使用【磁性套索】工具 ☑ 选取图像时,双击可以自动封闭选区;按住 Alt 键不放在其他区域单击,可切换为【多边形套索】工具 ☑ 绘制直线选区;按住 Alt 键不放单击并拖曳鼠标,则可以切换为【套索】工具 ☑ 绘制自由形状的选区。

13.1.3　魔棒工具

【魔棒】工具 ☑ 能够基于图像的颜色和色调来建立选区,它的使用方法非常简单,只需在图像上单击即可,适合选择图像中较大的单色区域或相近颜色。使用【魔棒】工具 ☑ 的方法如下。

(1) 在菜单栏中选择【文件】|【打开】命令,弹出【打开】对话框,选择随书附带光盘中的 "CDROM\ Cha14\图 0006.jpg" 文件,然后单击【打开】按钮,如图 13.21 所示。

(2) 在工具箱中选择【魔棒】工具 ☑,然后将鼠标移至浅蓝色的背景处,单击即可创建选区,如图 13.22 所示。

图 13.21　打开素材文件

图 13.22　创建选区

> **提　示**
>
> 在使用【魔棒】工具 ☑ 时,按住 Shift 键的同时单击可以添加选区,按住 Alt 键的同时单击可以从当前选区中减去,按住 Shift+Alt 组合键的同时单击可以得到与当前选区相交的选区。

13.1.4 编辑选区

学会创建选区后，下面将介绍如何对所创建的选区进行编辑。

1. 移动选区

创建选区后，可以根据自己的需要来移动选区的位置。具体操作步骤如下。

(1) 在菜单栏中选择【文件】|【打开】命令，弹出【打开】对话框，选择随书附带光盘中的"CDROM\ Cha14\图 0007.jpg"文件，然后单击【打开】按钮，如图 13.23 所示。

(2) 在工具箱中选择【磁性套索】工具 ，然后在图像中创建选区，如图 13.24 所示。

图 13.23　打开素材文件

图 13.24　创建选区

(3) 将鼠标移至选区中，当鼠标指针呈 形状后，单击并拖曳鼠标，拖曳至适当位置，释放鼠标左键，即可移动选区，如图 13.25 所示。

2. 取消选择与重新选择

创建选区后，可以使用【取消选择】命令取消选区，也可以使用【重新选择】命令重选上次取消的选区。其具体操作步骤如下。

(1) 在菜单栏中选择【文件】|【打开】命令，弹出【打开】对话框，选择随书附带光盘中的"CDROM\Cha14\图 0008.jpg"文件，然后单击【打开】按钮，如图 13.26 所示。

图 13.25　移动选区

图 13.26　打开素材文件

(2) 在工具箱中选择【快速选择】工具 ，然后在图像中创建选区，如图 13.27 所示。

(3) 在菜单栏中选择【选择】|【取消选择】命令或按 Ctrl+D 组合键，如图 13.28 所示。

(4) 执行操作后，即可取消选区，如图 13.29 所示。

(5) 在菜单栏中选择【选择】|【重新选择】命令或按 Shift+Ctrl+D 组合键，即可重选上次取消的选区，如图 13.30 所示。

图 13.27　创建选区

图 13.28　选择【取消选择】命令

图 13.29　取消选区后的效果

图 13.30　重选取消的选区

3. 变换选区

下面来介绍一下【变换选区】命令的使用方法。

(1) 在菜单栏中选择【文件】|【打开】命令，弹出【打开】对话框，选择随书附带光盘中的"CDROM\ 素材\Cha13\图 0009.jpg"文件，然后单击【打开】按钮，如图 13.31所示。

(2) 在工具箱中选择【魔棒】工具，在浅蓝色背景处多次单击创建背景选区，然后在菜单栏中选择【选择】|【反向】命令，将选区反选，如图 13.32 所示。

图 13.31　打开素材文件

图 13.32　创建选区

(3) 在菜单栏中选择【选择】|【变换选区】命令，将在选区边缘出现定界框，如图 13.33所示。

(4) 在定界框内右击，在弹出的快捷菜单中选择【水平翻转】命令，如图 13.34 所示。然后按 Enter 键确认操作，效果如图 13.35 所示。

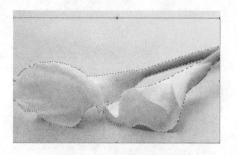

图 13.33　变换定界框

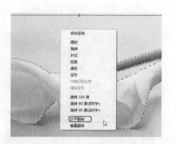

图 13.34　选择【水平翻转】命令

　　定界框中心有一个参考点，所有的变换都以该点为基准来进行。在默认情况下，该点位于变换项目的中心（变换项目可以是选区、图像或者路径），我们可以在工具选项栏中的【参考点位置】图标上单击，修改参考点的位置，例如，要将参考点定位在定界框的左上角，可以单击【参考点位置】图标上的左上角的方块。此外，也可以通过拖曳的方式移动它。

4. 使用【调整边缘】命令调整选区边缘

　　使用【调整边缘】命令调整选区边缘的具体操作步骤如下。

　　(1) 在菜单栏中选择【文件】|【打开】命令，弹出【打开】对话框，选择随书附带光盘中的"CDROM\Cha13\图 0010.jpg"文件，然后单击【打开】按钮，如图 13.36 所示。

图 13.35　变换后的选区

图 13.36　打开素材文件

　　(2) 在工具箱中选择【磁性套索】工具，然后在图像中创建选区，如图 13.37 所示。

　　(3) 在菜单栏中选择【选择】|【调整边缘】命令，如图 13.38 所示。

图 13.37　创建选区

图 13.38　选择【调整边缘】命令

(4) 弹出【调整边缘】对话框，在该对话框中将【平滑】设置为 30，【羽化】设置为 10，【对比度】设置为 35，【移动边缘】设置为+64，如图 13.39 所示。

(5) 设置完成后单击【确定】按钮，调整选区边缘后的效果如图 13.40 所示。

图 13.39　【调整边缘】对话框

图 13.40　设置完成后的效果

5. 按特定数量的像素扩展或收缩选区

创建完选区后，可以使用菜单栏中的【扩展】或【收缩】命令对选区进行扩大或缩小。下面就来介绍一下【收缩】命令的使用方法。

(1) 在菜单栏中选择【文件】|【打开】命令，弹出【打开】对话框，选择随书附带光盘中的"CDROM\素材\Cha13\图 0011.jpg"素材文件，然后单击【打开】按钮，如图 13.41 所示。

(2) 在工具箱中选择【磁性套索】工具 ，然后在图像中创建选区，如图 13.42 所示。

图 13.41　打开素材文件

图 13.42　创建选区

(3) 在菜单栏中选择【选择】|【修改】|【收缩】命令，弹出【收缩选区】对话框，在【收缩量】文本框中输入"10"，如图 13.43 所示。

(4) 输入完成后单击【确定】按钮，即可收缩选区，效果如图 13.44 所示。

> **提　示**
>
> 如果要扩大选区，可以在菜单栏中选择【选择】|【修改】|【扩展】命令，在弹出的【扩展选区】对话框中进行参数设置。

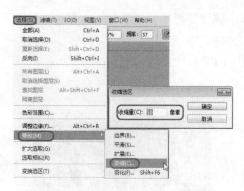

图 13.43 【收缩选区】对话框

图 13.44 收缩完成后的效果

6. 使用【扩大选取】命令扩大选区

使用【扩大选取】命令可以将原选区进行扩大,但是该选项只扩大与原选区相连接的区域,并且会自动寻找与选区中的像素相近的像素进行扩大。下面介绍【扩大选取】命令的使用方法。

(1) 在菜单栏中选择【文件】|【打开】命令,弹出【打开】对话框,选择随书附带光盘中的 "CDROM\ Cha13\图 0012.jpg" 文件,然后单击【打开】按钮,如图 13.45 所示。

(2) 在工具箱中选择【磁性套索】工具 ,然后在图像中创建选区,如图 13.46 所示。

图 13.45 打开素材文件

图 13.46 创建选区

(3) 在菜单栏中选择【选择】|【扩大选取】命令,如图 13.47 所示,或者在选区中右击,在弹出的快捷菜单中选择【扩大选取】命令。

(4) 执行操作后,即可扩大选区,效果如图 13.48 所示。

图 13.47 选择【扩大选取】命令

图 13.48 扩大选区后的效果

13.2　使　用　通　道

简单来说，通道就是选区，是 Photoshop 中最重要、也是最为核心的功能之一，它用来保存选区和图像的颜色信息。

13.2.1　认识通道

当我们打开一个图像时，如图 13.49 所示，在【通道】面板中会自动创建该图像的颜色信息通道，如图 13.50 所示。我们在图像窗口中看到的彩色图像是复合通道的图像，它是由所有颜色通道组合的结果。观察如图 13.50 所示的【通道】面板可以看到，此时所有的颜色通道都处于激活状态。

图 13.49　打开素材文件

图 13.50　【通道】面板

单击一个颜色通道即可选择该通道，图像窗口中会显示所选通道的灰度图像，如图 13.51 所示。按住 Shift 键单击其他通道，可以选择多个通道，此时窗口中将显示所选颜色通道的复合信息，如图 13.52 所示。

图 13.51　选择【绿】通道

图 13.52　选择【红】、【绿】通道

通道是灰度图像，我们可以像处理图像那样使用绘画工具和滤镜对它们进行编辑。编辑复合通道时将影响所有的颜色通道，如图 13.53 所示；编辑一个颜色通道时，会影响该通道及复合通道，但不会影响其他颜色通道，如图 13.54 所示。

颜色通道用来保存图像的颜色信息，因此，编辑颜色通道时将影响图像的颜色和外观效果。Alpha 通道用来保存选区，因此，编辑 Alpha 通道时只影响选区，不会影响图像。编辑完颜色通道或者 Alpha 通道后，如果要返回到彩色图像状态，可单击复合通道，此时，所有的颜色通道将重新被激活。

图 13.53　编辑复合通道

图 13.54　编辑一个通道

13.2.2　【通道】面板

打开一个 RGB 模式的图像，在菜单栏中选择【窗口】|【通道】命令，打开【通道】面板。

> **提 示**
>
> 由于复合通道(即 RGB 通道)是由各原色通道组成的，因此在选中【通道】面板中的某个原色通道时，复合通道将会自动隐藏。如果选择显示复合通道的话，那么组成它的原色通道将自动显示。

● 查看与隐藏通道：单击 图标可以使通道在显示和隐藏之间切换，用于查看某一颜色在图像中的分布情况。例如在 RGB 模式下的图像，如果选择显示 RGB 通道，则 R 通道、G 通道和 B 通道都自动显示，如图 13.55 所示。但选择其中任意原色通道，其他通道则会自动隐藏，如图 13.56 所示。

图 13.55　选择 RGB 通道

图 13.56　选择原色通道

- 设置通道缩览图大小：单击【通道】面板右上角的 按钮，在弹出的下拉菜单中选择【面板选项】命令，打开【通道面板选项】对话框，从中可以设置通道缩览图的大小，以便对缩览图进行观察，如图 13.57 所示。

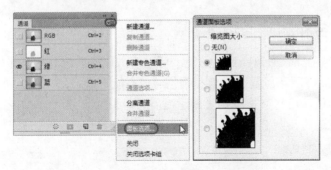

图 13.57　【通道面板选项】对话框

- 通道的名称：在【通道】面板中各原色通道和复合通道的名称是不能改变的，但 Alpha 通道的名称可以通过双击通道名称来任意修改。
- 【创建新通道】 ：单击【创建新通道】按钮 可以创建新的 Alpha 通道，按住 Alt 键并单击该按钮，弹出【新建通道】对话框，在该对话框中可以设置新建的 Alpha 通道的参数，如图 13.58 所示。如果按住 Ctrl 键并单击该按钮，弹出【新建专色通道】对话框，在该对话框中可以设置新建的专色通道的参数，如图 13.59 所示。通过【创建新通道】按钮 所创建的通道均为 Alpha 通道，无法创建颜色通道。

图 13.58　【新建通道】对话框

图 13.59　【新建专色通道】对话框

提　示

将颜色通道删除后会改变图像的色彩模式。例如原色彩为 RGB 模式时，删除其中的 R 通道，剩余的通道为洋红和黄色通道，那么色彩模式将变化为多通道模式。

- 【将通道作为选区载入】 ：选择某一通道后，在面板中单击【将通道作为选区载入】按钮 ，则可将通道中的颜色比较淡的部分当作选区加载到图像中。

提　示

这个功能也可以通过按住 Ctrl 键并在面板中单击该通道来实现。

- 【将选区存储为通道】 ：如果当前图像中存在选区，那么可以通过单击【将选区存储为通道】按钮 把当前的选区存储为新的通道，以便修改和以后使用。

在按住 Alt 键的同时单击该按钮，可以新建一个通道并且为该通道设置参数。

- 【删除当前通道】🗑：单击【删除当前通道】按钮 🗑 可以将当前的编辑通道删除。

13.2.3 重命名和删除通道

如果要重命名 Alpha 通道或专色通道，可以双击该通道的名称，在显示的文本框中输入新名称，如图 13.60 所示。复合通道和颜色通道不能重命名。

如果要删除通道，可将其拖曳到【删除当前通道】按钮 🗑 上，如图 13.61 所示。如果删除的是一个颜色通道，则 Photoshop 会将图像转换为多通道模式，如图 13.62 所示。

图 13.60　重命名通道

图 13.61　删除通道

图 13.62　多通道模式

13.2.4 分离和合并通道

分离通道后会得到 3 个文件，它们都是灰色的。其标题栏中的文件名为源文件名加上其通道名称的缩写，而原文件则被关闭。下面来介绍一下分离通道的方法。

(1) 在菜单栏中选择【文件】|【打开】命令，弹出【打开】对话框，选择随书附带光盘中的 "CDROM\ Cha13\图 0015.jpg" 文件，然后单击【打开】按钮，如图 13.63 所示。

(2) 单击【通道】面板右上角的 ▼≡ 按钮，在弹出的下拉菜单中选择【分离通道】命令，如图 13.64 所示。

图 13.63　打开素材文件

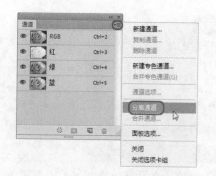
图 13.64　选择【分离通道】命令

提示

【分离通道】命令只能来分离拼合后的图像，分层的图像不能进行分离通道的操作。

这样就可以将该图像分离为三个灰度模式的文件，效果如图 13.65 所示。

图 13.65　分离后的效果

在 Photoshop 中，我们可以将多个灰度图像合并为一个图像的通道，进而创建彩色的图像。用来合并的图像必须是灰度模式、具有相同的像素尺寸，而且还要处于打开的状态。

(1) 继续上面的操作，在【通道】面板中单击右上角的 ≡ 按钮，在弹出的下拉菜单中选择【合并通道】命令，如图 13.66 所示。

(2) 弹出【合并通道】对话框，在【模式】下拉列表中选择【RGB 颜色】，如图 13.67 所示。

图 13.66　选择【合并通道】命令

图 13.67　【合并通道】对话框

(3) 单击【确定】按钮，弹出【合并 RGB 通道】对话框，在该对话框中指定红色、绿色和蓝色通道使用的图像文件，如图 13.68 所示。

(4) 单击【确定】按钮，即可将它们合并为一个 RGB 图像，如图 13.69 所示。

图 13.68　【合并 RGB 通道】对话框

图 13.69　合并通道后的效果

提示

如果打开了 4 个灰度图像，则可以在【合并通道】对话框中的【模式】下拉列表中选择【CMYK 颜色】选项，将它们合并为一个 CMYK 图像。

在【合并 RGB 通道】对话框中，通过为各个通道指定不同的文件，合成后的图像效果也不相同，如图 13.70 所示。

图 13.70　为通道指定不同文件后的效果

13.2.5　载入通道中的选区

Alpha 通道、颜色通道和专色通道都包含选区，在【通道】面板中选择要载入选区的通道，然后单击【将通道作为选区载入】按钮，即可载入通道中的选区，如图 13.71 所示。按住 Ctrl 键单击通道的缩览图可以直接载入通道中的选区，这种方法的好处在于不必选择通道就可以载入选区，因此，也就不必为了载入选区而在通道间切换。

图 13.71　单击【将通道作为选区载入】按钮

13.3　上机练习——使用通道替换背景

本例将介绍使用通道选择人物并为人物替换背景的方法，尤其是对头发的选择最为重要。制作前后的对比效果如图 13.72 所示。

(1) 在菜单栏中选择【文件】|【打开】命令，弹出【打开】对话框，选择随书附带光盘中的"CDROM\素材\Cha13\替换背景.jpg"文件，然后单击【打开】按钮，如图 13.73 所示。

(2) 打开【通道】面板，选择【蓝】通道，然后将【蓝】通道拖曳至【创建新通道】按钮上进行复制，如图 13.74 所示。

图 13.72　使用通道替换背景

图 13.73　打开的素材文件

图 13.74　复制通道

（3）在工具箱中选择【减淡】工具 ，在选项栏中将【范围】设置为【阴影】，将【曝光度】设置为 100%，然后在图像的背景区域单击并拖曳鼠标，将背景淡化处理，如图 13.75 所示。

（4）在菜单栏中选择【图像】|【应用图像】命令，弹出【应用图像】对话框，在该对话框中将【通道】设置为【蓝 拷贝】，将【混合】设置为【线性加深】，将【不透明度】设置为 100，其他参数使用默认设置即可，如图 13.76 所示。

图 13.75　将背景淡化

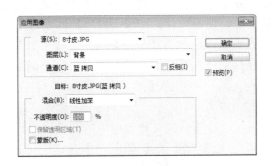

图 13.76　【应用图像】对话框

(5) 设置完成后单击【确定】按钮，效果如图 13.77 所示。

(6) 在菜单栏中选择【图像】|【应用图像】命令，在弹出的【应用图像】对话框中将【通道】设置为【蓝】，将【混合】设置为【线性加深】，如图 13.78 所示。

图 13.77　应用图像后的效果

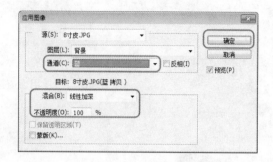

图 13.78　设置参数

(7) 设置完成后单击【确定】按钮，效果如图 13.79 所示。

(8) 再次在菜单栏中选择【图像】|【应用图像】命令，在弹出的【应用图像】对话框中将【通道】设置为【蓝】，将【混合】设置为【线性加深】，如图 13.80 所示。

图 13.79　设置后的效果

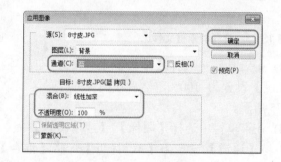

图 13.80　设置参数

(9) 设置完成后单击【确定】按钮，效果如图 13.81 所示。

(10) 再次在菜单栏中选择【图像】|【应用图像】命令，在弹出的【应用图像】对话框中将【通道】设置为【蓝】，将【混合】设置为【正片叠底】，如图 13.82 所示。

(11) 设置完成后单击【确定】按钮，效果如图 13.83 所示。

(12) 使用同样的方法继续调整图片，直至调整至如图 13.84 所示的效果。

(13) 在工具栏中选择【画笔】工具 ✎，将前景色设置为黑色，然后将人物涂抹成黑色，如图 13.85 所示。

(14) 按 Ctrl+I 组合键，将通道中的图像反相显示，如图 13.86 所示。

(15) 按住 Ctrl 键单击【蓝 拷贝】通道的缩览图，然后选择 RGB 通道，如图 13.87 所示。

(16) 按 Ctrl+J 组合键，这时在【图层】面板中就可以看到新建的图层，如图 13.88 所示。

图 13.81　设置后的效果

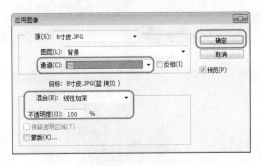

图 13.82　设置参数

图 13.83　设置后的效果

图 13.84　调整至此时的效果

图 13.85　将人物涂抹成黑色

图 13.86　将图像反相显示

(17) 在【图层】面板中选择【背景】图层，然后将其拖曳至该面板下方的【删除图层】按钮🗑上，将【背景】图层删除，效果如图 13.89 所示。

(18) 在菜单栏中选择【文件】|【打开】命令，弹出【打开】对话框，选择随书附带光盘中的"CDROM\素材\Cha13\背景图片.jpg"文件，然后单击【打开】按钮，如图 13.90

所示。

图 13.87　选择 RGB 通道

图 13.88　复制图层

图 13.89　删除【背景】图层

图 13.90　打开的素材文件

　　(19) 将抠出的人物拖曳至打开的素材文件中，然后按 Ctrl+T 组合键，执行【自由变换】命令，并配合 Shift 键将人物缩放至如图 13.90 所示的大小，然后按 Enter 键确认操作，并调整人物的位置，如图 13.91 所示。

　　(20) 在工具栏中选择【模糊】工具，在工具选项栏中将笔触大小设置为 25px，将【强度】设置为 60%，在【图层】面板中选择【图层 1】，再在场景中对人物的边缘进行模糊处理，效果如图 13.92 所示。

图 13.91　调整人物的大小和位置

图 13.92　模糊边缘

(21) 在【图层】面板中选择【图层 1】，在菜单栏中选择【图像】|【调整】|【亮度/对比度】命令，如图 13.93 所示。

(22) 弹出【亮度/对比度】对话框，在该对话框中将【亮度】设置为 12，将【对比度】设置为-9，设置完成后单击【确定】按钮，如图 13.94 所示。

图 13.93　选择【亮度/对比度】命令

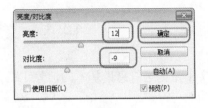

图 13.94　亮度/对比度对话框

(23) 执行以上操作后的最终效果如图 13.95 所示。

图 13.95　最终效果

13.4　思　考　题

1. 有多少种工具可以创建选区？分别是哪些？
2. RGB 图像中有几个通道？分别是哪些？
3. CMYK 格式的图像可以分离出几个通道？分别是哪几个通道的文件？

第 14 章　使用文字和路径

本章主要介绍文字、路径以及切片的使用，在平面设计作品中，文字不仅可以传达信息，还能起到美化版面、强化主题的作用。

Photoshop 的工具箱中包含 4 种文字工具，可以创建不同类型的文字。除此之外，用户可以通过本章的学习掌握如何创建路径、编辑路径以及切片工具的使用方法。

14.1　文字的输入与设置

文字是传达信息最基本的信息工具，因此在设计中是不可缺少的一部分，下面介绍文字的输入与设置。

14.1.1　输入文字

在 Photoshop 中输入文字的工具包括【横排文字】工具 T、【直排文字】工具 IT、【横排文字蒙版】工具 T 和【直排文字蒙版】工具 IT 等 4 种，其中后两种工具主要用来建立文字形选区，下面将对其进行简单介绍。

1. 输入点文本

利用横排文字工具可以创建横向排列的文字，在创建文字时，同时也会创建相应的图层。用户可在工具箱中选择【横排文字】工具 T 按钮，在工作区中单击，输入文字即可，如图 14.1 所示。

用户可以使用同样的方法创建竖排文字。

2. 输入段落文本

当需要输入大量的文字内容时，可将文字以段落的形式进行输入，输入段落文字时，文字会根据文本框的大小进行自动换行，在创建文本框之后，用户可以根据需要自由调整定界框的大小，使文字在调整后的文本框中重新排列。

如果用户要创建段落文本，可在工具箱中单击【横排文字】工具 T 或【直排文字】工具 IT，在工作区中单击并进行拖曳，在弹出的文本框中输入文本即可，效果如图 14.2 所示。

3. 横排文字蒙版的输入

使用【横排文字蒙版】工具 T 可以创建文字选区，但是在创建文字时，系统不会自动创建图层。下面介绍如何创建横排文字蒙版的输入。

(1) 按 Ctrl+O 组合键，在打开的对话框中选择随书附带光盘中的 "CDROM\原始文件\Cha16\006.jpg" 素材文件，如图 14.3 所示。

(2) 在工具箱中选择【横排文字蒙版】工具 T，在文档中单击，输入文字信息，将字体设置为【汉仪行楷简】，将字体大小设置为 72，如图 14.4 所示。

图 14.1　创建点文本

图 14.2　输入段落文本

图 14.3　打开的素材文件

图 14.4　输入文字并进行设置

(3) 输入文字，按 Ctrl+Enter 组合键确认，在工具箱中选择【渐变】工具，在【选项】栏中单击【编辑渐变】按钮，弹出【渐变编辑器】对话框，在该对话框中选择【预设】选项栏中的【橙、黄、橙渐变】选项，如图 14.5 所示。

(4) 设置完成后单击【确定】按钮，按 F7 键打开【图层】面板，新建一个图层，在创建的文字选区中从左向右进行拖曳，如图 14.6 所示。

图 14.5　【渐变编辑器】对话框

图 14.6　新建图层并填充渐变

(5) 设置完成后按 Ctrl+D 组合键，取消选区，双击【图层】1，打开【图层样式】对话框，在【样式】选项中选中【描边】复选框，在【描边】选项组中将【大小】设置为 8 像素，将【颜色】设置为白色，如图 14.7 所示。

(6) 设置完成后单击【确定】按钮，设置完成后的效果如图 14.8 所示。

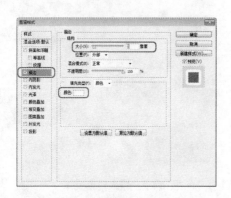

图 14.7 【图层样式】对话框

图 14.8 设置完成后的效果

4. 直排文字蒙版的输入

创建直排文字蒙版的具体操作步骤如下。

(1) 按 Ctrl+O 组合键在弹出的对话框中打开"大海.jpg"素材文件，如图 14.9 所示。

(2) 在工具箱中选择【直排文字蒙版】工具，在工具选项栏中将文字设置为【微软雅黑】，将字号设置为 40，在文档中单击并输入相应的文字信息，如图 14.10 所示。

图 14.9 打开的素材文件

图 14.10 输入文字

(3) 按 F7 键打开【图层】面板，新建图层，按 Alt+Delete 组合键填充前景色，如图 14.11 所示。

(4) 按 Ctrl+D 组合键，取消选区，完成后的效果如图 14.12 所示。

图 14.11 填充前景色

图 14.12 设置完成后的效果

14.1.2　载入文本路径

路径文字是创建在路径上的文字，文字会根据路径的形状排列出相应的效果。下面将介绍如何创建路径文本，其具体操作步骤如下。

(1) 按 Ctrl+O 组合键在弹出的对话框中打开"大海.jpg"素材文件，在工具箱中选择【钢笔】工具，在图上绘制路径，如图 14.13 所示。

(2) 在工具箱中选择【横排文字】工具，将光标置于绘制的路径的开始点，单击输入文字信息，并设置相应的文字属性，如图 14.14 所示。

图 14.13　绘制路径

图 14.14　输入文字并设置其属性

14.1.3　设置文字属性

创建文字后，用户可以在其工具选项栏中对文字属性进行相应的设置，包括对文字的方向、大小及颜色等进行设置。例如选择【横排文字】工具后，将会显示其相应的工具选项栏，如图 14.15 所示。

图 14.15　横排文字工具选项栏

- 【切换文本取向】按钮：单击此按钮，可以在横排文字和竖排文字之间进行切换。
- 【设置字体系列】设置框：用户可以单击设置框右侧的下三角按钮，在弹出的下拉列表中选择不同的字体。
- 【设置字体大小】设置框：用户可以在其右侧的文本框中输入所需要的字号。
- 【设置消除锯齿的方法】设置框：在其下拉列表中包括【无】、【锐利】、【犀利】、【浑厚】和【平滑】等命令。用户可以根据需要选择不同的命令。
- 对齐方式设置区：其中包括【左对齐文本】、【居中对齐文本】、【右对齐文本】等对齐方式，用户可以根据需要设置不同的对齐方式。
- 【设置文本颜色】颜色框：用户可以单击该颜色框，在弹出的对话框中设置所需的颜色。
- 【取消所有当前编辑】按钮：单击该按钮后，即可取消当前的所有编辑。

- 【提交所有当前编辑】按钮☑：单击该按钮后，即可提交当前的所有编辑。

在对文字大小进行设定时，需要将文字选中，然后按 Ctrl+Shift+>组合键增大字号；相反，按 Ctrl+Shift+<组合键可以减小字号，用户可以通过按 Alt+←或→组合键调整文字之间的间距，用 Alt+←组合键可以减小字符的间距，使用 All+→组合键可以增大字符的间距。使在对文字行间距进行设置时，可以使用 Alt 键加上下方向键来改变行间距，使用 Alt+↑组合键可以减小行间距，使用 Alt+↓组合键可以增大行间距。文字输入完毕后，可以使用 Ctrl+Enter 组合键提交文字输入。

14.1.4 设置段落属性

选择【横排文字】工具 T，然后在工作区中绘制一个文本框，并在该文本框中输入文字。

当文本框的右下角出现"+"符号时，表示文字并没有全部显示出来。

将光标定位在定界点上，此时光标会变为双向箭头 ↖，然后将文本框拖曳变大，隐藏的文本就会出现。

若要旋转定界框，可将指针定位在定界框外，此时指针会变为弯曲的双向箭头 ↻，如图 14.16 所示。

图 14.16　旋转文本框

除此之外，用户还可以在【字符】面板和【段落】面板中设置文字属性，用户可以在字体选项工具栏中单击【切换字符和段落面板】按钮 📄，执行操作后即可打开【字符】和【段落】面板，如图 14.17、图 14.18 所示的【字符】和【段落】面板。在两个面板中对文字进行相应的设置。

图 14.17　【字符】面板

图 14.18　【段落】面板

14.2　编 辑 文 本

对于创建的文字进行编辑主要运用文字的变形、样式和栅格化文字。在 Photoshop 中，各种滤镜、绘画工具和调整命令不能用于文字图层，这就需要先对所输入的文字进行编辑处理，已达到预想效果。本节将对其进行详细介绍。

14.2.1 设置文字变形

变形文字是指对创建的文字进行变形处理后得到的文字，例如，可以将文字变形为贝壳、鱼形等。下面将对如何创建变形文字进行相应的介绍。

为了增强文字的效果，可以创建变形文本。下面来学习一下设置文字变形的方法。

(1) 打开素材文件"铁路.jpg"，在工具箱中单击【横排文字】工具 **T**，在图片上输入相应的文字，并将其选择，如图 14.19 所示。

(2) 在选项栏中单击【创建文字变形】按钮，打开【变形文字】对话框，在该对话框中将【样式】设置为【扇形】，如图 14.20 所示。

图 14.19 打开素材并输入文字

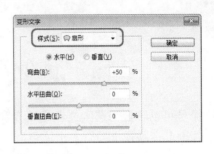

图 14.20 【变形文字】对话框

(3) 设置完成后单击【确定】按钮，完成后的效果如图 14.21 所示。

图 14.21 完成后的效果

14.2.2 栅格化文字

Photoshop 中，使用文字工具输入的文字是矢量图，其优点是随意放大时不会出现马赛克现象，但其缺点是文字层无法使用一些滤镜和一些工具、命令等，因此用户可以通过对文字进行栅格化，将其转为图层，从而对其进行一些相应的处理。

对文字进行栅格化处理的方法如下。

(1) 继续上面的操作，按 F7 键打开【图层】面板，选择文字图层并右击，在弹出的快捷菜单中选择【栅格化文字】命令，如图 14.22 所示。

(2) 执行完该命令后即可对文字进行栅格化，完成后的效果如图 14.23 所示。

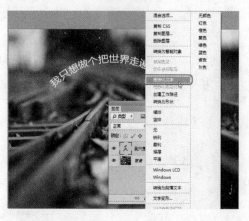

图 14.22　选择【栅格化文字】命令　　　　图 14.23　栅格化后的效果

14.3　认　识　路　径

路径是可以转换为选区或者是填充和描边的轮廓。它是由一个或多个直线段或曲线段组成的，因此在路径上会有多个锚点，用户可以通过调整这些锚点来改变路径的形状。

14.3.1　路径形态

路径是由线条及其包围的区域组成的矢量轮廓，它包括有起点和终点的开放式路径，如图 14.24 所示，以及没有起点和终点的闭合式路径两种，如图 14.25 所示。此外，路径也可以由多个相互独立的路径组件组成，这些路径组件被称为子路径，如图 14.26 所示的路径中包含 3 个子路径。

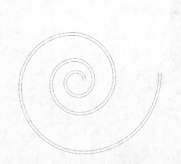

图 14.24　开放式路径　　　　图 14.25　闭合式路径　　　　图 14.26　子路径的表示

14.3.2　路径的组成

路径由一个或多个曲线段或直线段、控制点、锚点和方向线等构成，如图 14.27 所示。

14.3.3 　【路径】面板

在【路径】面板中显示了每条路径的信息，它用来保存和管理路径。下面将介绍【路径】面板中的各项功能与信息。

在菜单栏中单击【窗口】按钮，在弹出的下拉菜单中选择【路径】面板，执行操作后即可打开【路径】面板，面板中列出了每条存储的路径，以及当前工作路径和当前矢量蒙版的名称和缩览图，如图 14.28 所示。

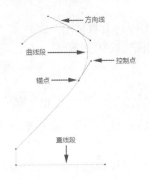

图 14.27　路径的构成

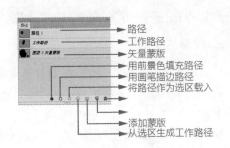

图 14.28　【路径】面板

- 【路径】：当前文档中包含的路径。
- 【工作路径】：工作路径是出现在【路径】面板中的临时路径，用于定义形状的轮廓。
- 【矢量蒙版】：当前文档中包含的矢量蒙版。
- 【用前景色填充路径】按钮 ● ：单击该按钮后，可以用前景色填充路径形成的区域。
- 【用画笔描边路径】按钮 ○ ：单击该按钮后，可以用画笔工具沿路径描边。
- 【将路径作为选区载入】按钮 ：单击该按钮后，可以将当前选择的路径转换为选区。
- 【从选区生成工作路径】按钮 ◇ ：如果创建了选区，单击该按钮，可以将选区边界转换为工作路径。
- 【创建新路径】按钮 ：单击该按钮，可以创建新的路径。如果按住 Alt 键单击该按钮，可以打开【新建路径】对话框，在对话框中输入路径的名称也可以新建路径。新建路径后，可以使用钢笔工具或形状工具绘制图形。
- 【删除当前路径】按钮 ：选择路径后，单击该按钮，可删除路径。也可以将路径拖曳至该按钮上直接删除。

14.4 　创 建 路 径

路径是由多个锚点组成的线段或曲线，它可以以单独的线段或曲线存在，在 Photoshop 中称这些终点没有连接开始点的路径为开放式路径，而那些连接在一起的称之为闭合式路径。下面将对其进行详细介绍。

14.4.1 使用钢笔工具创建路径

【钢笔】工具 是创建路径的最主要的工具，它不仅可以用来选取图像，而且可以绘制卡通漫画，作为一个优秀的设计师，应该熟练地使用钢笔工具。

选择【钢笔】工具 ，开始绘制之前光标会呈 形状显示，若大小写锁定键被按下则为 形状。

1. 绘制直线路径

创建一个空白的文件，然后在工具箱中选择【钢笔】工具 ，在随意一个位置单击，然后再在任何一个位置单击即可创建直线路径，如图 14.29 所示。

2. 绘制曲线路径

单击绘制出第一点，然后单击并拖曳鼠标绘制出第二点，如图 14.30 所示，这样就可以绘制曲线并使锚点两端出现方向线。方向点的位置及方向线的长短会影响到曲线的方向和弧度。

绘制出曲线后，若要在之后接着绘制直线，则需要按住 Alt 键在最后一个锚点上单击，使控制线只保留一段，再松开 Alt 键，在新的地方单击另一点即可，如图 14.31 所示。

图 14.29　绘制直线　　　　图 14.30　绘制曲线　　　　图 14.31　继续绘制直线

14.4.2 使用自由钢笔工具创建路径

【自由钢笔】工具 可以比较随意地绘制图形，它的使用方法与套索工具的使用方法基本相同，用户可以使用该工具沿图像的边缘按住鼠标左键并拖曳出路径，随意打开一个素材图片，在工具箱中选择【自由钢笔】工具 ，在选项栏中选中【磁性的】复选框，然后在海星的边缘进行拖曳即可拖曳出路径，如图 14.32 所示。

图 14.32　使用自由钢笔工具创建路径

选择【自由钢笔】工具后，在工具选项栏中选中【磁性的】复选框后，可以将钢笔工具转换为磁性钢笔工具，然后沿图像边缘拖曳鼠标，Photoshop 会自动找反差较大的边缘，并自动创建锚点，这样可得到图像路径。

14.4.3 将选区转换为路径

我们除了可以创建路径以外，还可以将选区转换为路径。将创建的选区转换为路径的操作方法如下。

(1) 新建一个空白文件，在工具箱中选择【椭圆选框】工具，在页面中单击并拖曳进行创建椭圆，如图 14.33 所示。

(2) 打开【路径】面板，在路径面板中单击【从选区生成工作路径】按钮，即可将载入的选区生成一个工作路径，如图 14.34 所示。

图 14.33　创建选区　　　　　　　　图 14.34　转换为路径

14.5　编 辑 路 径

编辑路径的工具有【路径选择】工具、【直接选择】工具、【添加锚点】工具、【删除锚点】工具、【转换点】工具等，使用它们可以对路径作任意的编辑，如选择、添加及删除锚点，改变锚点性质，选择、复制、删除以及移动路径等操作。

14.5.1 选择路径

使用【路径选择】工具可以选择整个路径，也可以移动路径。如果选中工具选项栏中的【显示定界框】复选框，则被选择的路径会显示出定界框，拖曳定界框上的控制点可以对路径进行变换操作。

如果用户要对路径进行精确移动，可以用键盘上的上下左右键配合 Shift 键每次移动 10 个像素。若在按住 Shift 键的同时再按下 Alt 键，则每相距 10 个像素复制一次，如图 14.35 所示。

使用【直接选择】工具可以方便地选择路径的锚点和路径段，通过调整选择锚点或路径段的位置，可以改变路径的形态，然而被选中的锚点显示为实心方形，没有选中的锚点显示为空心的方形，如图 14.36 所示。

锚点被选中后，可将光标放置在锚点上，通过拖曳鼠标来移动锚点。当方向线出现时，可以用直接选择工具移动控制点的位置，改变方向线的长短来影响路径的形状，如图 14.37 所示。这时按住 Ctrl 键可切换为路径选择工具。

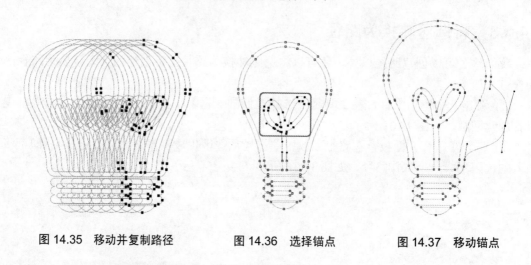

图 14.35 移动并复制路径　　　图 14.36 选择锚点　　　图 14.37 移动锚点

14.5.2 添加/删除锚点

使用【添加锚点】工具在路径上单击可以添加锚点，使用【删除锚点】工具在锚点上单击可以删除锚点。下面就来介绍一下这两个工具的使用方法。

(1) 新建一个空白文件，在工具箱中选择【自定形状】工具，将自定义形状随意定义，并在空白文件单击并绘制定义后的形状，如图 14.38 所示。

(2) 在工具箱中选择【添加锚点】工具，在需要添加锚点的位置单击，执行操作后，即可添加锚点，如图 14.39 所示。

如果想要删除多余的锚点，在工具箱中选择【删除锚点】工具，在需要删除锚点的位置处单击，执行操作后，即可将该锚点删除，如图 14.40 所示。

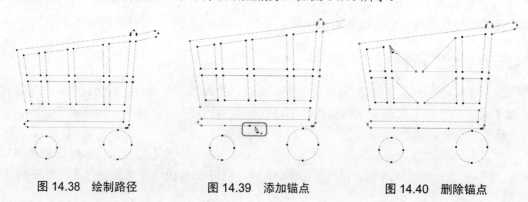

图 14.38 绘制路径　　　图 14.39 添加锚点　　　图 14.40 删除锚点

14.5.3 转换点工具

使用【转换点】工具可以轻松地在角点和平滑点之间相互切换，从而满足编辑的需要，用户还可以调整曲线的方向。

- 转换为平滑点：使用【转换点】工具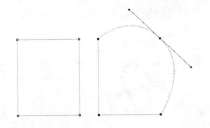，在锚点上单击并拖曳鼠标，即可将该锚点转换为平滑点，如图 14.41 所示。
- 转换为角点：使用【转换点】工具直接在锚点上单击即可，如图 14.42 所示。

图 14.41　转换为平滑点　　　　　　　图 14.42　转换为角点

对曲线的方向进行调整只需要拖曳锚点的手柄，即可调整曲线的方向，如图 14.43 所示。

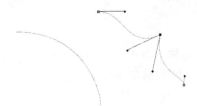

图 14.43　改变路径的形状

14.6　使用【路径】面板

使用【路径】面板可以对路径快速、方便地进行管理。【路径】面板可以说是集编辑路径和渲染路径于一身，在这个面板中，可以完成从路径到选区和从自由选区到路径的转换，还可以对路径施加一些效果，使得路径看起来不那么单调。在菜单栏中选择【窗口】|【路径】命令，即可打开【路径】面板，如图 14.44 所示。

14.6.1　填充路径

单击【路径】面板底部的【用前景色填充路径】按钮●，即可使用前景色对路径进行填充，如图 14.45 所示。

图 14.44　【路径】面板

图 14.45　填充前景色

除此之外，用户还可以在路径上右击，在弹出的快捷菜单中选择【填充路径】命令，如图 14.46 所示，用户可以在弹出的【填充路径】对话框中进行相应的设置，如图 14.47 所示。

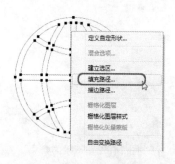

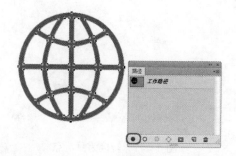

图 14.46　选择【填充路径】命令　　　　图 14.47　填充前景色

14.6.2　描边路径

描边路径即用画笔、橡皮擦等工具对路径进行描绘，对路径进行描绘之前应该先将描绘工具设置好。下面来学习一下描边路径的使用方法。

(1) 新建一个空白文档，在工具箱中选择【自定形状】工具，将形状定义为随意形状，并在文档中创建如图 14.48 所示的路径。

(2) 在工具箱中选择【画笔】工具，按 F5 键打开【画笔】面板，在该面板中选择一种笔尖形状，然后将【大小】设置为 24 像素，将【间距】设置为 19%，如图 14.49 所示。

(3) 设置完成后打开【路径】面板，单击【用画笔描边路径】按钮，即可对路径进行描边，如图 14.50 所示。

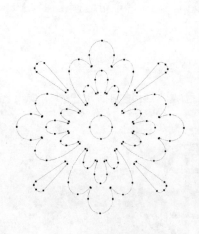

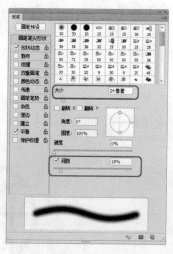

图 14.48　绘制路径　　　　图 14.49　【画笔】面板　　　　图 14.50　描边完成后的效果

14.6.3　路径和选区的转换

在 Photoshop 中，有很多工具都是通过绘制路径后，再将其转换为选区，这样来看，路径的一个重要功能便是与选区之间的转换。下面将介绍路径与选区之间的转换。

在【路径】面板中单击【将路径作为选区载入】按钮 ，可以将路径转换为选区进行操作，如图 14.51 所示，也可以按 Ctrl+Enter 组合键来完成这一操作。

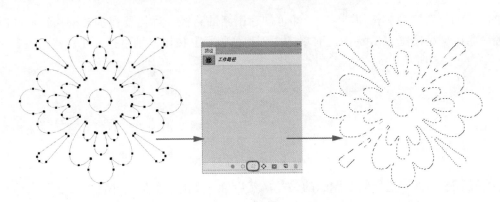

图 14.51　将路径转换为选区

除此之外，用户还可以在路径上右击，在弹出的快捷菜单中选择【建立选区】命令，如图 14.52 所示。用户可以在弹出的【建立选区】对话框中进行相应的设置，如图 14.53 所示。

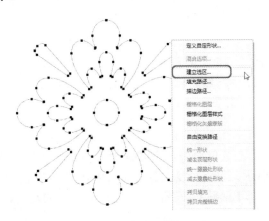

图 14.52　选择【建立选区】命令

图 14.53　【建立选区】对话框

14.6.4　工作路径

工作路径是出现在【路径】面板中的临时路径，用于定义形状的轮廓。使用钢笔工具在画布中直接创建的路径及由选区转换的路径都是工作路径。

在路径被隐藏状态下使用钢笔工具直接创建路径，原来的路径将被新路径所代替。双击工作路径的名称，将会弹出【存储路径】对话框，如图 14.54 所示，从中可以实现对工作路径的重命名并保存。

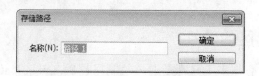
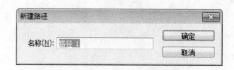

图 14.54 　【存储路径】对话框

14.6.5 　使用【创建新路径】和【删除当前路径】按钮

单击【创建新路径】按钮 🖳 后，即可创建出新的路径，当需要在创建的路径的同时为路径命名，可在按住 Alt 键的同时单击【创建新路径】按钮，则可打开【新建路径】对话框，如图 14.55 所示。

图 14.55 　【新建路径】对话框

在【路径】面板中选择需要删除的路径，然后单击【路径】面板底部的【删除当前路径】按钮 🗑 ，即可将该路径进行删除，除此之外，也可以将要删除的路径拖曳到该按钮上，同样也可以将其删除。

14.6.6 　复制路径

复制路径有很多种方法，下面将对其进行详细介绍。

1. 通过【路径】面板进行复制

将已经存储的路径拖曳到【路径】面板底部的【创建新路径】按钮 🖳 上进行复制，如果要为复制的路径进行重命名，可双击该路径，然后输入其名称即可，也可以在面板中单击 📃 按钮，在弹出的菜单中选择【复制路径】命令，如图 14.56 所示。

2. 通过剪贴板进行复制

在工具箱中选择【路径选择】工具 ▶ ，在菜单栏中单击【编辑】按钮，在弹出的下拉菜单中选择【拷贝】命令，如图 14.57 所示，将路径复制到剪贴板中，然后再在菜单中单击【编辑】按钮，在弹出的下拉菜单中选择【粘贴】命令，即可完成对路径的复制。

图 14.56 　选择【复制路径】命令

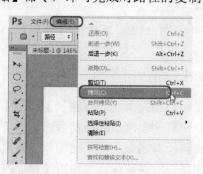

图 14.57 　选择【拷贝】命令

14.7　上机练习——文字路径变形

本节将介绍如何调整文字路径，通过调整路径改变文字的形状。本案例主要练习【钢笔】工具  的使用，以及练习【直接选择】工具 的使用，并将绘制的路径载入选区并填充颜色，最终效果如图 14.58 所示。

图 14.58　文字路径变形

具体操作步骤如下。

(1) 启动 Photoshop CC，按 Ctrl+O 组合键打开【打开】对话框，在弹出的对话框中打开随书附带光盘中的 "CDROM\素材\Cha16\123456.psd" 文件，如图 14.59 所示。

(2) 单击【确定】按钮，即可打开文件，在工具栏中选择【横排文字】工具，在工具选项栏中将字体设置为【华文琥珀】，将字体大小设置为 500 点，将消除锯齿的方式设置为【浑厚】，将【颜色】设置为白色，如图 14.60 所示。

图 14.59　选择素材文件

图 14.60　设置文字选项

(3) 打开【图层】面板，在【图层】面板中单击【创建新图层】按钮，然后在文件中输入文字，如图 14.61 所示。

(4) 创建完成后，打开【图层】面板，在【图层】面板中选中该图层，右击并在弹出的快捷菜单中选择【转换为形状】，即可将文字转换为路径，如图 14.62 所示。

(5) 在工具栏中选择【直接选择】工具，然后在文件中选中第一个文字路径，如

图 14.63 所示。

图 14.61　新建图层并输入文字　　　　　图 14.62　将文字转换为形状

(6) 将图片放大到合适的尺寸，使用直接选择工具调整文字路径的顶点，如图 14.64 所示的路径。

图 14.63　选择第一个文字的路径　　　　　图 14.64　调整文字的路径

(7) 使用同样的方法，调整其他文字路径的顶点，完成后效果如图 14.65 所示。

(8) 打开【图层】面板，选中该图层，单击并拖曳至【创建新图层】按钮 ▣ 上，即可拷贝该图层，然后将拷贝的图层拖曳至原图层的下面，如图 14.66 所示。

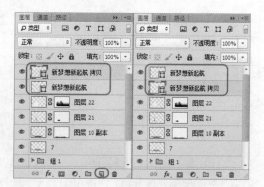

图 14.65　调整文字路径后的效果　　　　　图 14.66　拷贝图层并调整位置

(9) 双击拷贝的图层，即可打开【图层样式】对话框，如图 14.67 所示的路径。

(10) 在【图层样式】对话框中选择【描边】选项，在右侧设置其参数，然后单击【确定】按钮，如图 14.68 所示。

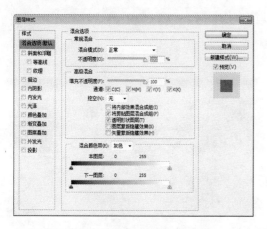

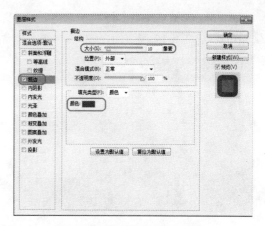

图 14.67 【图层样式】对话框 图 14.68 【描边】选项界面

(11) 在文件中调整它们的位置，在图层面板中选中拷贝的图层并右击，在弹出的快捷菜单中选择【栅格化图层】命令，将该图层转换为普通图层，如图 14.69 所示。

(12) 在工具箱中选择【画笔】工具 ，为栅格化后的图层填充颜色，完成以上操作后的效果，如图 14.70 所示。

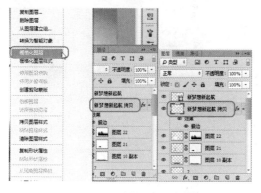

图 14.69 栅格化拷贝图层

图 14.70 为栅格化后的图层填充颜色

(13) 在【图层】面板中新建图层，在工具箱中选择【钢笔】工具 ，在文件中绘制路径，如图 14.71 所示。

(14) 绘制完成后，将前景色的 RGB 值设置为 0、77、161，按 Ctrl+Enter 组合键，将路径转换为选区，为选区填充前景色，如图 14.72 所示。

图 14.71 绘制路径

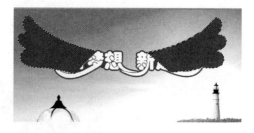

图 14.72 为选区填充前景色

(15) 在【图层】面板中将该图层拖曳至两个文字图层的下面，效果如图 14.73 所示。

(16) 按 Ctrl+D 组合键取消选区，在工具箱中选择【钢笔】工具，继续在该图层中绘制路径，如图 14.74 所示。

图 14.73　调整图层顺序　　　　　　　　图 14.74　再次绘制路径

(17) 绘制完成后，将颜色设置为白色，按 Ctrl+Enter 组合键，将路径转换为选区，为选区填充颜色，如图 14.75 所示。

(18) 在工具箱中选择【橡皮擦】工具，在工具选项栏中，选择一个柔边笔触，并设置笔触大小，将【不透明度】设置为 35%，将【流量】设置为 35%，其他使用默认设置，如图 14.76 所示。

图 14.75　填充选区　　　　　　　　　　图 14.76　设置橡皮擦选项

(19) 设置完成后对选区进行涂抹，完成后按 Ctrl+D 组合键取消选区，最终效果如图 14.77 所示。

(20) 至此文字路径变形就制作完成了，对场景进行保存即可。

图 14.77　完成后的最终效果

14.8 思 考 题

1. 简述创建路径的方法。
2. 钢笔工具与自由钢笔工具的区别？
3. 在 Photoshop 中输入文字的工具主要包括哪些？

第 15 章　项目指导——制作首饰宣传页

Photoshop 在平面设计方面的应用十分广泛，无论是网页的页面素材，还是宣传海报，这些具有丰富图像的平面载体都使用 Photoshop 进行设计制作。本章将通过对首饰宣传页的制作来讲解 Photoshop CC 的使用，完成后的效果如图 15.1 所示。

图 15.1　首饰宣传页

(1) 启动 Photoshop CC，在菜单栏中选择【新建】|【打开】命令，如图 15.2 所示。

(2) 在弹出的【打开】对话框中，选择随书附带光盘中的 "CDROM\素材\Cha15\01.jpg" 图片，如图 15.3 所示。

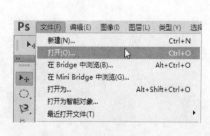

图 15.2　选择【打开】命令

图 15.3　选择素材图片

(3) 单击【打开】按钮，打开素材图片。在菜单栏中选择【视图】|【新建参考线】命令，如图 15.4 所示。

(4) 在弹出的【新建参考线】对话框中，将【取向】设置为【垂直】，【位置】设置为 0.7 厘米，如图 15.5 所示。

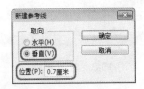

图 15.4　选择【新建参考线】命令　　　　图 15.5　【新建参考线】对话框

(5) 单击【确定】按钮，创建参考线，如图 15.6 所示。

(6) 使用相同的方法分别创建【取向】为【垂直】、【位置】分别为 7.5 厘米和 13.5 厘米的参考线，如图 15.7 所示。

图 15.6　创建参考线　　　　　　　图 15.7　创建其他参考线

(7) 在工具箱中选择【裁剪】工具 ，对图片的宽度进行裁剪，使其左右两条参考线对齐，如图 15.8 所示。

(8) 按 Enter 键确认裁剪。在菜单栏中选择【新建】|【置入】命令，在弹出的【置入】对话框中，选择随书附带光盘中的 "CDROM\素材\Cha15\ 02.jpg" 图片，如图 15.9 所示。

(9) 单击【置入】按钮，图片将置入到画布中，如图 15.10 所示。

(10) 将置入的图片位置向右移动，然后对其宽进行调整，使其左侧与中间的参考线对齐，如图 15.11 所示。

(11) 按 Enter 键确认。打开【图层】面板，然后单击【锁定全部】按钮 ，将 02 图层锁定，如图 15.12 所示。

(12) 在菜单栏中选择【新建】|【置入】命令，在弹出的【置入】对话框中，选择随书附带光盘中的 "CDROM\素材\Cha15\ 03.jpg" 图片，如图 15.13 所示。

图 15.8　裁剪图片

图 15.9　选择图片

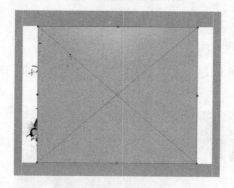

图 15.10　置入图片

图 15.11　调整图片

图 15.12　将 02 图层锁定

图 15.13　选择图片

(13) 单击【置入】按钮，将图片置入到画布中，如图 15.14 所示。

(14) 按住 Shift 键并配合鼠标，对图片的大小进行调整，然后将其调整到适当位置，如图 15.15 所示。

(15) 按 Enter 键确认。在工具箱中选择【椭圆选框】工具，将【羽化】设置为 20 像素，在新插入的图片中绘制一个椭圆选区，如图 15.16 所示。

(16) 打开【图层】面板，单击【添加图层蒙版】按钮，为 03 图层添加蒙版，如图 15.17 所示。

图 15.14　置入图片

图 15.15　调整图片

图 15.16　绘制椭圆选区

图 15.17　添加蒙版

(17) 选择工具箱中的【横排文字】工具 T，将字体设置为 Academy Engraved LET，将大小设置为 24 点，消除锯齿的方法设置为【浑厚】，字体颜色设置为红色。在适当区域输入文本并调整文本的位置，如图 15.18 所示。

(18) 选择工具箱中的【直排文字】工具 T，蓝色区域内输入文本内容，然后按 Ctrl+A 组合键选择所有文本，打开【字符】面板，字体设置为【华文琥珀】，大小设置为 10 点，行距设置为 25 点，字体颜色设置为白色，如图 15.19 所示。

图 15.18　输入文本

图 15.19　设置文本

(19) 选择工具箱中的【移动】工具 ，在画布中对文字的位置进行适当调整，如图 15.20 所示。

(20) 在菜单栏中选择【新建】|【打开】命令，在弹出的【打开】对话框中，选择随书

附带光盘中的"CDROM\素材\Cha15\素材.psd"文件，如图 15.21 所示。

图 15.20 调整文字位置

图 15.21 选择素材文件

(21) 单击【打开】按钮，将"素材.psd"文件打开，如图 15.22 所示。

(22) 选择工具箱中的【移动】工具，选择画布中的绿带图片，将其拖入到"01.jpg"文件中的适当位置，如图 15.23 所示。

图 15.22 打开"素材.psd"文件

图 15.23 拖入图片

(23) 按 Ctrl+I 组合键执行【自由变换】命令，按住 Shift 键并配合鼠标，对图片的大小进行调整，然后将其调整到适当位置，如图 15.24 所示。

(24) 按 Enter 键确认。然后使用相同的方法，将"素材.psd"文件中的图片拖入到"01.jpg"文件中，并调整图片的大小及位置，如图 15.25 所示。

图 15.24 调整图片

图 15.25 拖入调整图片

(25) 打开【图层】面板，选择【花纹】图层，如图 15.26 所示。

(26) 在菜单栏中选择【编辑】|【变换】|【垂直翻转】命令，将图片翻转，然后对其位置进行适当调整，如图 15.27 所示。

图 15.26　选择【花纹】图层　　　　　　　图 15.27　调整图片

(27) 打开【图层】面板，选择【花瓣】图层并将其拖曳至【创建新图层】按钮上，如图 15.28 所示。

(28) 释放鼠标后，将创建【花瓣 拷贝】图层，如图 15.29 所示。

图 15.28　拖曳【花瓣】图层　　　　　　　图 15.29　创建【花瓣 拷贝】图层

(29) 选择【花瓣 拷贝】图层，在菜单栏中选择【编辑】|【变换】|【垂直翻转】命令，将图片翻转，然后将图片移动到适当位置，如图 15.30 所示。

(30) 在【图层】面板中，双击【花纹】图层的【图层缩略图】，如图 15.31 所示。

图 15.30　调整图片　　　　　　　图 15.31　双击【图层缩略图】

(31) 在弹出的【图层样式】对话框中，在【样式】栏中，选中【斜面和浮雕】和【描边】复选框，如图 15.32 所示。

(32) 单击【确定】按钮，查看设置完成的样式，如图 15.33 所示。

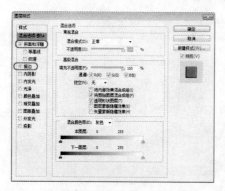
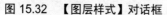

图 15.32　【图层样式】对话框

图 15.33　查看样式

(33) 在【图层】面板中，按住 Ctrl 键，单击【花】图层的【图层缩略图】，如图 15.34 所示。

(34) 【花】图层中的图片将被选取，如图 15.35 所示。

图 15.34　单击【花】图层的【图层缩略图】

图 15.35　选择图片

(35) 按 Ctrl+Delete 组合键，将白色背景色添加给图片，更改图片的颜色，然后按 Ctrl+D 组合键取消选区的选择，如图 15.36 所示。

(36) 使用相同的方法，将【花枝】图层中的图片颜色设置为白色，如图 15.37 所示。

图 15.36　更改图片颜色

图 15.37　更改图片颜色

(37) 在【图层】面板中，双击【花枝】图层的【图层缩略图】，在弹出的【图层样式】对话框中，在【样式】栏中，选中【投影】复选框，如图 15.38 所示。

(38) 单击【确定】按钮。在菜单栏中选择【文件】|【存储为】命令，在弹出的【另存为】对话框中，选择文件的保存位置，并将文件重命名，如图 15.39 所示。

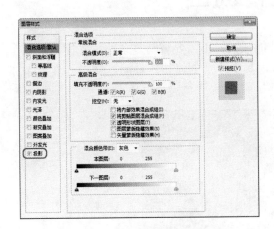

图 15.38　【图层样式】对话框

图 15.39　【另存为】对话框

(39) 单击【保存】按钮，在弹出的【Photoshop 格式选项】对话框中，单击【确定】按钮，如图 15.40 所示。

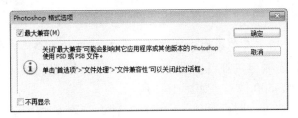

图 15.40　【Photoshop 格式选项】对话框

第16章　项目指导——制作海底世界宣传动画

Flash 制作的动画品质高、体积小、互动功能强大，不需要编写复杂的程序便可以制作出精美的动画。本章介绍海底世界动画的制作，其中涉及创建传统补间、转换元件、添加遮罩层等，完成后的效果如图 16.1 所示。

图 16.1　海底世界宣传动画

(1) 启动 Flash CC 后，在菜单栏中选择【文件】|【新建】命令，弹出【新建文档】对话框，选择【常规】选项卡，在【类型】列表框中选择 ActionScript 3.0，将【宽】和【高】分别设置为 900、600 像素，如图 16.2 所示。

(2) 单击【确定】按钮，即可新建一个空白文档。在菜单栏中选择【文件】|【导入】|【导入到库】命令，弹出【导入到库】对话框，在该对话框选择随书附带光盘中的"CDROM\素材\Cha16\图 01.jpg、图 02.jpg、图 03.jpg、图 04.jpg、图 05.jpg、图 06.jpg、图 07.jpg、图 08.jpg"素材图片，如图 16.3 所示。

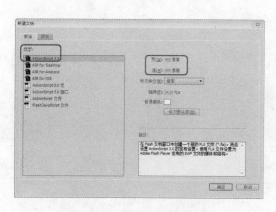

图 16.2　【新建文档】对话框

图 16.3　【导入到库】对话框

（3）单击【打开】按钮即可将选择的素材图片导入到库中。打开【库】面板，选择【图 01.jpg】，将其拖曳至舞台中，打开【对齐】面板，选中【与舞台对齐】复选框，然后单击【水平中齐】和【垂直中齐】按钮，如图 16.4 所示。

（4）在【时间轴】面板中选择第 800 帧，按 F5 键插入帧，然后单击【新建图层】按钮，新建【图层 2】，如图 16.5 所示。

图 16.4　【对齐】面板

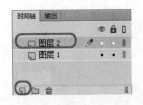

图 16.5　新建【图层 2】

（5）在菜单栏中选择【插入】|【新建元件】命令，弹出【创建新元件】对话框，将【名称】设置为"动画"，将【类型】设置为【影片剪辑】，如图 16.6 所示。

（6）单击【确定】按钮即可新建元件。打开【库】面板，选择"图 02.jpg"将其拖曳至元件中，确定图片处于选中状态，打开【属性】面板，将【宽】、【高】分别设置为 800、580，如图 16.7 所示。

图 16.6　【创建新元件】对话框

图 16.7　设置图片的宽与高

（7）选择图片按 F8 键弹出【转换为元件】对话框，将【名称】设置为"02"，将【类型】设置为【图形】，设置完成后单击【确定】按钮，即可将图片转换为元件 02，如图 16.8 所示。

（8）选择 02 元件，打开【对齐】面板，单击【水平中齐】和【垂直中齐】按钮，如图 16.9 所示。

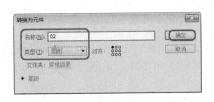

图 16.8　【转换为元件】对话框

图 16.9　【对齐】面板

(9) 在【动画】影片剪辑中新建【图层 2】，在工具箱中选择矩形工具，在舞台中绘制矩形，将【笔触颜色】设置为无，【填充颜色】为任意颜色，在舞台中绘制矩形。使用选择工具将绘制的矩形选择，打开【属性】面板，将【宽】、【高】设置为 800、300，如图 16.10 所示。

(10) 按 F8 键弹出【转换为元件】对话框，将【名称】设置为"矩形 01"，将【类型】设置为【图形】，单击【确定】按钮，如图 16.11 所示。

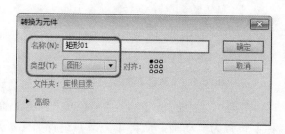

图 16.10　设置矩形的宽和高　　　　　　　图 16.11　【转换为元件】对话框

(11) 确定【矩形 01】元件处于选择状态，打开【对齐】面板，单击【水平中齐】和【垂直中齐】按钮。选择 02 元件，打开【属性】面板，将【样式】设置为 Alpha，将 Alpha 设置为 30，如图 16.12 所示。

(12) 选择【图层 1】第 45 帧，按 F6 键插入关键帧，将 Alpha 设置为 100，在【位置和大小】卷展栏中将 Y 设置为-148，在第 0～45 帧处任选一帧，在菜单栏中选择【插入】|【传统补间】命令，创建传统补间动画，如图 16.13 所示。

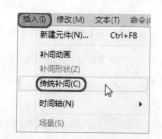

图 16.12　设置 Alpha　　　　　　　图 16.13　选择【传统补间】命令

(13) 选择【图层 1】第 130 帧，按 F6 键插入关键帧，将 Alpha 设置为 30，将 Y 设置为-358，选择第 45～130 帧的任意一帧，右击并在弹出的快捷菜单中选择【创建传统补间】命令。选择【矩形 01】元件，选择【图层 2】第 89 帧，按 F6 键插入关键帧，使用【任意变形工具】将【矩形 01】元件的中心点调整至如图 16.14 所示的位置。

(14) 选择【图层 2】的第 90 帧，插入关键帧，在第 130 帧处插入关键帧，选择【矩形 01】，打开【属性】面板，在【位置和大小】卷展栏中取消【宽】和【高】之间的锁定，将【宽】设置为150，如图16.15所示。

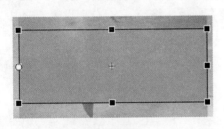

图 16.14　调整中心点

图 16.15　设置矩形的宽

(15) 选择第 90～130 帧任意一帧并右击，在弹出的快捷菜单中选择【创建传统补间】命令，即可在第 90～130 帧之间创建传统补间动画。在【时间轴】面板中选择【图层 2】并右击，在弹出的快捷菜单中选择【遮罩层】命令，选择完成后的效果如图 16.16 所示。

(16) 选择【图层 1】，单击【新建图层】按钮 ，新建【图层 3】。选择【图层 3】第 140 帧按 F6 键插入关键帧，将"图 03.jpg"拖曳至影片剪辑中，按 F8 键弹出【转换为元件】对话框，将【名称】设置为"03"，将【类型】设置为【图形】，单击【确定】按钮，如图 16.17 所示。

图 16.16　添加遮罩后的效果

图 16.17　【转换为元件】对话框

(17) 确定 03 处于选择状态，打开【属性】面板，将 X、Y 分别设置为-514、-148，将【样式】设置为 Alpha，并将其设置为 10，如图 16.18 所示。

(18) 选择【图层 2】第 140 帧，按 F6 键插入关键帧，第 150 帧按 F6 键插入关键帧，选择【矩形 01】元件，打开【属性】面板，在【位置和大小】卷展栏中取消【宽】和【高】之间的锁定，将【宽】设置为 400，如图 16.19 所示。

图 16.18　设置位置

图 16.19　设置【矩形 01】的宽

(19) 在第 140 帧与第 150 帧之间创建传统补间动画。选择【图层 3】第 160 帧按 F6

307

键插入关键帧，确定 03 处于选择状态，将 Alpha 设置为 100，在第 140～160 帧之间创建传统补间动画，效果如图 16.20 所示。

(20) 在【图层 2】、【图层 3】的第 200 帧处分别插入关键帧。选择【图层 3】的 200 帧，确定 03 元件处于选择状态，打开【属性】面板，将 X、Y 分别设置为-401、-148，将【宽】、【高】设置为 800、397，如图 16.21 所示。

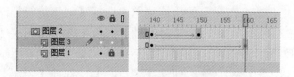

图 16.20　创建传统补间动画　　　　　　　　图 16.21　设置属性

(21) 在【图层 3】的第 160～200 帧之间创建传统补间动画。选择【图层 2】的第 215 帧，按 F6 键插入关键帧。确定【矩形 03】处于选中状态，打开【属性】面板，将【宽】和【高】取消锁定，将【宽】设置为 800，如图 16.22 所示。

(22) 在第 200～215 帧之间创建传统补间。选择【图层 3】第 220 帧，按 F6 键插入关键帧，在第 250 帧处插入关键帧。确定 03 处于选择状态，在【属性】面板中，将 Y 设置为-191，在第 220～250 帧之间创建传统补间，如图 16.23 所示。

图 16.22　设置矩形的宽　　　　　　　　　　图 16.23　设置 Y 及【宽】

(23) 选择【图层 2】，单击【新建图层】按钮 🗋，新建【图层 4】，在第 250 帧位置处插入关键帧，打开【库】面板，将 "图 04.jpg" 拖曳至影片剪辑中，按 F8 键打开【转换为元件】对话框，将【名称】设置为 "04"，将【类型】设置为【图形】，单击【确定】按钮。打开其【属性】面板，在【位置和大小】卷展栏中将 X、Y 分别设置为-542、-289，将【宽】、【高】设置为 555、437.65，将【样式】设置为 Alpha，将 Alpha 设置为 0，如图 16.24 所示。

(24) 在第 270 帧位置插入关键帧，将 Alpha 设置为 100，在第 250～270 帧位置创建传统补间。选择【图层 4】，单击【新建图层】按钮 ，新建【图层 5】，选择第 250 帧按 F6 键插入关键帧，在舞台中绘制矩形，使用任意变形工具选择刚刚绘制的矩形，打开【属性】面板，将 X、Y 设置为-306、-151，将【宽】、【高】设置为 95.3、300，如图 16.25 所示。

图 16.24　【属性】面板

图 16.25　【属性】面板

(25) 选择绘制的矩形，按 F8 键弹出【转换为元件】对话框，将【名称】设置为"矩形 02"，将【类型】设置为【图形】，选择第 270 帧，按 F6 键插入关键帧，打开【属性】面板，将 X、Y 设置为-426.4、-151，将【宽】、【高】设置为 336.1、300，如图 16.26 所示。

(26) 在第 250～270 帧创建传统补间，选择【图层 5】，右击并在弹出的快捷菜单中选择【遮罩层】命令。选择【图层 2】第 250 帧，按 F6 键插入关键帧，调整【矩形 01】的中心点，如图 16.27 所示。

图 16.26　【属性】面板

图 16.27　调整中心点

(27) 选择第 251 帧，按 F6 键插入关键帧，在【属性】面板中将 X 设置为-365，将【宽】设置为 760，选择第 252 帧插入关键帧，在【属性】面板中将 X 设置为-313，将【宽】设置为 708，选择第 270 帧插入关键帧，在【属性】面板中将 X 设置为-74，将【宽】设置为 470，如图 16.28 所示。

(28) 在第 252～270 帧位置处创建传统补间。选择【图层 4】第 290 帧，按 F6 键插入关键帧，选择 04，在【属性】面板中将 X、Y 设置为-477、-168，将【宽】、【高】设置为 416、328，如图 16.29 所示。

图 16.28 【属性】面板

图 16.29 【属性】面板

(29) 在第 270~290 帧之间创建传统补间，选择【图层 4】第 300 帧按 F6 键插入关键帧，选择 04 元件，在【属性】面板中将 Alpha 设置为 0，在第 290~300 帧之间创建传统补间。选择【图层 5】第 290 帧，按 F6 键插入关键帧，选择第 300 帧，按 F6 键插入关键帧，选择【矩形 02】，在【属性】面板中将 X、Y 设置为-267、-151，将【宽】、【高】设置为 18、300，如图 16.30 所示。

(30) 在第 290~300 帧处创建传统补间。在【图层 2】选择第 292 帧，按 F6 键插入关键帧，在第 293 帧处插入关键帧，选择【矩形 01】，在【属性】面板中将 X 设置为-98，将【宽】设置为 492，在第 294 帧处插入关键帧，将【X】设置为-137，将【宽】设置为 530，在第 300 帧处插入关键帧，将 X、Y 设置为-400、-150，将【宽】、【高】设置为 800、300，如图 16.31 所示。

图 16.30 设置属性

图 16.31 设置矩形属性

(31) 在第 294~300 帧之间创建传统补间，选择【图层 2】第 310 帧，按 F6 键插入关键帧，选择【矩形 01】，在【属性】面板中将 X、Y 设置为-400、-8，将【宽】、【高】设置为 800、15，如图 16.32 所示。在第 300~310 帧之间创建传统补间。

(32) 选择【图层 3】第 300 帧，插入关键帧，选择第 310 帧插入关键帧，打开【属性】面板，将 Alpha 设置为 0，在第 300~310 帧之间创建传统补间。使用同样的方法设置其他动画。

(33) 设置完动画后，在影片剪辑元件中单击【新建图层】按钮，新建【图层 13】，选择第 570 帧，按 F6 键插入关键帧，按 F9 键打开【动作】面板，在面板中输入代码"stop()"，如图 16.33 所示。

图 16.32　【属性】面板

图 16.33　【动作】面板

(34) 将对话框关闭，返回到【场景 1】中，打开【库】面板，将【动画】影片剪辑拖曳至舞台中，打开【属性】面板，将 X、Y 分别设置为 450、280，如图 16.34 所示。

(35) 至此海底世界宣传动画就制作完成了，选择【文件】|【保存】命令，弹出【另存为】对话框，在该对话框中设置正确的存储路径并将其文件名设置为【海底世界宣传动画】，设置完成后单击【保存】按钮即可将场景进行保存，如图 16.35 所示。

图 16.34　【属性】面板

图 16.35　【另存为】对话框

第 17 章　项目指导——制作家居网页

近几年随着房地产业的迅猛发展，与之相关的家居产业也发展繁荣，各大家居类企业几乎都有自己的网站，所以家居网站也随之增多。本章将通过对家居网页的制作来讲解 Dreamweaver CC 的使用，网页制作完成后的效果，如图 17.1 所示。

图 17.1　家居网页

17.1　制作网页页面

首先介绍网页页面的制作方法。

(1) 打开 Dreamweaver CC 软件，执行【文件】|【新建】命令，打开【新建文档】对话框。在【新建文档】对话框中，选择【空白页】，将【页面类型】选择为 HTML，【布局】选择为【无】，如图 17.2 所示。

(2) 单击【创建】按钮即可创建一个 HTML 空白网页，如图 17.3 所示。

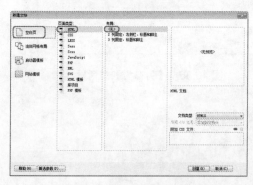

图 17.2　【新建文档】对话框

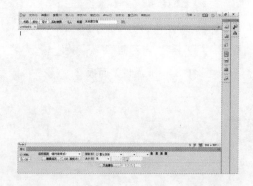

图 17.3　创建一个 HTML 空白网页

(3) 在菜单栏中选择【插入】|【表格】命令，如图 17.4 所示。

(4) 在弹出的【表格】对话框中，将【行数】设置为 3，【列】设置为 1，【表格】宽度设置为 1000 像素，【单元格间距】设置为 3，【标题】设置为无，如图 17.5 所示。

图 17.4　选择【表格】命令

图 17.5　【表格】对话框

(5) 单击【确定】按钮，网页中将创建一个 3 行 1 列的表格，如图 17.6 所示。

(6) 将鼠标光标插入到第 1 行单元格中，右击并在弹出的快捷菜单中选择【表格】|【拆分单元格】命令，如图 17.7 所示。

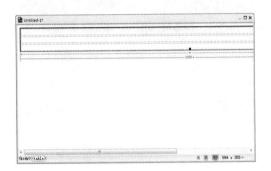

图 17.6　创建表格

图 17.7　选择【拆分单元格】命令

(7) 在弹出的【拆分单元格】对话框中，将【把单元格拆分】设置为【行】，【行数】设置为 2，如图 17.8 所示。

(8) 单击【确定】按钮，第 1 行表格将拆分成两行，如图 17.9 所示。

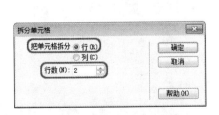

图 17.8　【拆分单元格】对话框

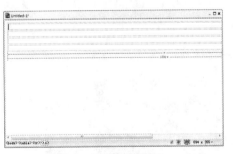

图 17.9　拆分单元格

(9) 将鼠标光标插入到第 1 行单元格中，在菜单栏中选择【插入】|【图像】|【图像】命令，如图 17.10 所示。

(10) 选择随书附带光盘中的 "CDROM\素材\Cha17\001.jpg" 图片，如图 17.11 所示。

图 17.10 选择【图像】命令

图 17.11 选择图片

(11) 单击【确定】按钮，在【属性】面板中，将【宽】设置为 1000，然后单击【切换尺寸约束】按钮 ，调整图片的宽度，如图 17.12 所示。

(12) 将鼠标光标插入到第 2 行单元格中，在菜单栏中选择【插入】|【图像】|【图像】命令，选择随书附带光盘中的 "CDROM\素材\Cha17\导航栏.jpg" 图片，如图 17.13 所示。

图 17.12 调整图片的宽度

图 17.13 选择图片

(13) 单击【确定】按钮，在【属性】面板中，将【宽】设置为 1000，调整图片的宽度，如图 17.14 所示。

(14) 将鼠标光标插入到第 3 行单元格中，在菜单栏中选择【插入】|【表格】命令。在弹出的【表格】对话框中，将【行数】设置为 4，【列】设置为 1，【表格】宽度设置为 1000 像素，【单元格间距】设置为 3，【标题】设置为【无】，如图 17.15 所示。

图 17.14 调整图片的宽度

图 17.15 【表格】对话框

(15) 单击【确定】按钮，插入 4 行 1 列的表格，如图 17.16 所示。

(16) 将鼠标光标插入到第 3 行单元格中，然后单击【属性】面板中的【拆分单元格为行或列】按钮 ，拆分单元格，如图 17.17 所示。

图 17.16　插入表格

图 17.17　拆分单元格

(17) 在弹出的【拆分单元格】对话框中，将【把单元格拆分】设置为行，【行数】设置为 2，单击【确定】按钮，表格将拆分成两行，如图 17.18 所示。

(18) 将鼠标光标插入到第 3 行单元格中，在菜单栏中选择【插入】|【图像】|【图像】命令，选择随书附带光盘中的"CDROM\素材\Cha17\A01.jpg"图片，如图 17.19 所示。

图 17.18　将表格拆分成两行

图 17.19　选择图片

(19) 单击【确定】按钮，在【属性】面板中，将【宽】设置为 135，如图 17.20 所示。

(20) 将鼠标光标插入到下一行表格，在菜单栏中选择【插入】| Div 命令，如图 17.21 所示。

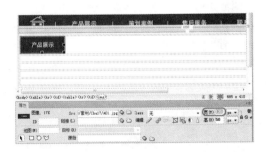

图 17.20　设置宽

图 17.21　选择 Div 命令

(21) 在弹出的【插入 Div】对话框中，将 ID 设置为 D1，如图 17.22 所示。

(22) 单击【确定】按钮，插入 Div，如图 17.23 所示。

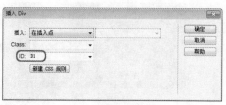

图 17.22 【插入 Div】对话框

图 17.23 插入 Div

(23) 将 Div 中的文字删除，然后选择【插入】|【表格】命令，在弹出的【表格】对话框中，将【行数】设置为 2，【列】设置为 5，【表格】宽度设置为 1000 像素，【单元格间距】设置为 0，【标题】设置为【无】，如图 17.24 所示。

(24) 单击【确定】按钮，在 Div 中插入 2 行 5 列的表格，如图 17.25 所示。

图 17.24 【表格】对话框

图 17.25 插入表格

(25) 将鼠标光标插入到 Div 的第 1 行第 1 列表格中，在菜单栏中选择【插入】|【图像】|【图像】命令，选择随书附带光盘中的"CDROM\素材\Cha17\餐桌椅.jpg"图片，如图 17.26 所示。

(26) 单击【确定】按钮，然后在【属性】面板中，将【宽】设置为 200，如图 17.27 所示。

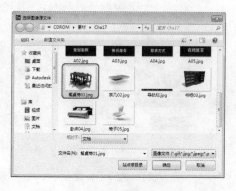

图 17.26 选择图片

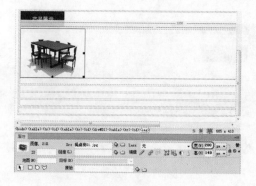

图 17.27 设置宽

(27) 调整 Div 表格中的列宽，将其与图片对齐，如图 17.28 所示。

(28) 在 Div 表格中的第 2 行第 1 列中，输入文本"餐桌椅"，然后将其居中，如图 17.29 所示。

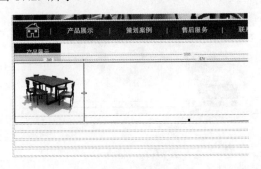
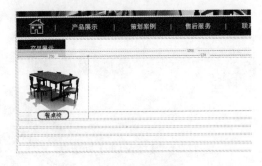

图 17.28　调整列宽　　　　　　　　图 17.29　输入文本

(29) 使用相同的方法，在 Div 表格中插入其他图片并输入相应的文本，完成后的效果如图 17.30 所示。

(30) 将鼠标插入到下一行空白表格中，将其拆分成两行，如图 17.31 所示。

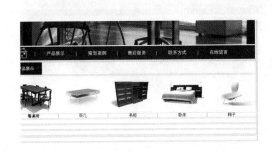
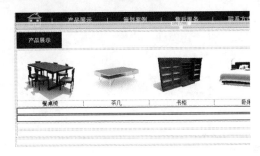

图 17.30　插入其他图片并输入相应的文本　　　　图 17.31　拆分表格

(31) 将鼠标插入到拆分的第 1 行表格中，在菜单栏中选择【插入】|【图像】|【图像】命令，选择随书附带光盘中的"CDROM\素材\Cha17\A02.jpg"图片，如图 17.32 所示。

(32) 单击【确定】按钮，在【属性】面板中将【宽】设置为 135，如图 17.33 所示。

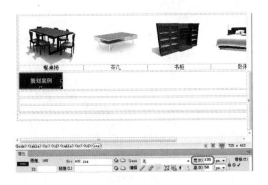

图 17.32　选择图片　　　　　　　　图 17.33　设置宽

(33) 将鼠标光标插入到下一行单元格中，在菜单栏中选择【插入】|Div 命令，在弹出的【插入 Div】对话框中，将 ID 设置为 D2，如图 17.34 所示。

(34) 单击【确定】按钮，插入 Div，如图 17.35 所示。

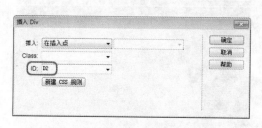

图 17.34 【插入 Div】对话框

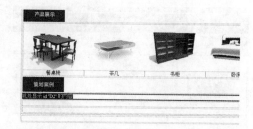

图 17.35 插入 Div

(35) 将 Div 中的文字删除，然后选择【插入】|【表格】命令，在弹出的【表格】对话框中，将【行数】设置为 3，【列】设置为 3，如图 17.36 所示。

(36) 单击【确定】按钮，在 Div 中插入 3 行 3 列的表格，如图 17.37 所示。

图 17.36 【表格】对话框

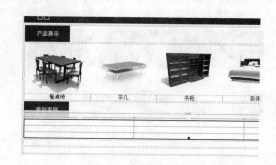

图 17.37 插入表格

(37) 将鼠标光标插入到第 1 行第 1 列表格中，在菜单栏中选择【插入】|【图像】|【图像】命令，选择随书附带光盘中的"CDROM\素材\Cha17\1.jpg"图片，如图 17.38 所示。

(38) 单击【确定】按钮，在【属性】面板中，将【高】设置为 250，如图 17.39 所示。

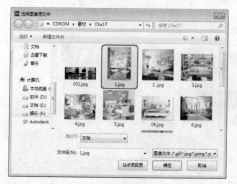

图 17.38 选择图片

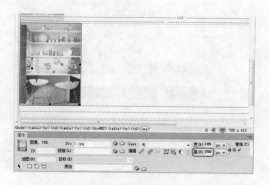

图 17.39 设置【高】

(39) 将光标定位在第 1 行第 1 列单元格中，在【属性】面板中，将【宽度】设置为 333，然后单击【居中对齐】按钮 ，如图 17.40 所示。

(40) 使用相同的方法将其他图片插入到表格中，其中，第 2、3 行图片的高设置 225，完成后的效果如图 17.41 所示。

图 17.40　【属性】面板

图 17.41　插入图片

(41) 将鼠标光标插入到下一行表格中，将其拆分为两行，如图 17.42 所示。

(42) 将鼠标光标插入到拆分后的第 1 行表格中，在菜单栏中选择【插入】|【图像】|【图像】命令，选择随书附带光盘中的 "CDROM\素材\Cha17\A03.jpg" 图片，如图 17.43 所示。

图 17.42　拆分表格

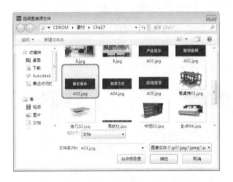

图 17.43　选择图片

(43) 单击【确定】按钮，在【属性】面板中将【宽】设置为 135，如图 17.44 所示。

(44) 将鼠标光标插入到下一行表格中，在菜单栏中选择【插入】| Div 命令，在弹出的【插入 Div】对话框中，将 ID 设置为 D3，如图 17.45 所示。

图 17.44　设置宽

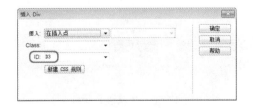

图 17.45　【插入 Div】对话框

(45) 打开随书附带光盘中的 "CDROM\素材\Cha17\售后服务条例.doc" 文档，将其文本复制到新插入的 Div 中，如图 17.46 所示。

(46) 将鼠标光标插入到下一行表格中将其拆分成 2 行 2 列的表格，如图 17.47 所示。

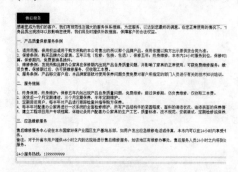

图 17.46　复制文本

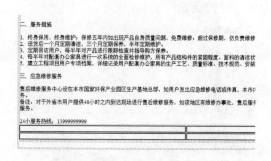

图 17.47　拆分表格

(47) 参照前面的操作步骤，在第一行表格中分别插入随书附带光盘中的 "CDROM\素材\Cha17\A04.jpg 和 A5.jpg" 图片，并调整其宽，如图 17.48 所示。

(48) 将鼠标光标插入到下一行表格的第一列中，打开随书附带光盘中的 "CDROM\素材\Cha17\联系方式.doc" 文档，将其文本复制到新插入的 Div 中，如图 17.49 所示。

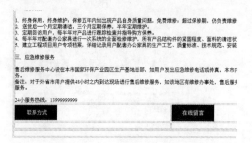

图 17.48　插入图片

图 17.49　复制文本

(49) 将鼠标光标插入到表格的第 2 列中，在【属性】面板中，将【垂直】设置为【顶端】，如图 17.50 所示。

(50) 在菜单栏中选择【插入】|【表单】|【表单】命令，在表格中插入表单，如图 17.51 所示。

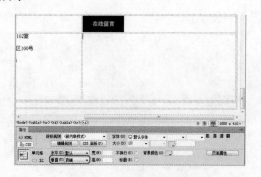

图 17.50　【属性】面板

图 17.51　插入表单

(51) 参照前面的操作步骤，在表单中插入 5 行 1 列的表格，其宽度设置为 500，单元格间距为 3，如图 17.52 所示。

(52) 在表单中的表格里，分别插入文本、电子邮件、Tel、文本区域、"提交"按钮和"重置"按钮，然后对插入的表单元素的文本进行修改并将文本区域的文本行数设置为 5，如图 17.53 所示。

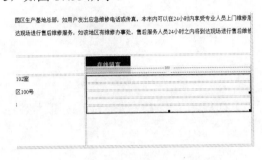

图 17.52　插入表格

图 17.53　插入表单元素

(53) 将鼠标光标插入到表格的最后一行中，输入相应的链接和版权文本，并将其居中对齐，如图 17.54 所示。

(54) 在【属性】面板中，将文字颜色设置为白色，单元格的背景颜色设置为黑色，如图 17.55 所示。

图 17.54　输入文本

图 17.55　【属性】面板

17.2　为网页添加链接和行为

网页页面制作完成后，下面介绍为网页添加链接和行为的具体操作步骤。

(1) 选择导航栏图片，在【属性】面板中使用 Rectangle Hotspot Tool 按钮，为导航栏图片中的导航文字添加矩形热点，如图 17.56 所示。

(2) 选择【产品展示】文字图片，在【属性】面板中，将 ID 设置为 A1，如图 17.57 所示。

(3) 选择导航栏图片中的产品展示矩形热点，在【属性】面板中，将【链接】设置为 #A1，如图 17.58 所示。

(4) 按照相同的方法对其他矩形热点设置相应的链接。

图 17.56　添加矩形热点

图 17.57　设置 ID

(5) 选择【产品展示】文字图片，打开【行为】面板，单击【添加行为】按钮 ，在弹出的菜单列表中选择【效果】|Blind 命令，如图 17.59 所示。

图 17.58　设置【链接】

图 17.59　选择 Blind 命令

(6) 在弹出的 Blind 对话框中，将【目标元素】设置为 div "D1"，【效果持续时间】设置为 1000 ms，【可见性】设置为 toggle，如图 17.60 所示。

(7) 单击【确定】按钮，在【行为】面板中显示添加的行为，如图 17.61 所示。

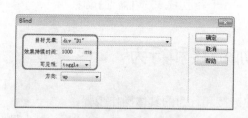

图 17.60　Blind 对话框

图 17.61　显示添加的行为

(8) 使用相同的方法，分别为【策划案例】和【售后服务】文字图片添加相同的行为。

(9) 将制作完成的网页保存，按 F12 键在浏览器中对网页进行浏览。

第 18 章　项目指导——制作鲜花网站

随着互联网的发展，各种各样的鲜花网不断的诞生，鲜花作为联系人们情感的纽带，很多两地分居的情侣，或者是相隔很远的商务礼仪等，都需要选用鲜花作为表达情感重要的方式之一，本章将介绍如何制作鲜花网站。通过本章的学习，可以对前面所学的知识进行巩固。

18.1　使用 Photoshop 制作网页元素

本节将介绍如何利用 Photoshop CC 制作网页中的图片。其具体操作步骤如下。

18.1.1　制作网站 Logo

每个网站都不可缺少的就是代表着整个网站含义的公司 Logo。下面我们将通过在软件中输入文本，并将其转换为形状，使用【转换点】工具对其进行调整，最终将其输出，完成后的 Logo 效果如图 18.1 所示。

图 18.1　网站 Logo

(1) 启动 Photoshop CC，按 Ctrl+N 组合键，打开【新建】对话框，在该对话框中将【名称】重命名为"网站 Logo"，【宽度】和【高度】分别设置为 1175、387 像素，将【分辨率】设置为 300 像素/英寸，如图 18.2 所示。

(2) 设置完成后单击【确定】按钮，在工具箱中选择【横排文字】工具 T，在空白文档中单击并输入"H"，选择输入的文字，在【选项栏】中将字体系列设置为 Vladimir Script，将字体大小设置为 84 点，将文字填充颜色的 RGB 值设置为 255、0、120，如图 18.3 所示。

(3) 再次选择【横排文字】工具 T，在空白位置单击并输入"花坊"文字，使用同样的方法在选项栏中将对象字体设置为【方正粗倩简体】，将字体大小设置为 58 点，颜色的 RGB 值设置为 255、0、12，如图 18.4 所示。

(4) 设置完成后将其调整至合适的位置，按 F7 键打开【图层】面板，选择【花坊】图层并右击，在弹出的快捷菜单中选择【转换为形状】命令，如图 18.5 所示。

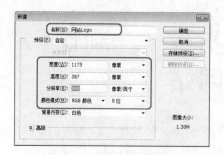

图 18.2 【新建】对话框

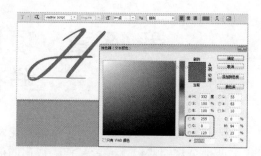

图 18.3 输入文字并设置文字属性

图 18.4 输入文字并设置文字属性

图 18.5 选择【转换为形状】命令

（5）在工具箱中选择【转换点】工具 ，在文档中调整文字形状，调整完成后的效果如图 18.6 所示。

（6）在工具箱中选择【钢笔】工具 ，新建一个【组】，并将其重命名为"花"，如图 18.7 所示。

图 18.6 调整完成后的效果

图 18.7 新建组

（7）在创建的组下新建一个名为【花瓣】的图层，使用钢笔工具在文档中绘制花瓣的图形，如图 18.8 所示。

（8）按 Ctrl+Enter 键将绘制的路径转换为选区，将前景色的 RGB 值设置为 255、0、12，按 Ctrl+Delete 组合键填充前景色，如图 18.9 所示。按 Ctrl+D 组合键取消选区。

图 18.8 绘制花瓣路径

图 18.9 填充前景色

(9) 选择填充完成后的花瓣对象，按 Ctrl+T 组合键，按 Ctrl 键的同时将中心点调整至合适的位置，如图 18.10 所示。

(10) 在选项栏中将【旋转】设置为 70°，按 Enter 键确认该操作，如图 18.11 所示。

图 18.10 调整中心点

图 18.11 添加素材文件并调整其位置

(11) 再次按 Enter 键确认自由变换，然后按 Ctrl+Alt+Shift+T 组合键，进行复制并旋转，完成后的效果如图 18.12 所示。

(12) 使用同样的方法，创建文字，设置字体为【长城特圆体】，大小为 30 点，颜色为 255、0、12，如图 18.13 所示。

图 18.12 旋转完成后的效果

图 18.13 输入文字并设置文字属性

(13) 设置完成后调整对象的位置，按 F7 键打开【图层】面板，将其删除，效果如图 18.14 所示。

(14) 在菜单栏中选择【文件】|【存储为】命令，在弹出的对话框中为其指定保存路径，并将其格式设置为 PNG，如图 18.15 所示。在弹出的对话框中保存默认设置，单击【确定】按钮即可。保存场景。

图 18.14　删除背景后的效果

图 18.15　【另存为】对话框

18.1.2　制作网站组合图像

下面将介绍怎样制作网站中需要用到的组合图像，其效果如图 18.16 所示。

图 18.16　网站组合图像

(1) 按 Ctrl+N 组合键，打开【新建】对话框，在该对话框中将【名称】重命名为"网站组合图像"，【宽度】和【高度】分别设置为 1080、603 像素，将【分辨率】设置为 96 像素/英寸，如图 18.17 所示。

(2) 设置完成后单击【确定】按钮，在工具箱中选择【钢笔】工具 ，在空白文档处绘制如图 18.18 所示的形状。

(3) 按 F7 键打开【图层】面板，新建一个图层，并将其重命名为"组合 1"，并在工具箱中单击【设置前景色】缩略图，在弹出的对话框中将其 RGB 值设置为 253、236、228，如图 18.19 所示。

(4) 设置完成后单击【确定】按钮，按 Ctrl+Enter 组合键，将路径转换为选区，按 Alt+Delete 组合键填充前景色，如图 18.20 所示，按 Ctrl+D 组合键取消选区。

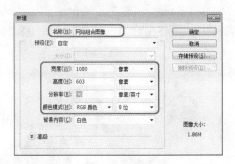

图 18.17　【新建】对话框

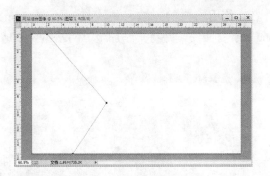

图 18.18　绘制路径

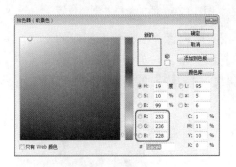

图 18.19　设置前景色

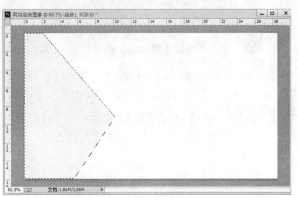

图 18.20　填充颜色后的效果

（5）使用同样的方法，用钢笔工具绘制其他的形状，并为其填充不同的颜色，完成后的效果如图 18.21 所示。

（6）按 Ctrl+O 组合键，在弹出的对话框中打开随书附带光盘中的"CDROM\素材\Cha18|花 1.png"素材文件，如图 18.22 所示。

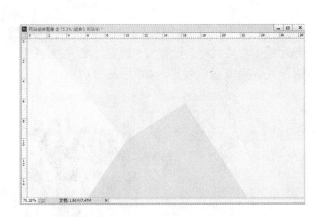

图 18.21　完成后的效果

图 18.22　打开的素材文件

（7）使用选择工具将其拖曳至"网站组合图像"文档中，并将其调整至合适的位置，如图 18.23 所示。

(8) 使用同样的方法，依次打开"花 2.png"、"花 3.png"、"花 4.png"、"花 5.png"素材文件，并将其添加至"网站组合图像"文档中，调整至合适的位置，如图 18.24 所示。

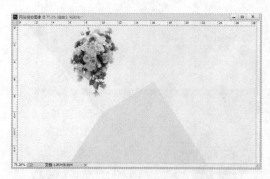

图 18.23 添加图层样式后的效果

图 18.24 添加素材并调整位置

(9) 在工具箱中选择【横排文字】工具 T，在相应的位置单击并输入相应的文字，并在选项栏中将字体设置为【创艺简老宋】，将大小设置为 40 点，如图 18.25 所示。

(10) 按 F7 键打开【图层】面板，选择文字图层，将其转换为形状，并使用【转换点】工具，调整形状，完成后的效果如图 18.26 所示。

图 18.25 输入文字

图 18.26 调整完成后的效果

(11) 选择调整后的文字图层，双击该图层，打开【图层样式】对话框，在【样式】选项中选中【描边】复选框，在【结构】选项组中将【大小】设置为 5 像素，如图 18.27 所示。

(12) 设置完成后单击【确定】按钮，观察完成后的效果，如图 18.28 所示。

图 18.27 设置描边

图 18.28 描边完成后的效果

(13) 在工具箱中选择【钢笔】工具，在文档中单击，绘制线段路径，如图 18.29 所示。

(14) 在工具箱中选择【文本】工具，将鼠标移动至绘制的路径的开始位置，当光标处于 的状态下，单击鼠标，并输入相应的文字信息，设置文字属性，如图 18.30 所示。

图 18.29　绘制路径

图 18.30　输入文字并设置文字属性

(15) 使用同样的方法，为创建的文字设置描边效果，如图 18.31 所示。

(16) 在其他的区域创建文字并设置效果，完成后的效果如图 18.32。

(17) 使用同样的方法，将其保存为 JPG 格式的素材，并保存场景文件。

图 18.31　设置描边效果

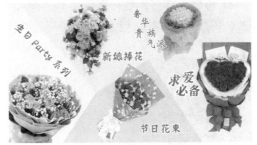

图 18.32　完成后的效果

18.2　制作网页中的 Flash 动画

本例将介绍制作网页中常见的横幅动画，主要是通过创建图形元件、影片剪辑元件，文本和为帧与帧之间常见传统补间动画来完成的，其效果如图 18.33 所示。

图 18.33　Flash 动画效果

(1) 在菜单栏中选择【文件】|【新建】命令，弹出【新建文档】对话框，在【类型】列表框中选择 ActionScript 3.0 选项，然后在右侧的设置区域中将【宽】设置为 999 像素，

将【高】设置为 143 像素，将【背景颜色】命名为"黑色"，如图 18.34 所示。

(2) 设置完成后单击【确定】按钮，即可新建一个空白文档，按 Ctrl+F8 组合键，打开【创建新元件】对话框，在该对话框中将【名称】设置为"条形动画"，将【类型】设置为【影片剪辑】，如图 18.35 所示。

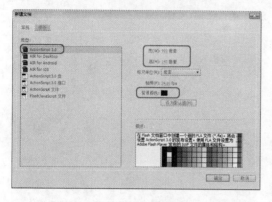

图 18.34　【新建文档】对话框　　　　　　图 18.35　【创建新元件】对话框

(3) 设置完成后单击【确定】按钮，在工具箱中选择【矩形】工具 ，打开【属性】面板，展开【填充和笔触】选项，将【笔触颜色】设置为无，将【填充颜色】设置为白色，如图 18.36 所示。

(4) 设置完成后在舞台中单击并绘制一个【宽】为 22.35，【高】为 520 的矩形，并将其调整至合适的位置，如图 18.37 所示。

图 18.36　设置矩形工具属性　　　　　　　图 18.37　绘制矩形并设置其属性

(5) 使用选择工具选择绘制的矩形，按 F8 键打开【转换为元件】对话框，在该对话框中将其重命名为【矩形】，将【类型】设置为【图形】，将【对齐】指定为左上角，如图 18.38 所示。

(6) 设置完成后单击【确定】按钮，即可将其转换为图形元件，选择转换完成后的图形元件，打开【属性】面板，展开【色彩效果】选项，将【样式】设置为 Alpha，将 Alpha 值设置为 78%，如图 18.39 所示。

(7) 在第 24 帧位置插入关键帧，将该位置的元件的 Alpha 值设置为 29%，如图 18.40 所示。

(8) 在第 51 帧位置插入关键帧，再次调整其位置，Alpha 值不变，然后在第 70 帧位置插入关键帧，并将舞台中的图形元件调整至合适的位置，将其 Alpha 值设置为 16%，如图 18.41 所示。

图 18.38　【转换为元件】对话框

图 18.39　设置元件色彩效果

图 18.40　设置元件属性(1)

图 18.41　设置元件属性(2)

(9) 设置完成后分别在第 1～24 帧之间、第 24～51 帧之间、第 51～70 帧之间创建传统补间动画，如图 18.42 所示。

(10) 新建【图层 2】，在【库】面板中拖入【矩形】图形元件，并将其调整至合适的位置，打开【属性】面板，将其【宽】设置为 1.6，将【样式】设置为 Alpha，将 Alpha 值设置为 17%，如图 18.43 所示。

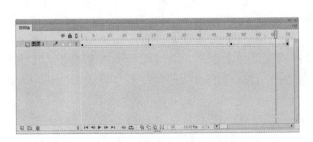

图 18.42　创建传统补间动画

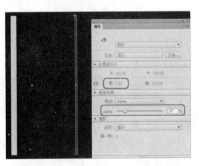

图 18.43　添加图形元件并设置其属性

(11) 在第 16 帧位置插入关键帧，在舞台中将元件调整至合适的位置，在【属性】面板中将 Alpha 值设置为 46%，如图 18.44 所示。

(12) 在第 32 帧位置插入关键帧，在舞台中将元件调整至合适的位置，在【属性】面板中将 Alpha 值设置为 78%，如图 18.45 所示。

 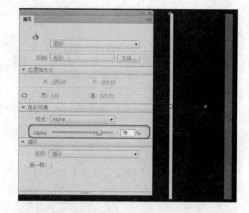

图 18.44　调整元件位置并设置元件属性(1) 　　　图 18.45　调整元件位置并设置元件属性(2)

(13) 在第 70 帧位置插入关键帧，在舞台中将元件调整至合适的位置，在【属性】面板中将 Alpha 值设置为 16%，如图 18.46 所示。

(14) 分别在第 1～16 帧之间、第 16～32 帧之间、第 32～70 帧之间创建传统补间动画，如图 18.47 所示。

图 18.46　调整元件位置并设置元件属性(3) 　　　图 18.47　创建传统补间动画

(15) 使用同样的方法，创建其他图层并添加矩形对象，制作动画，完成后的效果如图 18.48 所示。

(16) 设置完成后返回到【场景 1】舞台中，打开【属性】面板，将舞台颜色设置为白色，在工具箱中选择【矩形】工具，打开【颜色】面板，将【颜色类型】设置为【线性渐变】，将右侧的色标的 RGB 值设置为 255、152、226，将左侧的颜色设置为白色，并调整色标的位置，如图 18.49 所示。

(17) 设置完成后将【颜色】面板关闭，在舞台中绘制一个与舞台大小合适的矩形，如图 18.50 所示。

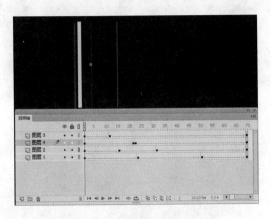

图 18.48　创建完成后的效果

图 18.49　设置颜色类型

(18) 在第 120 帧位置插入帧，新建【图层 2】，在工具箱中选择【矩形】工具，再次打开【颜色】面板，确认【颜色类型】为【线性渐变】，添加色标，并将其调整至中间位置，选择最右侧的色标，将 RGB 值设置为 205、205、205，将中间色标的 RGB 值设置为 212、212、212，并将其 Alpha 值设置为 74%，将最左侧色标的颜色设置为白色，将其 Alpha 值设置为 0，如图 18.51 所示。

图 18.50　绘制矩形

图 18.51　设置填充颜色

(19) 设置完成后将面板关闭，再次创建一个与舞台大小相同的矩形，并将其调整至合适的位置，如图 18.52 所示。

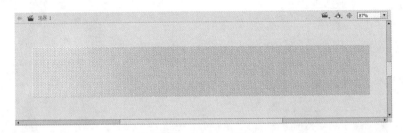

图 18.52　绘制矩形

(20) 在舞台中选择绘制的矩形，按 F8 键将其转换为【渐变矩形】的图形元件，在第 20 帧位置插入关键帧，在舞台中向右调整元件的位置，如图 18.53 所示。

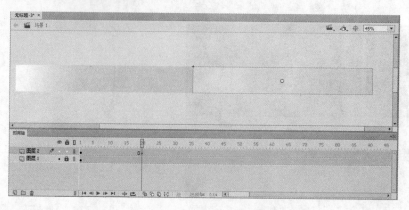

图 18.53 调整矩形的位置

(21) 在第 1~20 帧之间创建传统补间动画，如图 18.54 所示。

(22) 新建【图层 3】，在第 20 帧位置插入关键帧，按 Ctrl+R 组合键，导入我们制作的 logo.png 对象，并设置其大小为 203×66.85，如图 18.55 所示。

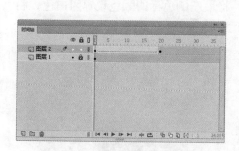

图 18.54 创建传统补间动画

图 18.55 导入素材并设置其属性

(23) 选择设置完成后的素材，按 F8 键将其转换为 logo 图形元件，并将其调整至合适的位置，在第 40 帧位置插入关键帧，在舞台中调整对象的位置，如图 18.56 所示。

(24) 选择 20 帧，在舞台中选择该帧，打开【属性】面板，在该面板中将【色彩效果】选项下的【样式】设置为 Alpha，将 Alpha 值设置为 0，如图 18.57 所示。

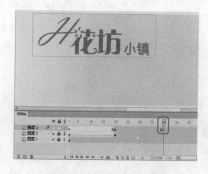

图 18.56 添加关键帧

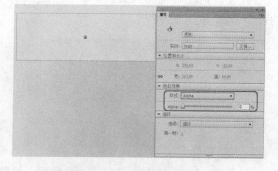

图 18.57 设置对象属性

(25) 在第 20~40 帧之间创建传统补间动画，新建【图层 4】，在工具箱中选择【文本】工具 T，打开【属性】面板，将【字符】选项下的【系列】设置为【方正粗倩简体】，将【大小】设置为 30 磅，将【颜色】设置为#FF007A，如图 18.58 所示。

(26) 设置完成后在舞台中单击并输入相应的文字信息，如图 18.59 所示。

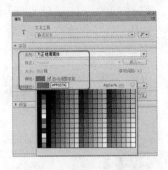

图 18.58　设置文字属性

图 18.59　输入文字

(27) 选择输入的文字，将其调整至合适的位置，并将其转换为【文字 1】图形元件，在第 60 帧位置插入关键帧，将文字对象调整至合适的位置，如图 18.60 所示。

(28) 选择第 40 帧位置的对象，将【样式】设置为 Alpha，将 Alpha 值设置为 0，如图 18.61 所示。

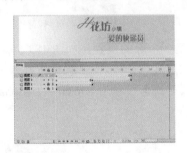

图 18.60　插入关键帧并调整对象位置

图 18.61　设置对象属性

(29) 在第 40～60 帧之间处创建传统补间动画，新建一个图层，使用同样的方法导入"花 6.png"素材文件，调整位置和大小，如图 18.62 所示。

(30) 选择导入的对象，将其转换为【花】图形元件，在第 65 帧位置插入关键帧，然后选择第 40 帧位置的图形元件，在【属性】面板中将【样式】设置为 Alpha，将 Alpha 值设置为 0，如图 18.63 所示。

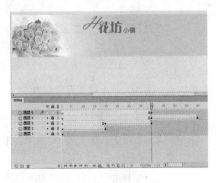

图 18.62　导入对象

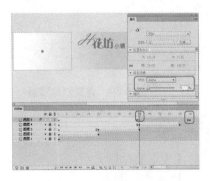

图 18.63　设置对象属性

(31) 在第 40～65 帧之间创建传统补间动画，如图 18.64 所示。

(32) 新建一个图层，在第 60 帧位置插入关键帧，在工具箱中选择【矩形】工具 ，打开【颜色】面板，将【颜色类型】设置为【径向渐变】，将右侧的色标颜色设置为白色，将 Alpha 值设置为 0，将左侧的色标的颜色设置为白色，将 Alpha 值设置为 0，如图 18.65 所示。

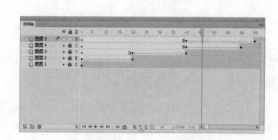

图 18.64　创建传统补间

图 18.65　设置填充颜色

(33) 设置完成后在舞台中绘制矩形，并将其调整至合适的位置，如图 18.66 所示。

(34) 选择绘制的矩形，将其转换为【矩形 1】图形元件，在第 82 帧位置插入关键帧，然后选择第 60 帧位置的对象，在【属性】面板中将【样式】设置为 Alpha，将 Alpha 值设置为 0，如图 18.67 所示。

图 18.66　调整对象位置

图 18.67　设置元件属性

(35) 在第 60 帧至第 82 帧之间创建传统补间动画，然后新建一个图层，在第 82 帧位置插入关键帧，在工具箱中选择【文本】工具 T，将【系列】设置为【方正粗倩简体】，将【大小】设置为 20 磅，将颜色设置为白色，如图 18.68 所示。

(36) 设置完成后在舞台中单击，输入相应的文字，并将其调整至合适的位置，如图 18.69 所示。

图 18.68　设置文字属性

图 18.69　输入文字

(37) 选择输入的文字，将其转换为【文字 2】图形元件，在第 102 帧位置插入关键帧，将文字向上移动至合适的位置，如图 18.70 所示。

(38) 选择第 82 帧位置的图形元件，在【属性】面板中将【样式】设置为 Alpha，将 Alpha 值设置为 0，并在第 82～102 帧之间创建传统补间动画，如图 18.71 所示。

图 18.70　调整元件的位置

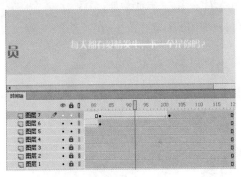

图 18.71　创建补间动画

(39) 创建一个新图层，在工具箱中选择【矩形】工具，在舞台中绘制一个矩形，将刚刚创建的文字全部遮住，如图 18.72 所示。

(40) 选择该图层并右击，在弹出的快捷菜单中选择【遮罩层】命令，如图 18.73 所示。

图 18.72　创建矩形

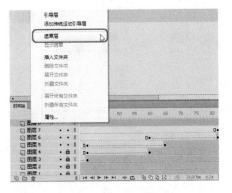

图 18.73　选择【遮罩层】命令

(41) 使用同样的方法，制作其他层的文字动画，如图 18.74 所示。

(42) 再次创建一个新图层，在第 20 帧位置插入关键帧，在【库】面板中拖入【条形动画】对象，设置其大小至合适的效果，并在【属性】面板中将其【样式】设置为 Alpha，将 Alpha 值设置为 0，如图 18.75 所示。

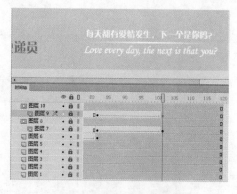

图 18.74　制作其他文字效果

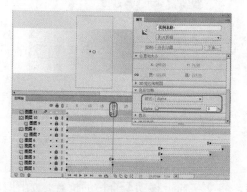

图 18.75　添加对象并设置其属性

(43) 在第 25 帧位置插入关键帧，将该帧的 Alpha 值设置为 100%，并在第 20～25 帧之间创建传统补间动画，如图 18.76 所示。

(44) 使用同样的方法，在条形的右侧添加【条形动画】影片剪辑元件，效果如图 18.77 所示。

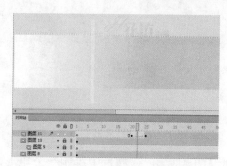

图 18.76　创建传统补间动画

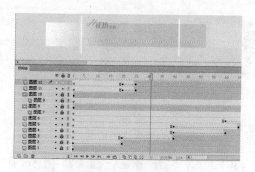

图 18.77　完成后的效果

(45) 在菜单栏中选择【文件】|【导出】|【导出影片】命令，如图 18.78 所示。

(46) 在弹出的对话框中为其指定保存路径和格式，如图 18.79 所示，保存场景。

图 18.78　选择【导出影片】命令

图 18.79　【导出影片】对话框

18.3 制作鲜花网站

通过 Photoshop、Flash 两个软件的制作，我们已经将网站中需要用到的元素制作完成。下面我们将在 Dreamweaver 中，通过创建表格、添加行为、添加表单等操作来完善鲜花网站。首先观察一下鲜花网站完成后的效果，如图 18.80 所示。

图 18.80 鲜花网站

(1) 启动 Dreamweaver CC 软件，在菜单栏中选择【文件】|【创建】命令，打开【新建文档】对话框，选择【空白页】，在【页面类型】下选择 HTML 选项，在【布局】下选择【无】选项，如图 18.81 所示。

(2) 设置完成后单击【创建】按钮，即可创建一个空白的文档，在【属性】面板中单击【页面属性】按钮，在【分类】选项下选择【外观 CSS】选项，将【左边距】和【右边距】均设置为5px，如图18.82所示。

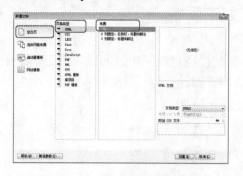

图 18.81 【新建文档】对话框

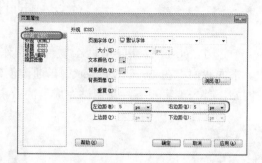

图 18.82 设置边距

（3）选择【外观 HTML】选项，单击【背景图像】右侧的【浏览】按钮，在弹出的对话框中选择随书附带光盘中的"CDROM\素材\Cha18\背景.jpg"素材文件，如图 18.83所示。

（4）设置完成后单击【确定】按钮，插入一个 1 行 1 列，宽度为 99%，其他均为 0 的单元格，如图 18.84 所示。

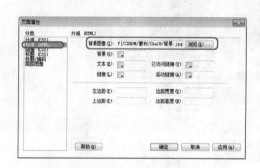

图 18.83 设置背景

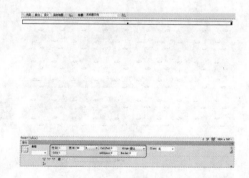

图 18.84 插入表格

（5）将光标置于插入的单元格中，按 Enter 键，将光标置于第一行中，再次插入一个 1行 2 列，表格宽度为 100%的表格，如图 18.85 所示。

（6）将光标置于左侧的单元格中，在【属性】面板中将【宽度】设置为 30%，按Ctrl+Alt+I组合键，在弹出的对话框中选择"网站 Logo"素材文件，如图 18.86 所示。

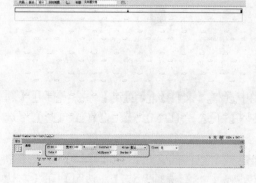

图 18.85 插入嵌套表格

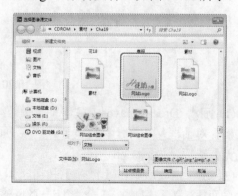

图 18.86 选择素材

(7) 单击【确定】按钮，即可将其插入到表格中，在【属性】面板中锁定尺寸约束，将【宽】设置为 265px，【高】设置为 89px，如图 18.87 所示。

(8) 将光标置于右侧的单元格中，在【属性】面板中将【垂直】设置为【基线】，在该单元格中插入一个 2 行 1 列，表格宽度为 100%，单元格间距为 5 的表格，如图 18.88 所示。

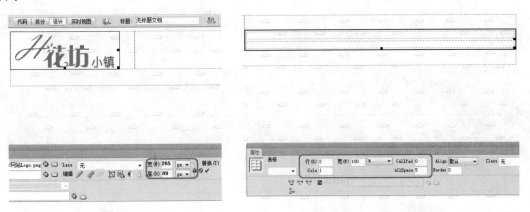

图 18.87　设置图像大小　　　　　　　　图 18.88　插入嵌套表格

(9) 将光标置于第 1 行单元格中，在【属性】面板中将【水平】设置为【右对齐】，插入"搜索.png"素材文件，并在【属性】面板中将其大小设置为 380px×32px，如图 18.89 所示。

(10) 使用同样的方法，将光标置于第 2 行单元格中，并输入相应的文字信息，选择输入的文字，在【属性】面板中将【颜色】设置为#F93，如图 18.90 所示。

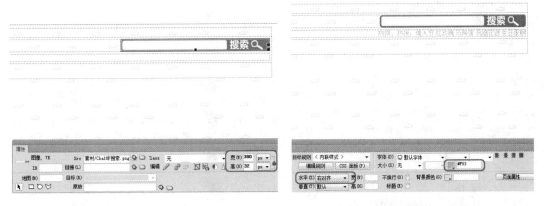

图 18.89　设置图像大小　　　　　　　　图 18.90　设置文字属性

(11) 将光标置于表格的下方，插入一个 1 行 8 列、表格宽度为 99%、其他均为 0 的单元格，如图 18.91 所示。

(12) 选择 8 列单元格，在【属性】面板中将【水平】设置为【居中对齐】，将光标置于第一个单元格中，插入"首页 1.jpg"素材文件，如图 18.92 所示。

(13) 使用同样的方法，添加其他素材并设置属性，完成后的效果如图 18.93 所示。

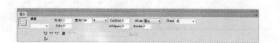

图 18.91　插入表格　　　　　　　　图 18.92　添加素材并设置属性

图 18.93　完成后的效果

（14）选择首先插入的"首页.jpg"图像，在菜单栏中选择【窗口】|【行为】命令。打开【行为】面板，单击【添加行为】按钮，在弹出的下拉列表中选择【交换图像】命令，如图 18.94 所示。

（15）打开【交换图像】对话框，单击【设定原始档】右侧的【浏览】按钮，在弹出的对话框中选择"首页 2.jpg"素材文件，如图 18.95 所示。

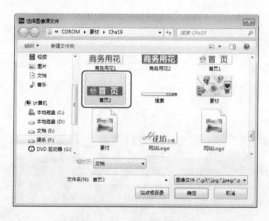

图 18.94　选择【交换图像】命令　　　　图 18.95　选择素材文件

（16）单击【确定】按钮，即可将其添加至【交换图像】对话框中，如图 18.96 所示。并使用同样的方法为其他的图像添加行为。

（17）将光标置于单元格的下侧，插入一个 1 行 2 列，表格宽度为 100%的表格，如图 18.97 所示。

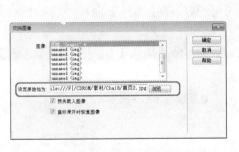

图 18.96　添加行为　　　　　　　　　图 18.97　插入表格

(18) 将光标置于左侧的单元格中，在【属性】面板中将【宽】设置为 20%，将右侧的【宽】设置为 80%，插入"网站组合图像.jpg"素材文件，并在【属性】面板中设置图像的大小，如图 18.98 所示。

(19) 将光标置于左侧的单元格中，插入一个 2 行 1 列，表格宽度为 100% 的表格，并将第 1 行单元格的【高度】设置为 137，将第 2 行单元格的【高度】设置为 305，如图 18.99 所示。

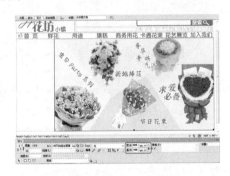

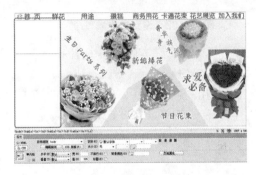

图 18.98　插入素材图像　　　　　　图 18.99　插入表格并设置表格属性

(20) 将光标置于高度为 140 的单元格中，在该单元格中嵌套一个 4 行 2 列，单元格间距为 3 的表格，如图 18.100 所示。

(21) 选择全部单元格，在【属性】面板中将【高】设置为 30，将【宽】设置为 50%，将【背景颜色】设置为#FFFFFF，如图 18.101 所示。

图 18.100　插入表格　　　　　　　　图 18.101　设置单元格属性

(22) 选择第 1 行的第 1 列单元格，在【属性】面板中将【水平】设置为【居中对齐】，然后在该单元格中输入文字，选择输入的文本，在【属性】面板中将颜色设置为 #FF0078，如图 18.102 所示。

(23) 将光标置于右侧的单元格中，在菜单栏中选择【插入】|【表单】|【文本】命令，如图 18.103 所示。

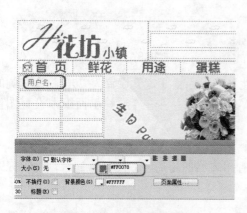

图 18.102　设置文本属性　　　　　　　　　图 18.103　选择【文本】命令

(24) 将多余的文本删除，选择插入的文本表单，在【属性】面板中将 Size 设置为 14，如图 18.104 所示。

(25) 使用同样的方法，在第 2 行的第 1 列单元格中输入文本并设置属性，在第 2 列单元格中插入密码表单，并设置其属性，完成后的效果如图 18.105 所示。

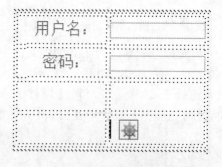

图 18.104　设置表单属性　　　　　　　　　图 18.105　插入表单

(26) 选择第 3 行的 2 列单元格，在【属性】面板中单击【合并所有单元格，使用跨度】按钮，并将【水平】设置为【居中对齐】，如图 18.106 所示。

(27) 使用同样的方法，在该单元格中输入文本信息，并在【属性】面板中将【大小】设置为 14 点，将【颜色】设置为#FF0078，如图 18.107 所示。

(28) 使用同样的方法合并第 4 行的单元格，并设置【水平】为【居中对齐】，将光标置于设置完成后的单元格中，在菜单栏中选择【插入】|【表单】|【"提交"按钮】命令，插入按钮，如图 18.108 所示。

(29) 选择插入的按钮，在【属性】面板中将 Value 设置为"登录"，如图 18.109 所示。

图 18.106　合并单元格

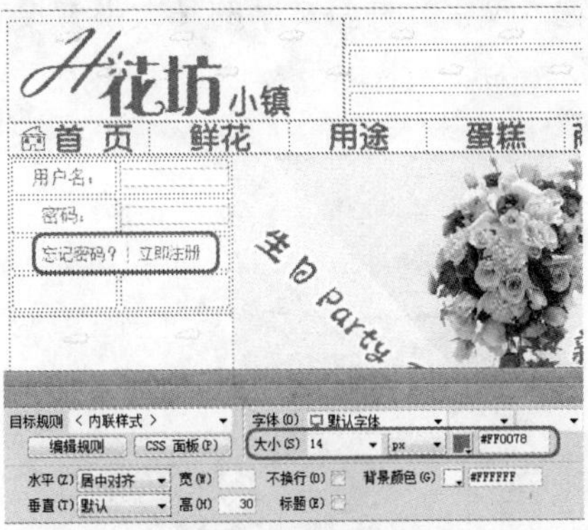

图 18.107　设置文本属性

图 18.108　插入按钮

图 18.109　设置按钮属性

(30) 将光标置于下侧单元格中，在该单元格中插入一个 6 行 1 列的表格，选择第 1 行、第 3 行、第 5 章单元格，在【属性】面板中将【高】设置为 30，如图 18.110 所示。

(31) 将光标置于第 2 行单元格中，插入一个 3 行 3 列的表格，选择全部单元格，在【属性】面板中将【高】设置为 25，如图 18.111 所示。

图 18.110　插入表格并设置单元格属性(1)

图 18.111　插入表格并设置单元格属性(2)

(32) 使用同样的方法，在第 4 行中插入 3 行 3 列的表格，在第 6 行中插入 3 行 2 列的表格，如图 18.112 所示。

(33) 选择第 1 行单元格，在【属性】面板中将【背景颜色】设置为#FF0078，在该单元格中输入文字，并将文字的【大小】设置为 20px，将【颜色】设置为#FFF，如图 18.113 所示。

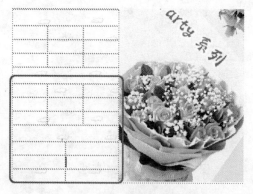

图 18.112　插入表格　　　　　　　　　图 18.113　输入文字并设置属性

(34) 选择输入的文字，单击【属性】面板中【字体】右侧的下拉按钮，在弹出的下拉列表中选择【管理字体】选项，打开【管理字体】对话框，选择【自定义字体堆栈】选项卡，在【可用字体】列表框中选择【微软雅黑】字体，单击 << 按钮，即可将其添加至【选择的字体】列表框中，如图 18.114 所示。

(35) 设置完成后单击【确定】按钮，继续选择输入的文本，在【属性】面板中将【字体】设置为【微软雅黑】，如图 18.115 所示。

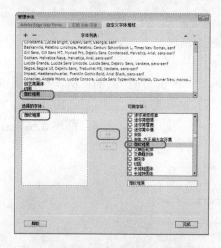

图 18.114　【管理字体】对话框　　　　　　图 18.115　设置字体样式

(36) 选择第 2 行中的所有单元格，在【属性】面板中将【水平】设置为【居中对齐】，然后输入相应的文字信息，并将其大小均设置为 15px，如图 18.116 所示。

(37) 使用同样的方法，在其他单元格中输入不同的信息，如图 18.117 所示。

(38) 将光标置于表格的下方，插入一个 1 行 1 列的表格，并将光标置于单元格中，在【属性】面板中将【高】设置为 143，在菜单栏中选择【插入】|【媒体】| Flash SWF 选项，在弹出的对话框中选择"横幅动画.swf"素材，如图 18.118 所示。

图 18.116　设置文本属性

图 18.117　输入其他文字后的效果

(39) 单击【确定】按钮，在弹出的对话框中保持默认设置，单击【确定】按钮即可将其添加至页面中，观察效果，如图 18.119 所示。

图 18.118　选择素材

图 18.119　导入的 SWF 文件

(40) 再次在下方插入一个 1 行 2 列的表格，将左侧的表格宽度设置为 65%，右侧的表格宽度设置为 35%，在左侧的单元格中嵌入一个 3 行 4 列的表格，如图 18.120 所示。

(41) 选择第 1 行的所有单元格，在【属性】面板中单击【合并所有单元格，使用跨度】按钮□，将其【高】设置为 30，并将其【背景颜色】设置为#FF0078，如图 18.121 所示。

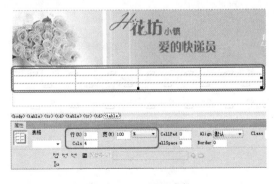

图 18.120　插入表格

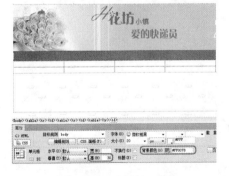

图 18.121　合并单元格

(42) 使用同样的方法在该单元格中输入文本，如图 18.122 所示。

(43) 选择其他单元格，将其宽度设置为 25%，将【水平】设置为【居中对齐】，高度设置为 190，将光标置于第 1 个单元格中，按 Ctrl+Alt+I 组合键，在弹出的对话框中打开"花 7.jpg"素材文件，并将其【宽】设置为 151px、【高】设置为 181px，如图 18.123

所示。

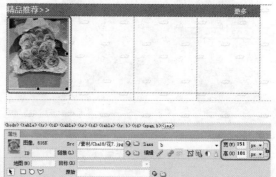

图 18.122　输入文字　　　　　　　　图 18.123　导入素材图像

(44) 使用同样的方法，导入其他素材图像，如图 18.124 所示。

(45) 使用前面讲到的方法，分别在第 3 行第 1 列、第 3 行第 2 列、第 3 列、第 4 列单元格中嵌入一个 2 行 1 列的表格，并将其高度均设置为 20，将【水平】设置为【居中对齐】，如图 18.125 所示。

图 18.124　导入其他素材　　　　　　　图 18.125　嵌入表格

(46) 使用同样的方法，在嵌入的表格中设置鲜花的原价和现价，如图 18.126 所示。

(47) 选择第 1 行的数字，打开【CSS 设计器】面板，在该面板中新建一个选择器，在【属性】面板中选择【文本】，设置文字修饰为，如图 18.127 所示。

图 18.126　输入价格　　　　　　　　图 18.127　设置 CSS 样式

(48) 继续选择要修改的数字，在【属性】面板中将【类】定义为 p，即可更改文字的效果，如图 18.128 所示。

(49) 使用同样的方法，为其他数字添加规则，在右侧的单元格中插入一个 2 行 1 列的表格，将第 1 行的表格宽度设置为 30，将第 2 行的表格宽度设置为 230，并设置其背景颜色，如图 18.129 所示。

图 18.128 定义类

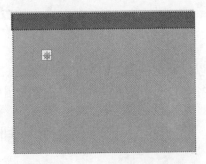

图 18.129 添加表格并设置表格属性

(50) 使用同样的方法，在单元格中输入文字，如图 18.130 所示。

(51) 选择第 2 行单元格中的文字，在【属性】面板中单击【项目列表】按钮，然后再次输入相应的文字，如图 18.131 所示。

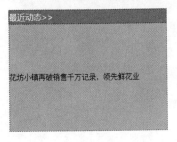

图 18.130 输入文字

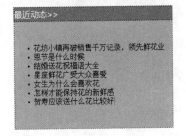

图 18.131 输入其他文字

(52) 使用同样的方法，创建表格并插入图像文件，完成后的效果如图 18.132 所示。

(53) 按 F12 键在浏览器中预览效果即可。

图 18.132 完成后的效果

第 19 章　项目指导——制作宠物网站

以前宠物单指人们为了消除孤寂或出于娱乐目的而豢养的动物。现今宠物定义为，出于非经济目的而豢养的动物，本章介绍如何制作宠物网站。

19.1　制作网页中的图片

本节将介绍如何利用 Photoshop CC 制作网页中的图片，效果如图 19.1 所示。其具体操作步骤如下。

图 19.1　网页中的图片

(1) 启动 Photoshop CC，按 Ctrl+N 组合键，在弹出的【新建】对话框中将【宽度】和【高度】分别设置为 746 像素、330 像素，将【分辨率】设置为 72 像素/英寸，如图 19.2 所示。

(2) 设置完成后单击【确定】按钮，在工具箱中选择【圆角矩形】工具，在工具选项栏中将【工具模式】设置为【路径】，将【半径】设置为 10 像素，将【高度】和【宽度】分别设置为 534 像素、330 像素，将 X、Y 分别设置为 2 像素、0 像素，如图 19.3 所示。

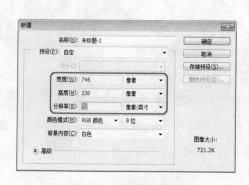

图 19.2　【新建】对话框

图 19.3　设置圆角矩形工具参数

(3) 绘制完成后，按 Ctrl+Enter 组合键，将其载入选区，在【属性】面板中单击【新建图层】按钮，新建图层，将该图层的名称设置为【白色圆角矩形】，将【背景色】设置为白色，按 Ctrl+Delete 组合键填充背景色，如图 19.4 所示。

(4) 填充完颜色后，按 Ctrl+D 组合键取消选择，在【图层】面板中双击【白色圆角矩形】图层，在弹出的对话框中选择【描边】样式，将【大小】设置为 5 像素，将【位置】设置为【内部】，将【颜色】的 RGB 值设置为 240、238、238，如图 19.5 所示。

图 19.4　新建图层并填充白色

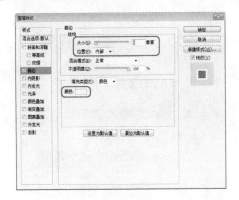

图 19.5　设置【描边】参数

(5) 设置完成后，单击【确定】按钮，即可为选中的图层添加图层样式，效果如图 19.6 所示。

(6) 按 Ctrl+O 组合键，在弹出的对话框中选择随书附带光盘中的 "CDROM\素材\Cha19\彩虹.jpg" 素材文件，如图 19.7 所示。

图 19.6　添加图层样式后的效果

图 19.7　选择素材文件

(7) 单击【打开】按钮，将选中的素材文件打开，如图 19.8 所示。

(8) 在工具箱中选择移动工具，按住鼠标将该素材拖曳至绘制圆角矩形的场景中，效果如图 19.9 所示。

(9) 在【图层】面板中选择【白色圆角矩形】图层，按 Alt 键并单击【图层 1】，创建剪切蒙版，效果如图 19.10 所示。

(10) 根据前面所介绍的方法将 "彩虹伞.png" 素材文件添加到该场景中，释放其剪贴蒙版，并调整其位置，如图 19.11 所示。

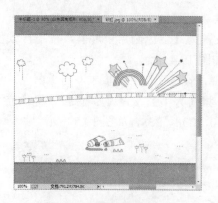

图 19.8　打开的素材文件

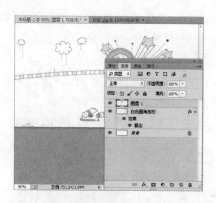

图 19.9　添加素材文件

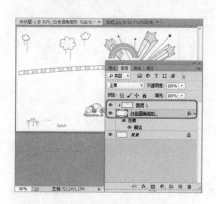

图 19.10　创建剪切蒙版

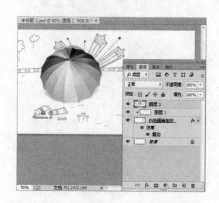

图 19.11　添加素材文件并调整其位置

(11) 在【图层】面板中单击【新建图层】按钮，新建【图层 3】，在工具箱中选择【椭圆选框】工具 ，在文档中绘制一个椭圆形，如图 19.12 所示。

(12) 绘制完成后，在菜单栏中选择【编辑】|【描边】命令，如图 19.13 所示。

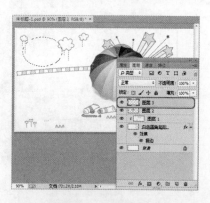

图 19.12　绘制椭圆形

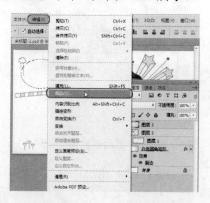

图 19.13　选择【描边】命令

(13) 在弹出的对话框中将【宽度】设置为 1 像素，将【颜色】设置为【黑色】，如图 19.14 所示。

(14) 设置完成后，单击【确定】按钮，对【图层 3】进行复制并调整其大小和位置，调整后的效果如图 19.15 所示。

图 19.14　【描边】对话框

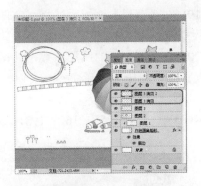

图 19.15　复制图层并调整图形的大小及位置

(15) 在【图层】面板中单击【新建图层】按钮，新建【图层 4】，在工具箱中选择钢笔工具，在文档中绘制一个如图 19.16 所示的图形。

(16) 按 Ctrl+Enter 组合键，将绘制的图形载入选区，将前景色设置为黑色，按 Alt+Delete 组合键填充前景色，如图 19.17 所示。

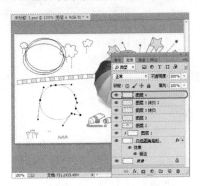

图 19.16　绘制图形

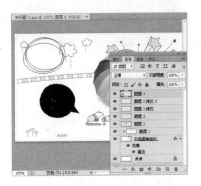

图 19.17　填充前景色

(17) 按 Ctrl+D 组合键取消选择，使用移动工具调整该图形的位置，调整后的效果如图 19.18 所示。

(18) 在工具箱中选择【横排文字】工具 T，在文档中单击，输入文字，选中输入的文字，在【字符】面板中将字体设置为【方正粗圆简体】，将字体大小设置为 36 点，将行距设置为 33 点，将【颜色】设置为白色，如图 19.19 所示。

图 19.18　调整图形的位置

图 19.19　输入文字并进行设置

(19) 在【图层】面板中选择文字图层，按住鼠标将其拖曳至【新建图层】按钮上，对其进行复制，如图 19.20 所示。

(20) 选择复制后的图层，双击该图层，在弹出的对话框中选择【渐变叠加】样式，在【渐变】选项组中单击渐变条，在弹出的对话框中将位置 0 处色标的 RGB 值设置为 41、137、204，在位置 49 处添加一个色标，并将其设置为白色，在位置 52 处添加一个色标，将其 RGB 值设置为 255、165、193，如图 19.21 所示。

图 19.20　复制图层后的效果

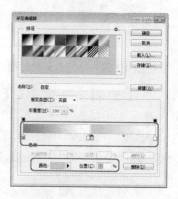

图 19.21　设置渐变颜色

(21) 设置完成后，单击【确定】按钮，再返回至【图层样式】对话框中单击【确定】按钮，在文档中调整文字的位置，效果如图 19.22 所示。

(22) 使用相同的方法，再在文档中输入其他文字，并对其进行相应的设置，效果如图 19.23 所示。

图 19.22　添加图层样式后的效果

图 19.23　输入其他文字后的效果

(23) 按 Ctrl+O 组合键，在弹出的对话框中选择随书附带光盘中的"CDROM\素材\Cha19\泰迪.jpg"文件，如图 19.24 所示。

(24) 单击【打开】按钮，在工具箱中选择【魔术橡皮擦】工具，在工具选项栏中将【容差】设置为 32，在素材文件的空白位置处单击，取消背景颜色，如图 19.25 所示。

(25) 选择移动工具，将该素材文件拖曳至网页图片的场景中，按 Ctrl+T 组合键变换选取，在工具选项栏中单击【保持长宽比】按钮，将 W 和 H 都设置为 29，并调整其位置，如图 19.26 所示。

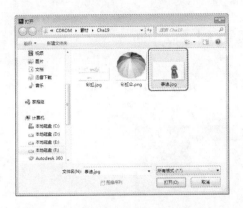

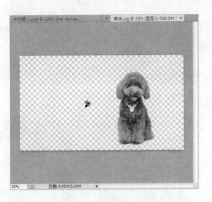

图 19.24　选择素材文件　　　　　　　　　图 19.25　擦除背景

(26) 按 Enter 键确认，在工具箱中选择【模糊】工具 ，在文档中对泰迪进行涂抹，完成后的效果如图 19.27 所示。

图 19.26　调整素材的大小　　　　　　　　图 19.27　对素材进行模糊化

(27) 使用同样的方法添加其他素材文件，并输入相应的文字，完成后的效果如图 19.28 所示。

(28) 在菜单栏中选择【文件】|【存储为】命令，如图 19.29 所示，在弹出的对话框中指定保存路径和文件名称。

图 19.28　添加其他素材和文字后的效果　　　图 19.29　选择【存储为】命令

19.2 制作网页封面动画

本例来介绍一下【封面动画】的制作，该例主要是为素材图片添加传统补间，创建影片剪辑元件和按钮元件等，效果如图 19.30 所示。

图 19.30　网页封面动画

19.2.1　制作加载动画

在制作网页封面动画之前，首先要制作封面动画前面的加载动画。其具体操作步骤如下。

(1) 在菜单栏中选择【文件】|【新建】命令，弹出【新建文档】对话框，在【类型】列表框中选择 ActionScript 3.0 选项，然后在右侧的设置区域中将【宽】设置为 1024 像素，将【高】设置为 687 像素，将【背景颜色】设置为#666666，如图 19.31 所示。

(2) 单击【确定】按钮，即可新建一个空白文档，在菜单栏中选择【插入】|【新建元件】命令，如图 19.32 所示。

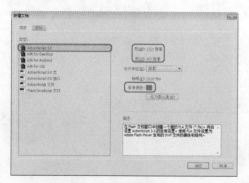

图 19.31　【新建文档】对话框

图 19.32　选择【新建元件】命令

(3) 在弹出的对话框中将【名称】设置为"加载动画"，将【类型】设置为【影片剪辑】，如图 19.33 所示。

(4) 设置完成后，单击【确定】按钮，在工具箱中选择【矩形】工具，在舞台中绘制一个【宽】和【高】分别为 273、23.3，将【笔触颜色】设置为#999999，将填充颜色设置为无，将【笔触】设置为 3，如图 19.34 所示。

图 19.33　【创建新元件】对话框

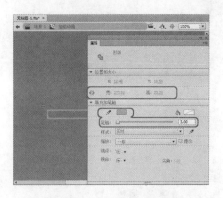

图 19.34　设置矩形属性

(5) 确认该图形处于选中状态，按 F8 键，在弹出的对话框中将【名称】设置为"加载框"，将【类型】设置为【图形】，并调整其对齐方式，如图 19.35 所示。

(6) 设置完成后，单击【确定】按钮，在舞台中调整其位置，在【时间轴】面板中选择【图层 1】的第 100 帧并右击，在弹出的快捷菜单中选择【插入帧】命令，如图 19.36 所示。

图 19.35　将绘制的矩形转换为元件

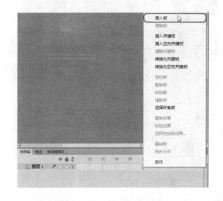

图 19.36　选择【插入帧】命令

(7) 在【时间轴】面板中单击【新建图层】按钮，新建【图层 2】，在工具箱中选择【矩形】工具，在舞台中绘制一个【宽】和【高】分别为 4、10 的矩形，将【笔触颜色】设置为【无】，将【填充颜色】设置为#999999，如图 19.37 所示。

(8) 选择【图层 2】的第 100 帧，按 F6 键插入关键帧，在【属性】面板中将【宽】设置为 263，如图 19.38 所示。

(9) 选择【图层 2】的第 70 帧并右击，在弹出的快捷菜单中选择【创建补间形状】命令，如图 19.39 所示。

(10) 在【时间轴】面板中单击【新建图层】按钮，在工具箱中选择文本工具，在舞台中单击，输入文字，选中输入的文字，在【属性】面板中将字体设置为 Tahoma，将样式设置为 Bold，将【大小】设置为 44，将【颜色】设置为#999999，取消选中【自动调整字距】复选框，在舞台中调整文字的位置，如图 19.40 所示。

(11) 返回至【场景 1】中，在【库】面板中选择【加载动画】影片剪辑元件，按住鼠标将其拖曳至舞台中，并调整其位置，选择该元件，在【属性】面板中将【样式】设置为

【高级】，并设置其参数，如图 19.41 所示。

图 19.37　绘制矩形

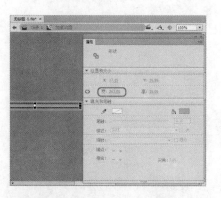

图 19.38　插入关键帧并设置图形的宽度

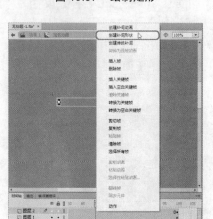

图 19.39　选择【创建补间形状】命令

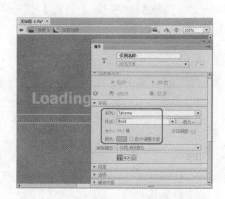

图 19.40　输入文字并进行设置

(12) 在【时间轴】面板中选择【图层 1】的第 101 帧，右击并在弹出的快捷菜单中选择【插入空白关键帧】命令，如图 19.42 所示。

图 19.41　调整元件位置并添加高级样式

图 19.42　选择【插入空白关键帧】命令

(13) 在【时间轴】面板中选择【图层 1】的第 101 帧，在工具箱中选择【矩形】工具，在舞台中绘制一个【宽】和【高】分别为 972、536，将【填充颜色】设置为 #FFCC00，如图 19.43 所示。

(14) 选择【图层 1】的第 185 帧并右击，在弹出的快捷菜单中选择【插入帧】命令，如图 19.44 所示。

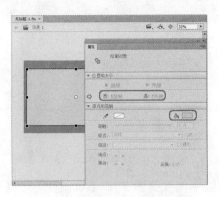

图 19.43 绘制矩形并设置其参数

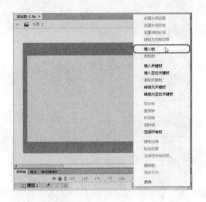

图 19.44 选择【插入帧】命令

19.2.2 制作按钮动画效果

下面将介绍如何制作按钮动画效果，其具体操作步骤如下。

(1) 按 Ctrl+F8 组合键，在弹出的对话框中将【名称】设置为【狗狗 1 动画】，将【类型】设置为【影片剪辑】，如图 19.45 所示。

(2) 设置完成后，单击【确定】按钮，按 Ctrl+R 组合键，在弹出的对话框中选择随书附带光盘中的 "CDROM\素材\Cha19\狗狗 1.jpg" 素材文件，如图 19.46 所示。

图 19.45 【创建新元件】对话框

图 19.46 选择素材文件

(3) 选择完成后，单击【打开】按钮，在【属性】面板中将 X、Y 都设置为 0，将【宽】和【高】分别设置为 243、134，如图 19.47 所示。

(4) 确认该素材文件处于选中状态，按 F8 键，在弹出的对话框中将【名称】设置为 "狗狗 1"，将【类型】设置为【影片剪辑】，调整其对齐方式，如图 19.48 所示。

(5) 设置完成后，单击【确定】按钮，在【时间轴】面板中选择【图层 1】的第 3 帧，按 F6 键插入关键帧，在【属性】面板中单击【添加滤镜】按钮 ✦▼，在弹出的下拉菜单中选择【调整颜色】命令，如图 19.49 所示。

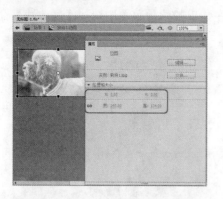

图 19.47　设置图片的大小和位置

图 19.48　【转换为元件】对话框

（6）在【属性】面板中将【调整颜色】选项组中的【亮度】、【对比度】、【饱和度】、【色相】分别设置为 30、25、0、1，如图 19.50 所示。

图 19.49　选择【调整颜色】命令

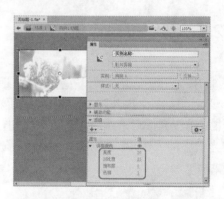

图 19.50　设置【调整颜色】的参数

（7）继续选中该对象，在【属性】面板中单击【添加滤镜】按钮 ✚▾，在弹出的下拉菜单中选择【发光】命令，如图 19.51 所示。

（8）在【属性】面板中将【发光】选项组中的【模糊 X】、【模糊 Y】、【强度】分别设置为 15、15、1000，将【颜色】设置为白色，选中【内发光】复选框，如图 19.52 所示。

图 19.51　选择【发光】命令

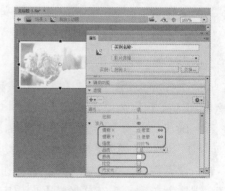

图 19.52　设置发光参数

（9）在【时间轴】面板中选择【图层 1】的第 2 帧，右击并在弹出的快捷菜单中选择

【创建传统补间】命令，创建传统补间后的效果如图 19.53 所示。

(10) 选择该图层的第 8 帧，按 F6 键插入关键帧，在【属性】面板中将【调整颜色】选项组中的【亮度】、【对比度】、【饱和度】、【色相】分别设置为 7、6、0、0.1，在【属性】面板中将【发光】选项组中的【模糊 X】、【模糊 Y】设置为 10.4，如图 19.54 所示。

图 19.53　创建传统补间

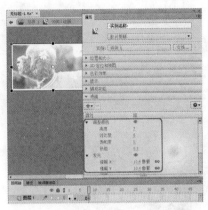

图 19.54　插入关键帧并设置其属性

(11) 选择该图层的第 5 帧并右击，在弹出的快捷菜单中选择【创建传统补间】命令，即可创建传统补间，效果如图 19.55 所示。

(12) 选择该图层的第 23 帧，按 F5 键插入帧，单击【新建图层】按钮，新建【图层 2】，选择第 23 帧，按 F6 键插入关键帧，如图 19.56 所示。

图 19.55　创建传统补间

图 19.56　插入关键帧

(13) 选择【图层 2】的第 23 帧，按 F9 键，在弹出的面板中输入代码"stop();"，如图 19.57 所示。

(14) 输入完成后，将该面板关闭，返回至【场景 1】中，按 Ctrl+F8 组合键，在弹出的对话框中将【名称】设置为"g1 按钮"，将【类型】设置为【按钮】，如图 19.58 所示。

(15) 设置完成后，单击【确定】按钮，在【库】面板中选择【狗狗 1】影片剪辑元件，按住鼠标将其拖曳至舞台中，并调整其位置，效果如图 19.59 所示。

(16) 选择【指针经过】帧，右击并在弹出的快捷菜单中选择【插入空白关键帧】命令，如图 19.60 所示。

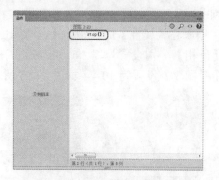

图 19.57　输入代码

图 19.58　【创建新元件】对话框

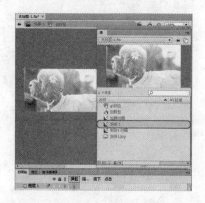

图 19.59　将影片剪辑元件拖曳至舞台中

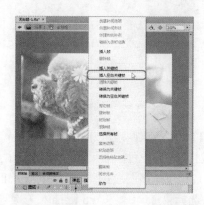

图 19.60　选择【插入空白关键帧】命令

(17) 在【库】面板中选择【狗狗 1 动画】影片剪辑元件，按住鼠标将其拖曳至舞台中，并在舞台中调整其位置，调整后的效果如图 19.61 所示。

(18) 在【时间轴】面板中单击【新建图层】按钮，选择【图层 2】的鼠标经过帧，按 F6 键插入关键帧，如图 19.62 所示。

图 19.61　将影片剪辑元件添加至鼠标经过帧处

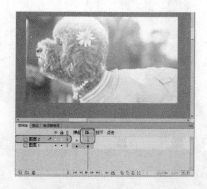

图 19.62　新建图层并插入关键帧

(19) 按 Ctrl+R 组合键，在弹出的对话框中选择随书附带光盘中的"CDROM\素材\Cha19\声音 1.mp3"文件，如图 19.63 所示。

(20) 单击【打开】按钮，在【库】面板中选择"声音 1.mp3"音频文件，按住鼠标将其拖曳至舞台中，为【图层 2】的鼠标经过帧添加声音，如图 19.64 所示。

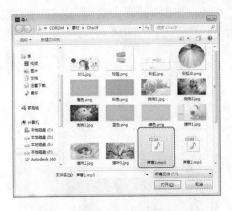

图 19.63　选择音频文件　　　　图 19.64　为【图层 2】的鼠标经过帧添加声音

(21) 使用同样的方法创建其他宠物按钮动画效果，如图 19.65 所示。

(22) 在菜单栏中选择【文件】|【导入】|【导入到舞台】命令，如图 19.66 所示。

图 19.65　创建其他动画效果　　　　图 19.66　选择【导入到舞台】命令

(23) 在弹出的对话框中选择随书附带光盘中的素材文件，如图 19.67 所示。

(24) 选择完成后，单击【打开】按钮，按 Ctrl+F8 组合键，在弹出的对话框中将【名称】设置为 "g 矩形动画"，将【类型】设置为【影片剪辑】，如图 19.68 所示。

图 19.67　选择素材文件　　　　图 19.68　【创建新元件】对话框

(25) 设置完成后，单击【确定】按钮，在工具箱中选择矩形工具，在舞台中绘制一个【宽】和【高】分别为 243、134 的矩形，如图 19.69 所示。

(26) 选中绘制的矩形，按 Ctrl+Shift+F9 组合键，在弹出的面板中将【笔触颜色】设置为【无】，单击【填充颜色】按钮，将【颜色类型】设置为【位图填充】，并在其下方选择一个位图，如图 19.70 所示。

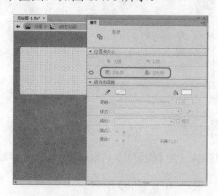

图 19.69　绘制矩形并设置其大小

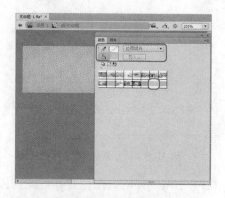

图 19.70　设置颜色填充

(27) 填充完成后，按 F8 键，在弹出的对话框中将【名称】设置为"g 绿色矩形"，将【类型】设置为【影片剪辑】，并调整其对齐方式，如图 19.71 所示。

(28) 设置完成后，单击【确定】按钮，选中转换后的影片剪辑元件，在【属性】面板中单击【添加滤镜】按钮，在弹出的下拉列表中选择【调整颜色】命令，为其添加【调整颜色】滤镜，如图 19.72 所示。

图 19.71　【转换为元件】对话框

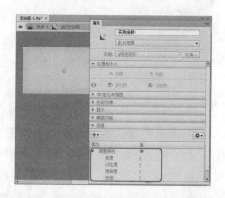

图 19.72　添加【调整颜色】滤镜效果

(29) 在【属性】面板中单击【添加滤镜】按钮，在弹出的下拉列表中选择【发光】命令，将【发光】选项组中的【模糊 X】、【模糊 Y】均设置为 3.6，将【强度】设置为 360，将【颜色】设置为白色，选中【内发光】复选框，如图 19.73 所示。

(30) 设置完成后，选择该图层的第 1 帧并右击，在弹出的快捷菜单中选择【创建传统补间】命令，如图 19.74 所示。

(31) 选择该图层的第 2 帧，按 F6 键插入关键帧，将【发光】选项组中的【模糊 X】、【模糊 Y】均设置为 6.4，将【强度】设置为 639，如图 19.75 所示。

(32) 设置完成后，即可发现该帧上的元件发生了变化，效果如图 19.76 所示。

(33) 选择该图层的第 3 帧，按 F6 键插入关键帧，将【发光】选项组中的【模糊 X】、【模糊 Y】设置为 8.4，将【强度】设置为 840，如图 19.77 所示。

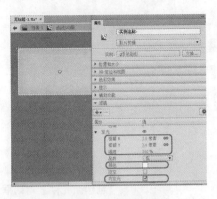

图 19.73 设置发光参数

图 19.74 选择【创建传统补间】命令

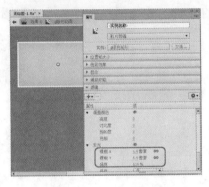

图 19.75 设置发光参数

图 19.76 设置参数后的效果

(34) 使用同样的方法在该图层上插入其他关键帧，并进行相应的设置，效果如图 19.78 所示。

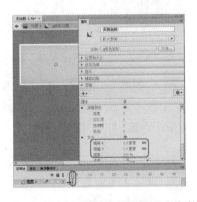

图 19.77 插入关键帧并设置发光参数

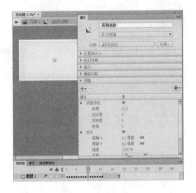

图 19.78 插入其他关键帧

(35) 在【时间轴】面板中单击【新建图层】按钮，新建【图层 2】，选择该图层的第 23 帧，按 F6 键插入关键帧，按 F9 键打开【动作】面板，在该面板中输入代码 "stop();"，如图 19.79 所示。

(36) 输入完成后，将该面板关闭，返回至【场景 1】中，按 Ctrl+F8 组合键，在弹出的对话框中将【名称】设置为 "g 文字 1"，将【类型】设置为【影片剪辑】，如图 19.80 所示。

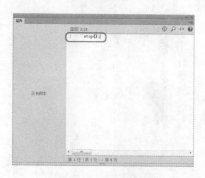

图 19.79 输入代码　　　　　　　图 19.80 【创建新元件】对话框

(37) 设置完成后，单击【确定】按钮，在工具箱中选择文本工具，在舞台中单击鼠标，在弹出的文本框中输入文字，选中输入的文字，在【属性】面板中将字体设置为 Brush455 BT，将字号设置为 34，将【颜色】设置为白色，取消选中【自动调整字距】复选框，调整其位置，如图 19.81 所示。

(38) 按 Ctrl+L 组合键，在弹出的【库】面板中选择【g 文字 1】影片剪辑元件，右击并在弹出的快捷菜单中选择【直接复制】命令，如图 19.82 所示。

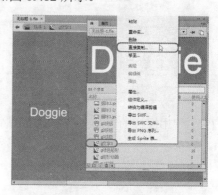

图 19.81 输入文字并设置文字属性　　　　图 19.82 选择【直接复制】命令

(39) 在弹出的对话框中将【名称】设置为"g 文字 1 副本"，如图 19.83 所示。

(40) 设置完成后，单击【确定】按钮，在【库】面板中双击复制后的元件，选中该元件中的文字，在【属性】面板中将【颜色】设置为#AECA4F，如图 19.84 所示。

图 19.83 【直接复制元件】对话框　　　　图 19.84 设置文字颜色

(41) 设置完成后，返回至【场景 1】中，按 Ctrl+F8 组合键，在弹出的对话框中将【名称】设置为"g 文字动画"，将【类型】设置为【影片剪辑】，如图 19.85 所示。

(42) 设置完成后，单击【确定】按钮，在【库】面板中选择【g 文字 1 副本】影片剪辑元件，按住鼠标将其拖曳至舞台中，并调整其位置，效果如图 19.86 所示。

图 19.85　新建元件

图 19.86　将影片剪辑元件拖曳至舞台中

(43) 继续选中该元件，在【属性】面板中单击【添加滤镜】按钮，在弹出的下拉列表中选择【投影】命令，如图 19.87 所示。

(44) 在【投影】选项组中将【模糊 X】、【模糊 Y】、【强度】、【距离】分别设置为 5、5、350、0，将【颜色】设置为白色，如图 19.88 所示。

图 19.87　选择【投影】命令

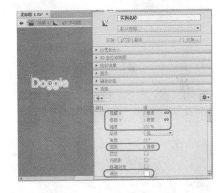

图 19.88　设置投影参数

(45) 选择该图层的第 5 帧，按 F6 键插入关键帧，按 Ctrl+T 组合键，在【变形】面板中将缩放宽度和缩放高度都设置为 182.8，将【旋转】设置为 15，如图 19.89 所示。

(46) 选择该图层的第 3 帧并右击，在弹出的快捷菜单中选择【创建传统补间】命令，创建传统补间，效果如图 19.90 所示。

(47) 在【时间轴】面板中选择第 10 帧，按 F6 键插入关键帧，在【变形】面板中将缩放宽度和缩放高度都设置为 100，将【旋转】设置为 0，如图 19.91 所示。

(48) 选择该图层的第 8 帧并右击，在弹出的快捷菜单中选择【创建传统补间】命令，创建传统补间后的效果如图 19.92 所示。

(49) 选择该图层的第 12 帧，按 F6 键插入关键帧，在【变形】面板中将缩放宽度和缩放高度都设置为 84.9，如图 19.93 所示。

图 19.89　设置缩放大小和旋转角度

图 19.90　创建传统补间

图 19.91　设置缩放大小和旋转角度

图 19.92　创建传统补间

　　(50) 设置完成后，在第 10 帧和第 12 帧之间创建传统补间，选中该图层的第 14 帧，按 F6 键插入关键帧，在【变形】面板中将缩放宽度和缩放高度都设置为 100，如图 19.94 所示。

图 19.93　设置缩放大小

图 19.94　将缩放设置为 100

　　(51) 在第 12 帧和第 14 帧之间创建传统补间，选择该图层的第 23 帧并右击，在弹出的快捷菜单中选择【插入帧】命令，如图 19.95 所示。

(52) 在【时间轴】面板中单击【新建图层】按钮，新建【图层 2】，在第 23 帧处插入关键帧，按 F9 键，在弹出的面板中输入代码 "stop();"，如图 19.96 所示。

图 19.95　选择【插入帧】命令

图 19.96　输入代码

(53) 输入完成后，将该面板关闭，按 Ctrl+F8 组合键，在弹出的对话框中将【名称】设置为 "g 彩色按钮"，将【类型】设置为【按钮】，如图 19.97 所示。

(54) 设置完成后，单击【确定】按钮，在【库】面板中选择【g 绿色矩形】影片剪辑元件，按住鼠标将其拖曳至舞台中，并调整其位置，效果如图 19.98 所示。

图 19.97　新建按钮元件

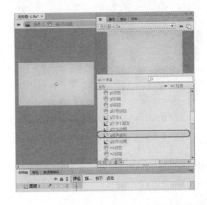

图 19.98　将影片剪辑元件拖曳至舞台中

(55) 在【时间轴】面板中选择该图层的【鼠标经过】帧，按 F7 键插入空白关键帧，在【库】面板中选中【g 矩形动画】，按住鼠标将其拖曳至舞台中，效果如图 19.99 所示。

(56) 在【时间轴】面板中单击【新建图层】按钮，新建【图层 2】，在【库】面板中选中【g 文字 1】影片剪辑元件并将其拖曳至舞台中，并调整其位置，调整后的效果如图 19.100 所示。

(57) 使用同样的方法将【g 文字动画】添加至【图层 2】的【鼠标经过】帧上，再单击【新建图层】按钮，新建【图层 3】，如图 19.101 所示。

(58) 在菜单栏中选择【文件】|【导入】|【导入到库】命令，如图 19.102 所示。

(59) 在弹出的对话框中选择随书附带光盘中的 "CDROM\素材\Cha19\声音 2.mp3 音频" 文件，如图 19.103 所示。

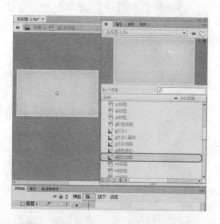

图 19.99　将【g 矩形动画】拖曳至舞台中

图 19.100　将文字拖曳至舞台中

图 19.101　添加元件并新建图层

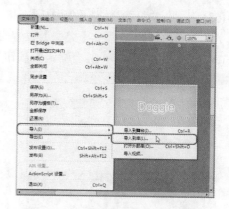

图 19.102　选择【导入到库】命令

（60）单击【打开】按钮，在【时间轴】面板中选择【图层 3】的【鼠标经过】帧，按 F7 键插入空白关键帧，在【库】面板中选择【声音 2.mp3】，按住鼠标将其拖曳至舞台中，如图 19.104 所示。

图 19.103　选择音频文件

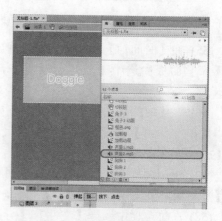

图 19.104　添加音频文件

（61）添加完成后，返回至【场景 1】中，根据相同的方法创建其他按钮动画，效果如

图 19.105 所示。

(62) 返回至【场景 1】中，在【时间轴】面板中新建【图层 2】，选择该图层的第 101 帧，按 F6 键插入关键帧，如图 19.106 所示。

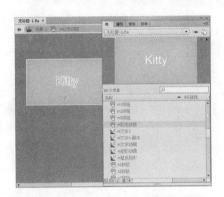

图 19.105 制作其他按钮动画后的效果

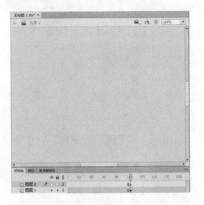

图 19.106 新建图层并插入关键帧

(63) 将创建好的按钮元件拖曳至舞台中，并调整其位置，效果如图 19.107 所示。

(64) 在【时间轴】面板中单击【新建图层】按钮，新建【图层 3】，选择该图层的第 101 帧，按 F6 键插入关键帧，在工具箱中选择矩形工具，在舞台中绘制一个与舞台同样大小的矩形，并将该矩形的颜色设置为#666666，如图 19.108 所示。

图 19.107 添加按钮元件后的效果

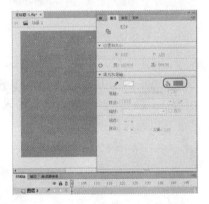

图 19.108 绘制矩形并设置其颜色

(65) 确认该图形处于选中状态，按 F8 键，在弹出的对话框中将【名称】设置为"灰色矩形"，将【类型】设置为【图形】，如图 19.109 所示。

(66) 设置完成后，单击【确定】按钮，在【时间轴】面板中选择【图层 3】的第 147 帧，按 F6 键插入关键帧，在【属性】面板中将【样式】设置为 Alpha，将 Alpha 设置为 0，如图 19.110 所示。

(67) 选择第 120 帧并右击，在弹出的快捷菜单中选择【创建传统补间】命令，创建传统补间后的效果如图 19.111 所示。

(68) 按 Ctrl+F8 组合键，在弹出的对话框中将【名称】设置为"向下箭头"，将【类型】设置为【影片剪辑】，如图 19.112 所示。

图 19.109　【转换为元件】对话框

图 19.110　插入关键帧并添加样式

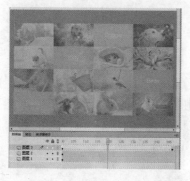

图 19.111　创建传统补间后的效果

图 19.112　创建影片剪辑元件

(69) 设置完成后，单击【确定】按钮，按 Ctrl+R 组合键，在弹出的对话框中选择随书附带光盘中的"CDROM\素材\Cha19\箭头.png"素材文件，如图 19.113 所示。

(70) 单击【打开】按钮，将其导入到舞台中，在舞台中调整其位置，选中该对象，按 F8 键，在弹出的对话框中将【名称】设置为"箭头"，将【类型】设置为【图形】，并调整其对齐方式，如图 19.114 所示。

图 19.113　选择素材文件

图 19.114　将素材转换为元件

(71) 设置完成后，单击【确定】按钮，选择第 5 帧，按 F6 键插入关键帧，在舞台中向下调整其位置，效果如图 19.115 所示。

(72) 在第 1～5 帧之间创建传统补间，选中该图层的第 9 帧，按 F6 键插入关键帧，再在舞台中调整其位置，调整后的效果如图 19.116 所示。

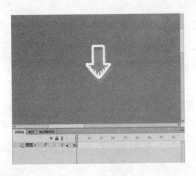

图 19.115　插入关键帧并调整元件的位置

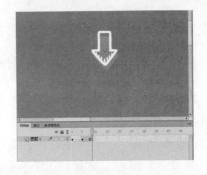

图 19.116　创建传统补间并调整元件位置

(73) 在第 5 帧和第 9 帧之间创建传统补间，返回至【场景 1】中，在【时间轴】面板中选择【图层 3】的第 170 帧，按 F7 键插入空白关键帧，在【库】面板中选择【向下箭头】影片剪辑元件，将其拖曳至舞台中，并调整其大小和位置，效果如图 19.117 所示。

(74) 在【时间轴】面板中新建【图层 4】，选择第 185 帧，按 F6 键插入关键帧，按 F9 键，在弹出的面板中输入代码"stop();"，如图 19.118 所示。输入完成后，对完成后的场景进行保存即可。

图 19.117　调整元件的位置及大小

图 19.118　输入代码

19.3　制作宠物网站

本例来介绍一下宠物网站的制作，效果如图 19.119 所示。该网站主要将前面制作的素材文件结合在一起，本案例通过三个小节来进行讲解。

图 19.119　宠物网站

19.3.1 制作宠物网站的封面网页

下面将介绍如何制作宠物网站的封面网页。其具体操作步骤如下。

(1) 启动 Dreamweaver CC，按 Ctrl+N 组合键，在弹出的对话框中选择【空白页】，在【页面类型】选项栏中选择 HTML，在【布局】选项组中选择【〈无〉】，如图 19.120 所示。

(2) 设置完成后，单击【创建】按钮，即可创建一个空白文档，在【属性】面板中单击【页面属性】按钮，如图 19.121 所示。

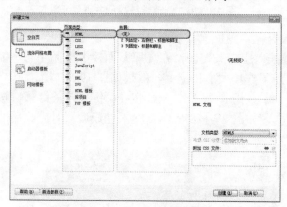

图 19.120　新建文档

图 19.121　单击【页面属性】按钮

(3) 在弹出的对话框中选择【外观(CSS)】选项，将【背景颜色】设置为#666，如图 19.122 所示。

(4) 设置完成后，在该对话框中选择【链接(CSS)】选项，将【链接颜色】、【变换图像链接】、【已访问链接】、【活动链接】都设置为#FFF，将【下划线样式】设置为【始终无下划线】，如图 19.123 所示。

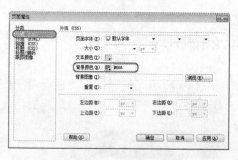

图 19.122　设置背景颜色

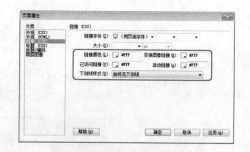

图 19.123　设置链接属性

(5) 设置完成后，单击【确定】按钮，在菜单栏中选择【插入】|【表格】命令，如图 19.124 所示。

(6) 在弹出的对话框中将【行数】和【列】分别设置为 2、1，将【表格宽度】设置为 1024 像素，将【边框粗细】、【单元格边距】、【单元格间距】都设置为 0，如图 19.125 所示。

图 19.124　选择【表格】命令

图 19.125　设置表格参数

（7）设置完成后，单击【确定】按钮，将光标置入到第一行单元格中，在菜单栏中选择【插入】|【媒体】|【插件】命令，如图 19.126 所示。

（8）在弹出的对话框中选择随书附带光盘中的 "CDROM\素材\Cha19\封面动画.swf" 文件，如图 19.127 所示。

图 19.126　选择【插件】命令

图 19.127　选择素材文件

（9）选择完成后，单击【确定】按钮，即可将该素材文件插入到表格中，效果如图 19.128 所示。

（10）在菜单栏中选择【文件】|【保存】命令，如图 19.129 所示，在弹出的对话框中指定保存路径和名称。

图 19.128　插入素材文件后的效果

图 19.129　选择【保存】命令

19.3.2　制作宠物网站

下面将介绍如何制作宠物网站。其具体操作步骤如下。

(1) 启动 Dreamweaver CC，按 Ctrl+N 组合键，在弹出的对话框中选择【空白页】，在【页面类型】选项栏中选择 HTML，在【布局】选项组中选择【〈无〉】，如图 19.130 所示。

(2) 设置完成后，单击【创建】按钮，即可创建一个空白文档，在【属性】面板中单击【页面属性】按钮，如图 19.131 所示。

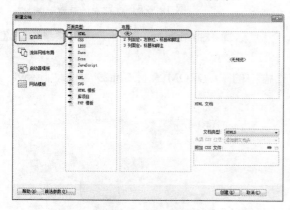

图 19.130　新建空白文档

图 19.131　单击【页面属性】按钮

(3) 在弹出的对话框中选择【外观(CSS)】选项，将【左边距】和【上边距】分别设置为6、10，将【边距宽度】和【边距高度】都设置为0，如图 19.132 所示。

(4) 设置完成后，单击【确定】按钮，按 Ctrl+Alt+T 组合键，在弹出的对话框中将【行数】和【列】分别设置为6、1，将【表格宽度】设置为950 像素，将【边框粗细】、【单元格边距】、【单元格间距】都设置为0，如图 19.133 所示。

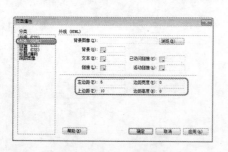

图 19.132　设置边距

图 19.133　设置表格参数

(5) 设置完成后，单击【确定】按钮，将光标置入到第 1 行单元格中，按 Ctrl+Alt+I 组合键，在弹出的对话框中选择随书附带光盘中的"CDROM\素材\Cha19\ top.png"文件，如图 19.134 所示。

(6) 单击【确定】按钮，执行该操作后，即可将选中的素材文件插入至单元格中，效果如图 19.135 所示。

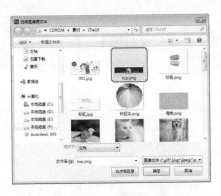

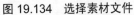

图 19.134　选择素材文件

图 19.135　插入素材文件

(7) 将光标置入到第二行单元格中，单击【拆分】按钮，将光标置入到 td 右侧，如图 19.136 所示。

(8) 按空格键，在弹出的下拉菜单中选择 background 命令，如图 19.137 所示。

图 19.136　将光标置入到 td 右侧

图 19.137　选择 background 命令

(9) 双击该命令，再在弹出的下拉列表中选择【浏览】命令，如图 19.138 所示。

(10) 在弹出的对话框中选择随书附带光盘中的"CDROM\素材\Cha19\ menu_bg.jpg"文件，如图 19.139 所示。

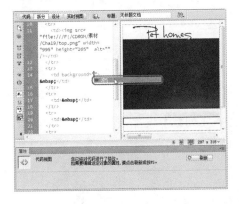

图 19.138　选择【浏览】命令

图 19.139　选择素材文件

(11) 选择完成后，单击【确定】按钮，将其插入至单元格后，在【属性】面板中将

【高】设置为 31，如图 19.140 所示。

(12) 按 Ctrl+Alt+T 组合键，在弹出的对话框中将【行数】和【列】分别设置为 1、13，将【表格宽度】设置为 995 像素，将【边框粗细】、【单元格边距】、【单元格间距】都设置为 0，如图 19.141 所示。

图 19.140　设置单元格

图 19.141　设置表格参数

(13) 设置完成后，单击【确定】按钮，在单元格中输入文字，并调整单元格的大小，选中输入的文字，在【属性】面板中将【字体】设置为【方正魏碑简体】，将【大小】设置为 18px，将【颜色】设置为#473E34，将【水平】设置为【居中对齐】，将【垂直】设置为【顶端】，将【高】设置为 31，如图 19.142 所示。

(14) 将光标置入到第 3 行单元格中，右击并在弹出的快捷菜单中选择【表格】|【拆分单元格】命令，如图 19.143 所示。

图 19.142　设置文字属性

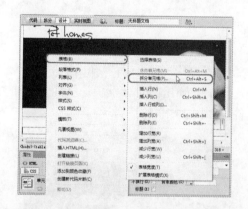

图 19.143　选择【拆分单元格】命令

(15) 在弹出的对话框中选中【列】单选按钮，将【列数】设置为 2，如图 19.144 所示。

(16) 设置完成后，单击【确定】按钮，将光标置入到第 1 列单元格中，单击【拆分】按钮，将光标置入到 td 的右侧，如图 19.145 所示。

(17) 按空格键，在弹出的下拉菜单中选择 background 命令，如图 19.146 所示。

(18) 双击该命令，再在弹出的下拉列表中选择【浏览】命令，如图 19.147 所示。

(19) 在弹出的对话框中选择随书附带光盘中的"CDROM\素材\Cha19\分类.jpg"文件，如图 19.148 所示。

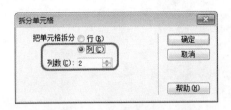

图 19.144　设置单元格拆分参数

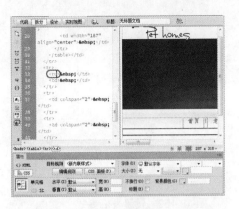

图 19.145　将光标置入到 td 右侧

图 19.146　选择 background 命令

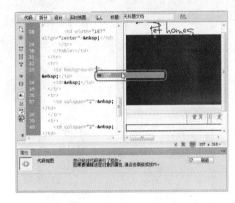

图 19.147　选择【浏览】命令

(20) 选择完成后，单击【确定】按钮，将其插入至单元格后，在【属性】面板中将【宽】和【高】分别设置为 249、330，如图 19.149 所示。

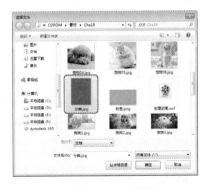

图 19.148　选择素材文件

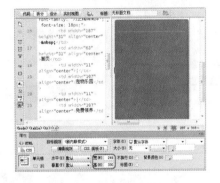

图 19.149　插入图像

(21) 按 Ctrl+Alt+T 组合键，在弹出的对话框中将【行数】和【列】分别设置为 9、1，将【表格宽度】设置为 234 像素，将【边框粗细】、【单元格边距】、【单元格间距】都设置为 0，如图 19.150 所示。

(22) 设置完成后，在【属性】面板中将 Align 设置为【居中对齐】，在插入的单元格中输入文字，并进行相应的设置，完成后的效果如图 19.151 所示。

图 19.150　设置表格参数　　　　　　　　图 19.151　输入文字后的效果

(23) 将光标置入到第 2 列单元格中，按 Ctrl+Alt+I 组合键，在弹出的对话框中选择随书附带光盘中的 "CDROM\素材\Cha19\ 001.jpg" 文件，如图 19.152 所示。

(24) 单击【确定】按钮，插入素材后的效果如图 19.153 所示。

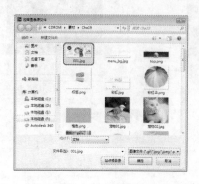

图 19.152　选择素材文件　　　　　　　　图 19.153　插入素材文件后的效果

(25) 使用同样的方法插入其他对象，并输入相应的文字，效果如图 19.154 所示。

(26) 在菜单栏中选择【文件】|【保存】命令，在弹出的对话框中指定保存路径和名称，如图 19.155 所示，单击【保存】按钮即可。

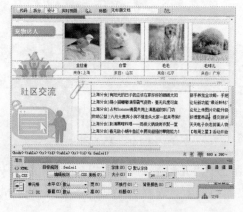

图 19.154　完成后的效果　　　　　　　　图 19.155　保存文件

19.3.3 链接文件

下面将介绍如何对完成后的文件进行链接。其具体操作步骤如下。

(1) 打开"网页封面.html"场景文件，将光标置入到第 2 行单元格中，输入文字，并进行相应的设置，如图 19.156 所示。

(2) 选中输入的文字并右击，在弹出的快捷菜单中选择【创建链接】命令，在弹出的对话框中选择要进行链接的文件，如图 19.157 所示。

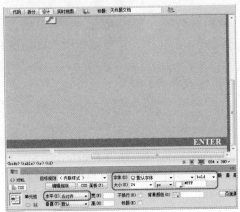
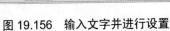

图 19.156 输入文字并进行设置

图 19.157 选择要链接的文件

(3) 单击【确定】按钮，对该文档进行保存即可。

参 考 答 案

第 1 章

1. 网站是发布在网络服务器上由一系列网页文件构成的，为访问者提供信息和服务的网页文件的集合。

2. 一般来说，网页就是由文字、图像、动画和音频等元素构成的。网页中包含：文字、图片、多媒体等信息。网页一般由 Logo、导航栏、信息区、广告区和版权区组成。

第 2 章

1. 具有把所有有用的内容组合成网页。

2. index.html(也可以是 index.htm 这两个都是静态网页常用的首页命名)。

3. 一般要求是不能包括中文，而且是由字母、数字、下划线组成(也不能包括空格)。

第 3 章

1. 嵌套表格是指在表格的某个单元格中再插入另一个表格，如果嵌套表格的宽度单位为百分比，插入表格的宽度受所在单元格的宽度限制；如果单位为像素，当嵌套表格的宽度大于所在单元格宽度时，单元格宽度将随之变大。

2. CSS(Cascading Style Sheet)可译为层叠样式表或级联样式表，它定义如何显示HTML 元素，并用于控制 Web 页面的外观。对设计者来说，CSS 是一个非常灵活的工具，用户不必再把繁杂的样式定义编写在文档结构中，而可以将所有有关文档的样式指定内容全部脱离出来，在行内定义、在标题中定义，甚至作为外部样式文件供 HTML 调用。

3. 外部样式表是一个独立的样式表文件，保存在本地站点中。外部样式表不仅可以应用在当前文档中，还可以根据需要应用在其他网页文档甚至整个站点中。

第 4 章

1. 为了统一风格，很多页面会用到相同的布局、图片和文字等页面元素。把这些具有相同版面结构的页面制作为模板，这将减少大量的重复劳动。在模板中，这些具有相同页面元素的区域称为锁定区域，那些在不同页面中相异的区域可设为可编辑区域。更改模板的锁定区域，可以使由此模板产生的多个页面均发生一致性的变化，而不影响可编辑区域，这使用户可以在极短的时间内重新设计网页外观并改变网站中的所有网页。

2. 将网页相同的元素(如导航栏、图片等)制作为库项目，并存放在库中可以随时调用，这为处理那些在多个页面中使用并且需要经常更新的内容提供了方便。使用库项目时，在网页中只是插入一个指向库项目的链接，并非项目本体。因此可通过改动库项目来更新所有采用库项目的网页，从而使网页制作更具灵活性，节省了大量时间。库项目可以包含任意 BODY 对象，如文本、表格、表单、图片、插件对象等；还可以包含行为，但有一些特殊要求；库项目不能包含时间轴和样式表 CSS，因为这些对象的代码属于 head 部分。

第 5 章

1. 表单是用于实现网页浏览者与服务器之间交互的一种页面元素，在因特网上被广泛用于各种信息的搜集和反馈，是连接网站管理者与浏览者之间沟通的桥梁。

2. 常用的表单对象有：允许用户能输入数据的有文本域、密码域等；允许用户进行选择的有单选框、复选框、下拉菜单、列表等；还有文件域、按键、图像域、隐藏域等。

第 6 章

1. 行为(Behaviors)是响应某一事件(Event)而采取的一个动作(Action，或叫作操作)，它是事件和该事件所触发的动作的一个结合，或者说它是一段预先定义好的程序代码通过浏览器的解释并响应用户操作的过程。

2. 事件是浏览器产生的有效信息，也就是用户对网页所做的事情。事件决定了为某一页面元素所定义的动作在什么时候被执行，即在何时触发一个动作。需要注意的是不同版本的浏览器所支持的事件类型也不相同。

3. 交换图像是指当鼠标指针经过图片时，原图像会变成另一张图像。

第 7 章

1.

一是容易记忆。容易记忆的域名不仅方便输入，而且有利于网站推广。例如：知名门户网站——网易在品牌宣传曾使用了域名 nease.com 和 netease.com，而现在改用 163.com，因为后者比前者更容易让人记住。

二是要和客户的商业有直接关系。虽然有好多域名很容易记忆，但如果和客户所开展的商业活动没有任何关系，用户就不能将客户的域名和客户的商业活动联系起来，这就意味着客户还要花钱宣传自己的域名。

三是长度要短。长度短的域名不但容易记忆，而且用户可以花更少的时间来输入客户的域名。如果客户是以英文单词或汉语拼音作为域名，那么一定要拼写正确。

四是使用客户的商标或企业的名称。如果客户已经注册了商标，则可将商标名称作为域名，如果客户面对的是本地市场，则可将企业名称作为域名；如果要面向国际市场，也应该遵守上面的原则。

2.

一是链接文件名与实际文件名的大小写不一致，因为提供主页存放服务的服务器一般采用 UNIX 系统，这种操作系统对文件名的大小写是有区别的，所以这时需要修改链接处的文件名，并注意大小写一致。

二是文件存放路径出现了错误，如果在编写网页时尽量使用相对路径，就可以少出现这类问题。

第 8 章

1. 标尺是丈量物体尺寸的工具，在 Flash 中调用标尺可以获知光标所在的坐标位置和动画角色放置的坐标位置，可以预测动画角色的大致尺寸，同时使动画设计人员更加清楚 Flash 创作环境的坐标系规定。

2. 将【颜色】面板的填充样式设置为【线性渐变】或者【径向渐变】时，【颜色】面板会变为渐变色设置模式。这时需要先定义好当前颜色，然后再拖曳渐变定义栏下面的调节指针来调整颜色的渐变效果。并且，通过用鼠标单击渐变定义栏还可以添加更多的指针，从而创建出更复杂的渐变效果。

3. 测试 Flash 动画时应从以下 3 个方面考虑。

第一，Flash 动画的体积是否处于最小状态、能否更小一些。

第二，Flash 动画是否按照设计思路进行并达到预期的效果。

第三，在正常网络环境下，是否能正常地下载和观看动画。

第 9 章

1. 选择工具箱中的钢笔工具，在舞台中单击并按住鼠标左键拖曳可以绘制出一条曲线。

2. 显示矢量对象的路径与锚点：使用部分选取工具单击图形的边缘部分，图形的路径和所有锚点便会自动显示出来。

移动锚点：使用部分选取工具选择任意锚点后，按住鼠标左键进行拖曳即可。

编辑曲线形状：使用【部分选取工具】单击需要编辑的锚点，此时锚点两侧将出现调节柄，调整调节柄即可对曲线的形状进行编辑。

3. 颜料桶工具可以绘具有封闭区域的图形进行填充，它既能填充一个空白区域，又能改变已着色区域的颜色；还可以使用纯色、渐变和位图填充，甚至可以用颜料桶工具对一个未完全封闭的区域进行填充。

第 10 章

1. 在菜单栏中单击【文件】按钮，在弹出的下拉菜单中选择【导入】|【导入到舞台】命令，或按 Ctrl+R 组合键，在对话框中选择要导入的文件，单击【打开】按钮，即可将其导入到舞台中，在舞台中调整其大小即可。

在菜单栏中单击【文件】按钮，在弹出的下拉菜单中选择【导入】|【导入到库】命

令，弹出【导入到库】对话框。在对话框中选择要导入的文件，单击【打开】按钮，即可将其导入到库面板中，在【库】面板中选中需要导入的文件，并将其拖曳到舞台中。

2. 元件是指在 Flash 中创建的图形、按钮或影片剪辑，可以自始至终在您的影片或其他影片中重复使用，元件可以包含从其他应用程序中导入的插画，任何创建的元件都会自动变成当前文档库的一部分。元件可以是任何静态的图形，也可以是连续动画，甚至还能将动作脚本添加到元件中，以便对元件进行更复杂的控制。

元件还简化了文档的编辑，当编辑元件时，该元件的所有实例都相应地更新以反映编辑。元件的另一好处是使用它们可以创建完善的交互性。元件可以像按钮或图形那样简单，也可以像影片剪辑那样复杂，创建元件后，必须将其存储到【库】面板中。实例其实只是对原始元件的引用，它通知 Flash 在该位置绘制指定元件的一个副本。通过使用元件和实例，可以使资源更易于组织，使 Flash 文件更小。

3. 实例是指位于舞台上或嵌套在另一个元件内的元件副本。实例可以与其父元件在颜色、大小和功能方面有差别。编辑元件会更新它的所有实例，但对元件的一个实例应用效果则只更新该实例。

第 11 章

1. 利用传统补间方式可以制作出多种类型的动画效果，而补间形状动画是在某一帧中绘制对象，再在另一帧中修改对象或者重新绘制其他对象，然后由 Flash 计算两个帧之间的差异插入变形帧，这样当连续播放时会出现形状补间的动画效果。

2. 创建遮罩层，可以将遮罩放在作用的层上。与填充不同的是，遮罩就像个窗口，透过它可以看到位于它下面链接层的区域内容。除了显示的内容之外，其余的所有内容都会被遮罩隐藏起来。

3. 引导层是不显示的，主要起到辅助图层的作用，它可以分为普通引导层和运动引导层两种。

第 12 章

1. PSD，保存此格式能够存储在工作时所创建的图层，有利于对图片进行修改。

2. Ctrl+S 和 Ctrl+Shift 两种组合键。

3. 7 种，分别是 RGB 颜色模式、CMYK 颜色模式、Lab 颜色模式、灰度模式、位图模式、索引颜色模式、双色调模式。

第 13 章

1. 有 9 种，矩形选框工具、椭圆选框工具、单行选框工具、单列选框工具、套索工具、多边形套索工具、磁性套索工具、快速选择工具、魔棒工具。

2. 4 个通道，分别是 RGB 通道、红色通道、绿色通道、蓝色通道。

3.4 个通道，分别是青色、洋红、黄色、黑色文件。

第 14 章

1. 在工具箱中选择钢笔工具或自由钢笔工具，然后在画布中进行绘制即可。

2. 钢笔工具需要先绘制一个点，然后再绘制下一个点，而自由钢笔工具可以比较随意的绘制图形，它的使用方法与套索工具的使用方法基本相同，用户可以使用该工具沿图像的边缘按住鼠标左键并拖曳出路径。

3. 主要包括横排文字工具、直排文字工具、横排文字蒙版工具和直排文字蒙版工具4 种。